旧工业建筑再生利用施工技术

李慧民 裴兴旺 孟 海 陈 旭 编著

中国建筑工业出版社

图书在版编目（CIP）数据

旧工业建筑再生利用施工技术 / 李慧民等编著 . —北京：中国建筑工业出版社，2018.7

ISBN 978-7-112-22120-2

Ⅰ.①旧… Ⅱ.①李… Ⅲ.①旧建筑物—工业建筑—废物综合利用—工程施工 Ⅳ.①X799.1

中国版本图书馆CIP数据核字（2018）第081276号

本书系统阐述了旧工业建筑再生利用施工全过程涉及的主要施工技术。全书分为10章，分别从再生利用中的结构拆除、地基处理、基础加固、主体结构加固、主体结构改建、围护结构更新、地下管网修复、设备设施更新、绿色改造、BIM技术应用等方面进行了探讨。全书在理论联系实际的基础上，融合了旧工业建筑与建筑工程两大知识体系，章节内容丰富，由浅入深，紧密结合工程实际，便于操作，具有较强的实用性。

本书可供旧工业建筑再生利用及相关专业工程技术人员、项目管理人员参考使用，也可作为高校相关专业的教科书。

责任编辑：武晓涛
责任设计：李志立
责任校对：姜小莲

旧工业建筑再生利用施工技术

李慧民　裴兴旺　孟　海　陈　旭　编著

*

中国建筑工业出版社出版、发行（北京海淀三里河路9号）
各地新华书店、建筑书店经销
北京点击世代文化传媒有限公司制版
北京圣夫亚美印刷有限公司印刷

*

开本：787×1092毫米　1/16　印张：19　字数：402千字
2018年6月第一版　2018年6月第一次印刷
定价：49.00元
ISBN 978-7-112-22120-2
　　　（32009）

《旧工业建筑再生利用施工技术》
编写（调研）组

组　　长：李慧民

副 组 长：裴兴旺　　孟　海　　陈　旭

成　　员：樊胜军　　武　乾　　赵向东　　刚家斌　　周崇刚

李　勤　　李文龙　　杨晓飞　　肖琛亮　　刘怡君

柴　庆　　郭　平　　米　力　　丁艺杰　　谢玉宇

盛金喜　　田　卫　　张　扬　　张广敏　　郭海东

张文佳　　赵　地　　刘　青　　李家骏　　张小龙

齐艳利　　黄依莎　　徐晨曦　　王孙梦　　段小威

蒋红妍　　贾丽欣　　钟兴润　　黄　莺　　张　勇

李宪民　　赵明洲　　陈曦虎　　杨战军　　张　涛

张　健　　刘慧军　　华　珊　　谭菲雪　　闫瑞琦

谭　啸　　高明哲　　李林洁　　陈　博　　王　静

马海骋　　万婷婷　　田　飞　　杨　波　　牛　波

前　言

　　《旧工业建筑再生利用施工技术》围绕旧工业建筑再生利用的基本理论和方法进行编写，在现行施工技术标准规范的基础上，系统地阐述了旧工业建筑再生利用全过程各施工阶段的施工、工艺及方法。本书所分析的再生利用施工技术的范围并非狭义的再生利用施工（仅为由"老"变"新"的工序），而是广义的为实现旧工业建筑再生的某种特定使用功能而进行的一系列的施工过程，涵盖从结构拆除，到结构加固修复、扩建、结构新功能添加、原有功能重现等施工工序。全书分为10章，分别从再生利用中的结构拆除、地基处理、基础加固、主体结构加固、主体结构改建、围护结构更新、地下管网修复、设备设施更新、绿色改造、BIM技术应用等方面进行了探讨。

　　本书由李慧民、裴兴旺、孟海、陈旭编著。其中各章分工为：第1章由李慧民、裴兴旺、米力编写；第2章由孟海、肖琛亮、陈旭、王孙梦编写；第3章由肖琛亮、陈旭、周崇刚编写；第4章由孟海、裴兴旺、李文龙、徐晨曦编写；第5章由李文龙、赵向东、裴兴旺编写；第6章由李勤、柴庆、丁艺杰、陈曦虎编写；第7章由杨晓飞、孟海、李慧民编写；第8章由赵向东、李慧民、杨晓飞、张涛编写；第9章由李勤、郭平、杨战军编写；第10章由周崇刚、刘怡君、李勤编写。

　　本书的编写得到了国家自然科学基金委员会（面上项目"旧工业建筑（群）再生利用评价理论与应用研究"（批准号：51178386）、面上项目"基于博弈论的旧工业区再生利用利益机制研究"（批准号：51478384）、面上项目"在役旧工业建筑再利用危机管理模式研究"（批准号：51278398））、住房和城乡建设部科学技术项目（"旧工业建筑绿色改造评价体系研究"，项目编号：2014-RI-009）的支持。此外，在编著过程中得到了西安建筑科技大学、中冶建筑研究总院有限公司、北京建筑大学、中天西北建设投资集团有限公司、中国核工业二四建设有限公司、西安市住房保障和房屋管理局、西安华清科教产业（集团）有限公司、乌海市抗震办公室、百盛联合建设集团等单位的技术与管理人员的大力支持与帮助。同时在编著过程中还参考了许多专家和学者的有关研究成果及文献资料，在此一并向他们表示衷心的感谢！

　　由于作者水平有限，书中不足之处，敬请广大读者批评指正。

作者

2017年7月于西安

目　录

第 1 章　结构拆除施工技术

1.1　结构拆除施工概述

随着我国经济建设的迅速发展，历史文化和生态环境的保护越来越受到高度重视，通过大拆大建的方式已不再符合时代发展要求，旧工业建筑再生利用项目的开展已成为主要趋势。旧工业建筑再生利用项目的施工活动作为土木工程行业内的一种较为特殊的施工方式，其全过程的施工流程、方法等均有别于传统建筑工程项目，再生利用全过程按照施工逻辑初步分为结构拆除、地基处理、基础加固、主体结构加固、主体结构改建、围护结构更新、地下管网修复、设备设施更新、绿色改造、BIM 技术应用这十个方面，如图 1.1 所示，本章首先就结构拆除施工技术进行阐述。

| (a) 结构拆除施工 | (b) 地基处理施工 | (c) 基础加固施工 | (g) 地下管网修复施工 |

(d) 主体结构加固施工　　　　　　　　　　　　　　　　　　(h) 设备设施更新施工

(e) 主体结构改建施工　(f) 围护结构更新施工　(i) 绿色改造施工　(j) BIM 技术的应用

图 1.1　旧工业建筑再生利用施工涵盖的主要内容

1.1.1 结构拆除施工相关概念

一方面,在建设工作者眼里,建筑和人一样是有生命的,即建筑也是有生命周期的。在经历了青春期、壮年期后进入年老体衰时,建(构)筑物成为有碍于安全居住、安全使用的危房或是改变使用功能,就得进行拆除或局部拆除。另一方面,随着大规模城市建设和房屋开发热潮的掀起,一些没有进入衰老期的建(构)筑物,由于城市建设规划的调整,或是建筑功能的改变,也将成为旧房而进入拆除行列。此外,还有一些旧工业建筑,因产业结构转型或外迁遗弃或濒临破产,建(构)筑物需进行拆除或局部拆除改建,如图 1.2 所示。

(a) 厂房设备设施拆除施工　　　　　(b) 排架结构拆除施工

图 1.2　结构拆除施工活动

相比建筑行业其他阶段的施工活动,国家对结构拆除施工企业并没有纳入建筑业的正规化管理,如没有统一的施工资质标准,没有完善的结构拆除工程技术安全规范和相应的操作规程,没有相应的上岗前业务技术的培训要求等。因此,在结构拆除施工活动中存在大量的野蛮施工,拆除施工活动技术含量低、安全防护措施投入少,安全伤亡事故时有发生,成为建筑业安全事故的多发区之一。

1.1.2 结构拆除施工主要内容

(1) 结构拆除施工分类

拆除旧建筑是城市建设事业中的一个重要组成部分,拆除旧建筑的施工人员也是建筑施工队伍中的一支重要力量。其中,结构拆除施工内容分类方法较多,如图 1.3 所示。

1) 按拆除的标的物不同,可分为民用建筑的拆除、工业建筑的拆除、地基基础的拆除、机械设备的拆除、工业管道的拆除、电气线路的拆除、施工设施的拆除等。

2) 按拆除的程度不同,可分为全部拆除(或整体拆除)和部分拆除(或局部拆除、室内拆除)。全部拆除,如酒店、宾馆拆迁工程,就是整栋楼房拆除。部分拆除包括:拆强电弱电、拆机电设备、拆通风系统、拆消防系统、拆吊顶、拆隔间、砸墙、拆地板、打地平、垃圾清运等。

3) 按拆除建筑物和拆除物的空间位置不同,可分为地上拆除和地下拆除。

4）按拆下来的建筑构件和材料的利用程度不同，可分为毁坏性拆除和拆卸。

5）按拆除的施工动力不同，可分为人工拆除、机械拆除、爆破拆除、静力拆除。

6）按拆除物的结构形式不同，可分为排架结构拆除、框架结构拆除、砖混结构拆除、砖木结构拆除。

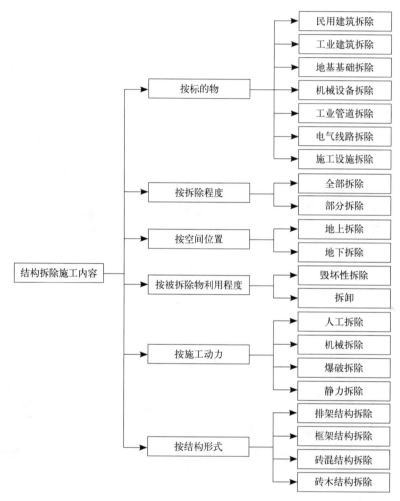

图 1.3　结构拆除施工内容

（2）传统结构拆除项目的特点

1）施工工期短、流动性大。拆除工程施工速度比新建工程快得多，其使用的机械、设备、材料、人员都比新建工程施工少得多，特别是采用爆破拆除，一幢大楼可在顷刻之间夷为平地。因而，拆除施工企业流动性很大。

2）作业隐患多，危险性大等。拆除物一般是年代已久的建（构）筑物，安全隐患多，建设单位往往很难提供原建（构）筑物结构图纸和设备安装图纸，同时拆除物的结构已从砖木结构发展到了混合结构、框架结构、板式结构等，从房屋拆除发展到烟囱、水塔、桥梁、码头等复杂结构形式构筑物的拆除，这都给拆除施工企业在制定拆除施工方案时带来很多困难。此外，由于改建或扩建，改变了原结构的力学体系，因而在拆除中往往因拆除了某一构件造成原建（构）筑物的力学平衡体系受到破坏，易导致其他构件倾覆压伤施工人员。

3）人员整体专业素养较差。一般的拆除施工企业的作业人员通常是外来务工人员和农民工组成，文化水平不高，专业素养普遍较差，安全意识较低，自我保护能力较弱。

（3）再生利用项目拆除施工的特点

再生利用项目是对原有建筑物或因调整使用功能，或因改变结构布局而进行的工程。施工中将拆除一部分原有建筑，增加一部分新的建筑，从而使建筑物旧貌换新颜。再生利用项目的拆除施工有以下特点：

1）拆除部分建筑物的墙、板、梁后，对原有建筑物的结构受力和结构平衡体系是一个破坏，必须采取可靠的临时支撑，以重新建立新的结构平衡体系。支撑位置的设置应充分考虑保留一定的作业面。

2）拆除施工的作业区大部分在室内，难以使用大型拆除施工机械进行拆除施工。

3）部分再生利用项目，是在建筑物正常使用状态下进行的，虽是局部封闭施工，但对整个建筑物的安全和稳定影响较大。因此，确保安全施工，是再生利用项目拆除施工的重点所在。

4）再生利用项目涉及的拆除对象不仅包含厂房本身，亦包含为再生利用项目实现而发生的所有对象，如图 1.4 所示。

（a）水塔的拆除　　（b）烟囱的拆除　　（c）框架厂房的拆除　　（d）排架厂房的拆除　　（e）施工设施的拆除

图 1.4　再生利用过程中常见的拆除对象

1.1.3　结构拆除施工一般流程

传统拆除施工一般流程应从上至下按以下顺序进行：板→非承重墙→梁→承重墙→柱，依次进行或依照先非承重结构后承重结构的原则进行拆除，如图 1.5 所示。而再生利用项目拆除施工要点如下：

（1）拆除施工前，应充分熟悉原有建筑物的竣工图纸，了解原有建筑的结构体系。

（2）拆除施工前，应编制详细的施工组织设计或施工方案，设计计算临时支撑体系，确定合理的拆除施工顺序。

（3）拆除施工前，应先施工完成临时支撑体系，如属多层楼房工程的拆除施工，上、下支撑点的垫板应该对齐，以保证楼板（梁）上下传力合理、支撑位置正确，并应留出一定的施工作业面。

（4）拆除施工前，应对拆除部分划出标志线，必要时先用切割机进行切割处理，后进行拆除施工。

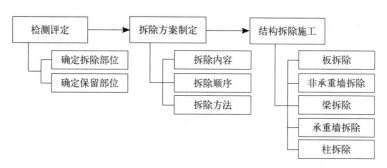

图 1.5　结构拆除施工一般流程

（5）拆除施工时，不宜使用震动性很大的拆除施工机具，以免对保留部分的原结构产生不利影响。

（6）临时支撑的拆除，应待新浇筑的结构混凝土达到设计强度后方可拆除，如属多层楼房拆除施工，临时支撑的拆除应从上到下依次进行。

1.2　结构拆除前的准备

在结构拆除施工中，拆除作业前的准备工作分外重要，包括现场准备、人员准备、机械准备等。其中，机械拆除法占有很大比重，因为采用机械拆除法拆除施工速度较快，拆除成本较低，也比较安全。常用的拆除施工机械有破碎机（又称镐头机、破碎器）、重锤机、挖掘机、装载机、起重机和切割机等。大量新型的拆除施工机械和设备已广泛应用于旧工业建筑再生利用施工过程中，在拆除工程施工中发挥着重要的作用，并取得了良好的处理效果。如沈阳市奉天记忆文化创意产业园再生利用项目（见图 1.6）、上海市红坊文化创意产业园再生利用项目（见图 1.7）、济南星工坊菲尔姆乐园等。

1.2.1　施工前的工作内容

（1）现场准备

1）搭设临时安全封闭围栏。如果拆除现场位于主次干道两侧及城区的繁华区域和居民区的房屋建筑时，防护架的搭设应采取全封闭的形式，并应做到节点可靠、固定点合理，能满足抗倾覆的要求。

图 1.6　沈阳市奉天记忆文创园再生利用项目
（破碎机拆除施工）

图 1.7　上海市红坊文创园再生利用项目
（挖掘机拆除施工）

2）在施工现场的主要入口处，应设置施工标志牌，写明建设单位、拆除承包单位名称及项目经理、项目技术负责人、安全员姓名、房屋拆除工程施工许可证登记编号及监督电话等，接受社会监督。

3）发布安民告示，清除场内杂物，划定安全警戒范围。施工现场的危险区域和临街、临路的危险地段应当悬挂警示标志，夜间应有红灯警示。在有车辆、行人通过的地方施工，要用文明礼貌的标牌、标语向周围群众和行人示意。

4）对在拆除施工过程中有可能会被损坏的道路、管线、电力、邮电、通信等公共设施，应由建设单位按照国家有关规定申请办理好批准手续，并做好相应的保护措施。

5）切断被拆除建（构）筑物的上下水管、煤气管、供气管以及供电、通信等管线设施。

6）接通施工用临时供水、供电等管线，搭设好施工用临时用房设施。

7）如用机械拆除法施工，应铺平、压实好机械进场道路。

8）如用机械、爆破方法拆除施工，由于建（构）筑物在坍塌瞬间对地面的冲击震动较大，应对周围的民房，特别是危旧房进行认真检查、记录，必要时进行临时加固，并撤出人员，以避免造成不必要的损失和麻烦。

（2）技术准备

1）学习拟拆除建（构）筑物的竣工图纸，熟悉其结构构造情况；组织学习有关技术规范和安全技术文件，提高拆除施工操作人员的安全认识和自觉性。

2）编制拆除工程施工组织设计（或施工方案），明确拆除工程的拆除方法、拆除顺序、技术要点、安全措施等内容。

3）编制书面技术交底单，并认真做好技术交底工作，使所有施工操作人员了解作业要求和安全操作要求，并在相关文件上签字。

4）落实现场指挥人员以及专职及兼职安全监督人员，明确安全生产责任制。

（3）劳动力准备

1）组织施工操作人员的上岗培训和领取上岗资格证书。

2）根据施工组织设计（或施工方案）中确定的拆除施工进度要求，落实好拆除施工操作人员的劳动组合、工作班次等事宜。

3）对高空作业人员进行必要的体检，并办理好意外伤害保险事项。

4）落实班组兼职安全人员，并赋予相应的管理权限。

（4）机械、设备、材料准备

1）落实拆除施工中需要的机械、设备、材料的来源。

2）应进行必要的检查维修，使机械设备保持良好状态。

3）准备好常用的零部件和配件，以及燃料等，以便随时备用。

4）对于搭设的脚手架、防护架等，应会同现场监理和安全人员进行检查验收。

1.2.2　拆除工程施工机械

（1）破碎机

破碎机在结构拆除施工中主要用于捣碎建筑物的墙、柱、梁等主要承重结构，最终使其坍塌以及建筑物坍塌后的解体破碎。破碎机大多由挖掘机改装而成，即卸去挖斗后，改装上破碎锤而成，如图 1.8 所示。使用破碎机进行工程拆除施工时，应有专人指挥，其打击点应根据建筑物坍塌方向事前进行设计，打击力应适中；当有多个打击点时，应循序轮流进行打击，不应在一个打击点上一次打击到位，这样容易增加不安全因素。

（2）铲运机

铲运机在拆除工程施工中主要用于清理、装载垃圾以及平整拆除场地的工作，也常与自卸汽车进行联合作业，如图 1.9 所示。当对拆除垃圾只需进行近距离（如 100m ～ 200m）转堆时，使用铲运机能获得较为满意的效果，因为铲运机能综合完成铲、装、运、卸四个工序，工作效率较高。在拆除施工结束、拆除垃圾清理外运完成后的场地平整施工中，能完成铲土、运土、卸土、填筑、压实等多道工序，是使用最广泛的一种施工机械。

（3）挖掘机

挖掘机在拆除工程施工中主要用于清理、装载垃圾以及用于基础工程的拆除施工，挖掘机的外形如图 1.10 所示。挖掘机装车轻便灵活，回转速度快，移位方便，工作效率较高，通常配备自卸汽车进行联合作业。

图 1.8　破碎机　　　　图 1.9　铲运机　　　　图 1.10　挖掘机

（4）重锤机

重锤机在拆除施工中主要用于高度较高的工程拆除施工，利用重锤在垂直方向或侧向撞击时释放的能量打击、摧毁建筑物的要害部位，即纵向可打击楼板，横向可打击梁、柱，最终使建筑物坍塌。重锤机大多由履带式起重机改装而成，即卸去起吊滑轮组后装上重锤而成。锤重一般 3t，拔杆高度在 30m ~ 52m，有效作业高度可达 30m，如图 1.11 所示。重锤机施工作业时，不得与机械行走同时进行，以保证机身稳定安全。

（5）起重机

拆除工程施工中常用的起重机有塔式起重机、汽车起重机、轮胎起重机、履带起重机以及水上浮吊等，主要用于拆除构件的向下吊运工作，如图 1.12 所示。各种起重机在使用过程中，应重视其额定起重量与工作幅度、起升高度等参数之间的关系，要正确判断拆除物件的重量，避免超重吊运，损伤机械，甚至造成安全事故。

（6）切割机

常用切割机有液压片锯系统切割机和液压链锯系统切割机等。液压片锯系统切割是利用镶有工业钻石的片锯，高速切割含有钢筋的混凝土，具有切割位置精确、速度快的特点，如图 1.13 所示。液压链锯系统切割则利用镶有工业钻石的柔性串珠绳环绕被切割的混凝土构件，通过液压传动主动轮驱动柔性串珠绳环绕构件高速运转，行走马达驱动柔性串珠绳紧贴构件摩擦切割混凝土及其中的钢筋，适合于切割不规则断面和大体积混凝土。

图 1.11 重锤机

图 1.12 起重机

图 1.13 切割机

1.2.3 拆除工程施工设备

（1）脚手架

拆除施工中，脚手架是必不可少的施工设备，其使用功能一是给施工操作人员提供安全站立的操作场所，二是起到安全防护作用，如图 1.14 所示。拆除工程施工脚手架的搭设原则上应按《建筑施工扣件式钢管脚手架安全技术规范》JGJ 130—2011 的要求进行。

（2）垂直运输设备

在多层厂房的逐层拆除施工中，需要用到垂直运输设备，除前面讲过的起重机械外，常用的垂直运输设备有井字架和龙门架。其中龙门架是由两根立杆及天轮梁（横梁）构成的门式架。在龙门架上装设滑轮（天轮及地轮）、导轨、吊盘（上料平台）、安全装置以及起重索、缆风绳等即构成一个完整的垂直运输体系，普通龙门架基本构造如图 1.15 所示。

（3）水平运输设备

拆除施工中常用的水平运输设备主要是各种运输卡车和自卸汽车，如图 1.16 所示。

图 1.14　脚手架　　　　图 1.15　龙门架　　　　图 1.16　水平运输设备

（4）便携式拆除设备

液压剪像一张用来咬碎东西的大嘴，主要用来剪切如片状金属和塑料之类的材料，可快速有效地剪断防盗门窗、钢筋防护栏杆等，如图 1.17 所示。

风镐是以压缩空气为动力，利用冲击作用破碎坚硬物体的手持施工机具，是可以进入实物内以达到破碎的目的，结构紧凑，携用轻便，如图 1.18 所示。

电锤是附有气动锤击机构的一种带安全离合器的电动式旋转锤钻，利用活塞运动的原理，压缩气体冲击钻头，可以在混凝土、砖、石头等硬性材料上开 6mm ～ 100mm 的孔，开孔效率较高，如图 1.19 所示。还有多功能电锤，调节到适当位置配上适当钻头可以代替普通电钻、电镐使用。

图 1.17　液压剪　　　　图 1.18　风镐　　　　图 1.19　电锤

1.3　结构拆除施工方法

常见的结构拆除施工方法有人工拆除法、机械拆除法、爆破拆除法等，而此类方法在旧工业建筑再生利用施工过程中得到了广泛的应用，在结构拆除施工中发挥着重要的作用，并取得了良好的效果。如济南星工坊菲尔姆乐园再生利用项目（见图 1.20）、上海越界世博园再生利用项目（见图 1.21）、沈阳市奉天记忆文化创意产业园再生利用项目等。

图 1.20 济南市星工坊菲尔姆乐园再生利用项目   图 1.21 上海市越界世博园再生利用项目
（人工拆除法）   （机械拆除法）

1.3.1 人工拆除法

人工拆除法是依靠人力和风镐、切割器具等工具，对建（构）筑物进行解体和破碎的一种施工方法。

（1）施工特点

1）施工人员必须亲临拆除点作业，并进行高处作业，危险性大。

2）劳动强度大，拆除速度慢，工期长。

3）气候影响大。

4）易于保留部分建筑物。

（2）适用范围

人工拆除适用于木结构、砖木结构、檐口高度 10m 以下的砖混结构等民用建筑的拆除，以及因环境不允许采用爆破、机械拆除，必须采用人工拆除方法的情况。

（3）施工工艺

1）施工工序

按建造施工工序的逆顺序自上而下、逐层、逐个构件、杆件进行；屋檐、外楼梯、挑阳台、雨篷、广告牌和铸铁落水管道等在拆除工程施工中容易失稳的外挑构件必须先行拆除；栏杆、楼梯、楼板等构件拆除必须与结构整体拆除同步进行，严禁先行拆除；承重的墙、梁、柱，必须在其所承载的全部构件拆除后再进行拆除；严禁垂直交叉作业。

2）施工要求

①作业通道的设置要求。a. 平面通道宽度应适合运输工具和施工人员通行的需要；b. 上、下通道宜利用原建筑通道，无法利用原通道的，应搭设临时施工通道。

②脚手架要求。a. 对于拆除物高度的檐口高度大于 2m 或屋面坡度大于 30°的拆除工程，应搭设施工脚手架，落地脚手架首排底板应选用不漏尘的板材铺设；b. 脚手架应经验收合格后方可使用；c. 拆除工程施工中，应检查和采取相应措施，防止脚手架倒塌；d. 脚手架应随建（构）筑物的拆除进程同步拆除。

3）几种典型构件的拆除施工

①坡屋面拆除。a. 拆除坡度大于 30°的屋面和石棉瓦屋面、冷摊瓦屋面质钢架屋面，操作人员应系好安全带，并有防滑、防坠落措施；b. 屋架应逐榀拆除，对未拆屋架应保留桁条、水平支撑、剪刀撑，确保其稳定性；c. 拆除屋架应在屋架顶端两侧设置揽风绳，防止屋架意外倾覆；d. 屋架跨度大于 9m 时，应采用起重设备起吊拆除。

②楼板（包括平屋面）拆除。a. 现浇钢筋混凝土楼板应采用粉碎性拆除，保留钢筋网至钢筋混凝土梁拆除前切割；b. 预制楼板应采用粉碎性拆除；拆除工程施工前，作业人员应系好安全带，并攀挂在安全绳上，安全绳固定在稳定牢固的位置；施工作业时，作业人员应站立在跳板上，跳板两端搁置在墙体或梁上。如图 1.22 所示。

③梁的拆除。a. 拆除次梁时，在梁的两端凿缝，先割断一端钢筋，应用起重设备缓慢放至下层楼面后，再割断另一端的钢筋，用起重设备缓慢放至下层楼面破碎；当次梁过大、过重，用起重设备不能安全吊放时，应按照主梁的拆除方法拆除。b. 主梁应采用粉碎性拆除；主梁的下部必须设置相应的支撑，从梁的中部向两端进行粉碎性拆除。

④墙的拆除。墙体必须自上而下采用粉碎性拆除，禁止采用开墙槽、砍凿墙脚人力推倒或拉倒墙体的方法拆除墙体，如图 1.23 所示。

图 1.22　人工拆除施工（楼板拆除）

图 1.23　人工拆除施工（墙的拆除）

⑤立柱拆除。a. 立柱倒塌方向应选择在楼板下有梁或墙的位置，边（角）柱应控制向内倒塌；b. 应沿立柱根部切断部位凿出钢筋，用手动倒链或用长度和强度足够的绳索定向牵引，将牵引方向反向的钢筋和两侧的钢筋用气割割断，保留牵引方向的钢筋，然后将立柱向倒塌方向牵引拉倒；c. 立柱倒塌撞击点应采取缓冲减震措施。

（4）安全技术交底，见表 1.1。

安全技术交底记录　　　　　　　　　编号　　　　　表 1.1

工程名称	×× 工程		
施工单位	×× 建筑工程集团公司		
交底项目	人工拆除安全技术交底	工种	

交底内容：

1. 进行人工拆除作业时，楼板上严禁人员聚集或堆放材料，作业人员应站在稳定的结构或脚手架上操作，被拆除的构件应有安全的放置场所。

2. 工人从事拆除工作的时候，应该站在专门搭设的脚手架上或者其他稳固的结构部分上操作。

3. 人工拆除施工应从上至下逐层拆除，分段进行，不得垂直交叉作业。作业面的孔洞应封闭。

4. 人工拆除建筑墙体时，严禁采用掏掘或推倒的方法。

5. 拆除建筑物，应该自上而下顺序进行，禁止数层同时拆除。当拆除某一部分的时候应该防止其他部位的倒塌。

6. 拆除石棉瓦及轻型结构屋面工程时，严禁施工人员直接踩踏在石棉瓦及其他轻型板上进行工作，必须使用移动板梯，板梯上端必须挂牢，防止高处坠落。

7. 拆除梁或悬挑构件时，应采取有效的下落控制措施，方可切断两端的支撑。

8. 拆除柱子时，应沿柱子底部剔凿出钢筋，使用手动倒链定向牵引，再采用气焊切割柱子三面钢筋，保留牵引方向正面的钢筋。

9. 拆除管道及容器时，必须要查清残留物的性质，并采取相应措施确保安全后，方可进行拆除施工。

10. 拆除建筑的栏杆、楼梯、楼板等构件，应与建筑结构整体拆除进度相配合，不得先行拆除。建筑的承重梁、柱，应在其所承载的全部构件拆除后，再进行拆除。

交底部门		交底人		接底人		交底时间	

注：项目对操作人员进行安全技术交底时填写此表（一式三份：交底人、接底人、安全员各一份）。

1.3.2　机械拆除法

机械拆除法是使用液压挖掘机及液压破碎锤、液压剪和起重机等大、中型机械，对建（构）筑物进行解体和破碎的一种施工方法，如图 1.24、图 1.25 所示。

图 1.24　破碎机拆除施工　　　　　　图 1.25　小型破碎机拆除施工

（1）施工特点

1）施工人员无需直接接触拆除点，无需高处作业，危险性小。

2）劳动强度低，拆除速度快，工期短。

3) 作业时扬尘大，必须采取湿作业法。

4) 对需要部分保留的建筑物必须先用人工分离后方可拆除。

（2）适用范围

机械拆除适用于砖木结构、砖混结构、框架结构、框剪结构、排架结构、钢结构等各类建（构）筑物和各类基础工程、地下工程。

（3）施工工艺

1）施工工艺流程

机械拆除法的施工工艺流程为解体→破碎→翻渣→归堆待运，如图 1.26 所示。

根据被拆建（构）筑物高度不同又分为镐头机拆除和重锤机拆除两种方法。

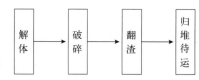

图 1.26 机械拆除施工工艺流程

2）施工技术

①镐头机拆除施工技术。镐头机可拆除高度不超过 15m 的建（构）筑物。

a. 拆除顺序：自上而下、逐层、逐跨拆除。b. 工作面选择：对框架结构房选择与承重梁平行的面作施工面；对混合结构房选择与承重墙平行的面作施工面。c. 停机位置选择：设备机身距建筑物垂直距离约 3m～5m，机身行走方向与承重梁（墙）平行，大臂与承重梁（墙）成 45°～60°角。d. 打击点选择：打击顶层立柱的中下部，让顶板、承重梁自然下塌，打断一根立柱后向后退，再打下一根，直至最后。对于承重墙要打顶层的上部，防止碎块下落砸坏设备。e. 清理工作面：用挖掘机将解体碎块运至后方空地作进一步破碎，空出镐头机作业通道，进行下一跨作业。

②重锤机拆除施工技术。重锤机通常用 50t 吊机改装而成，锤重 3t，拔杆高 30m～52m，有效作业高度可达 30m；锤体侧向设置可快速释放的拉绳。因此，重锤机既可以纵向打击楼板，又可以横向撞击立柱、墙体，是一个比较好的拆除设备。

a. 拆除顺序：从上向下层层拆除，拆除一跨后清除悬挂物，移动机身再拆下一跨。b. 工作面选择：同镐头机。c. 打击点选择：侧向打击顶层承重立柱（墙），使顶板、梁自然下塌。拆除一层以后，放低重锤以同样方法拆下一层。d. 拔杆长度选择：拔杆长度为最高打击点高度加 15m～18m，但最短不得短于 30m。e. 停机位置选择：对于 50t 吊机，锤重为 3t，停机位置距打击点所在拆除面的距离最大为 26m，机身垂直于拆除面。f. 清理悬挂物：用重锤侧向撞击悬挂物使其破碎，或将重锤改成吊篮，人站在吊篮内气割悬挂物，让其自由落下。g. 清理工作面：拆除一跨以后，用挖土机清理工作面，移动机身拆除下一跨。

3）几种典型结构的拆除顺序

①一般工艺流程：机械拆除应按照以下步骤顺序进行：建、构筑物的铸铁落水管、外墙上的附属物、外挑结构、水箱等→楼板（屋面板）→墙体→次梁、主梁、立柱→清理下层楼面，并重复 2～4 的步骤顺序。

②砖木结构：机械拆除砖木结构顺序应符合下列要求：a. 拆除铸铁落水管道和外挑构件；b. 采用拆除机械逐间逐跨自上而下拆除。

③砖混结构：机械拆除砖混结构顺序应符合下列要求：a. 拆除屋顶水箱、电梯机房、铸铁落水管道、门窗和外挑构件；b. 自上而下、逐间逐跨拆除屋面板和墙体、构造柱；c. 使用相匹配高度的拆除机械进行阶梯式拆除。

④框架结构：机械拆除框架结构顺序应符合下列要求：a. 拆除屋顶水箱、电梯机房、铸铁落水管道、门窗和外挑构件等；b. 使用高度相匹配的拆除机械自上而下拆除外墙；c. 自上而下、逐层、逐跨拆除楼板、次梁、主梁和立柱；d. 采用长臂液压剪，可自下而上逐层、逐跨拆除非承重的墙体、楼板和次梁，但立柱和承重梁应自上而下逐层拆除。

⑤钢结构：机械拆除钢结构顺序应符合下列要求：a. 拆除屋顶上附属设施、水箱、铸铁落水管道、门窗和外挑构件等；b. 液压剪自上而下拆除钢结构屋面构件和外墙；c. 液压剪自上而下、逐层、逐跨拆除压型钢楼板、钢次梁、钢主梁和钢立柱。

（4）安全技术交底，见表1.2。

安全技术交底记录　　　　编号　　表1.2

工程名称	×× 工程		
施工单位	×× 建筑工程集团公司		
交底项目	机械拆除安全技术交底	工种	

交底内容：

（1）当采用机械拆除建筑时，应从上至下、逐层分段进行；应先拆除非承重结构，再拆除承重结构。拆除框架结构建筑，必须按楼板、次梁、主梁、柱子的顺序进行施工。对只进行部分拆除的建筑，必须先将保留部分加固，再进行分离拆除。

（2）施工中必须由专人负责监测被拆除建筑的结构状态，做好记录。当发现有不稳定状态的趋势时，必须停止作业，采取有效措施，消除隐患。

（3）拆除施工时，应按照施工组织设计选定的机械设备及吊装方案进行施工，严禁超载作业或任意扩大使用范围。供机械设备使用的场地必须保证足够的承载力。作业中机械不得同时回转、行走。

（4）进行高处拆除作业时，对较大尺寸的构件或沉重的材料，必须采用起重机具及时吊下。拆卸下来的各种材料应及时清理，分类堆放在指定场所，严禁向下抛掷。

（5）采用双机抬吊作业时，每台起重机载荷不得超过允许载荷的80%，且应对第一吊进行试吊作业，施工中必须保持两台起重机同步作业。

（6）拆除吊装作业的起重机司机，必须严格执行操作规程。信号指挥人员必须按照现行国家标准的规定作业。

（7）拆除钢屋架时，必须采用绳索将其拴牢，待起重机吊稳后，方可进行气焊切割作业。吊运过程中，应采用辅助措施使被吊物处于稳定状态。

（8）当日拆除施工结束后，所有机械设备应远离被拆除建筑。施工期间的临时设施，应与被拆除建筑保持安全距离。

交底部门		交底人		接底人		交底时间	

注：项目对操作人员进行安全技术交底时填写此表（一式三份：交底人、接底人、安全员各一份）。

（5）适用于再生利用项目的机械拆除新技术

1）智能机器人技术。智能机器人技术目前已被广泛应用于生产和生活的许多领域，按其拥有智能的水平可以分为三个层次，即工业机器人、初级智能机器人、高级智能机器人。智能机器人最初主要是用于制造业，随着国外技术的不断成熟，逐渐应用于建筑行业的机械拆除。智能拆除机器人较一般的机械拆除优势在于可以从事高危拆除作业，降低人员伤亡；同时还可以很大程度上提高拆除效率，降低拆除带来的粉尘污染。

2）气切法用于机械拆除。气切法原理是采用氧—乙炔或者利用氧气通过割炬燃烧产生的高温熔化混凝土，然后切割混凝土。这种方法的特点是切口较小，线性切割缝，拆除时可以根据业主要求进行切割。对于框架结构的楼房拆除，楼房常见构件，如板、墙、梁、柱等，都可以用气切法进行切割；对于钢结构建筑，采用气切法能够灵活拆除。气切法在保护性拆除时很适用，不需要整层拆除建筑物，灵活方便的部分拆除，跟大型机械相比灵活性强。这种拆除方法主要是采用高温熔化切割，不会产生噪音，也不会有爆破法产生的烟尘，是属于可持续发展的拆除工艺。

1.3.3 爆破拆除法

爆破拆除法是利用炸药的爆炸能量对建（构）筑物进行解体和破碎的一种施工方法。

（1）施工特点

1）施工人员无需进行有损建筑物整体结构和稳定性的操作，人身安全最有保障。

2）一次性解体，其扬尘、扰民较少。

3）拆除效率最高，特别是针对高耸坚固建筑物和构筑物的拆除。

4）对周边环境要求较高，对临近交通要道、保护性建筑、公共场所、过路管线的建（构）筑物必须作特殊保护后方可实施爆破。

（2）适用范围

爆破拆除适用于砖混结构、框架结构、排架结构、钢结构等各类建（构）筑物、各类基础工程、地下及水下构筑物以及高耸建（构）筑物，如图 1.27、图 1.28 所示。

图 1.27　爆破前装药

图 1.28　爆破拆除

（3）施工工艺

1）施工工艺流程

爆破拆除法的施工工艺流程为组织爆破前施工→组织装药接线→警戒起爆→检查爆

破效果→破碎清运，如图 1.29 所示。

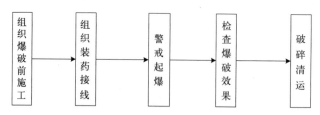

图 1.29 爆破拆除施工工艺流程

2）操作要点

①组织爆破前施工。按设计的布孔参数钻孔，按倒塌方式拆除非承重结构，由技术员和施工负责人进行二级验收。

②组织装药接线。a. 由爆破负责人根据设计的单孔药量组织制作药包，并将药包编号；b. 对号装药、堵塞；c. 根据设计的起爆网络接线联网；d. 由项目经理、设计负责人、爆破负责人联合检查验收。

③安全防护。由施工负责人指挥工人根据设计进行防护，由设计负责人检查验收。

④警戒起爆。a. 由安全员根据设计的警戒点、警戒内容组织警戒人员；b. 由项目经理指挥、安全员协助清场，警戒人员到位；c. 零时前 5 分钟发预备警报，开始警戒，起爆员接雷管，各警戒点汇报警戒情况；d. 零时前 1 分钟发起爆警报，起爆器充电；e. 零时发令起爆。

⑤检查爆破效果。爆破负责人率领爆破员对爆破部分进行检查。如发现哑炮，应立即按《爆破安全规程》GB 6722—2014 规定的方法和程序排除哑炮，待排险后，解除警报。

⑥破碎清运。用镐机对解体不充分的梁、柱作进一步破碎，回收旧材料，清运垃圾。

（4）框架和砖混结构的爆破

1）爆破倒塌方式的选择应符合下列要求：

①定向倒塌方式，其倒塌方向的散落物应控制在建筑物高度的 1.2 倍范围内；

②折叠式例塌方式，其前方散落物应控制在建筑物高度 1 倍范围内；

③逐跨塌落倒塌方式，其前后的散落物应控制在建筑物高度的范围内。

2）布孔爆破切口形状应根据不同的倒塌方式选择：

①定向倒塌应采用三角形切口，原则上使立柱前后排形成一定高度差，并充分利用建筑物的自重使其失稳、坍塌；

②折叠倒塌宜采用两个同向或异向的三角形切口，范围同上；

③逐跨坍塌宜采用纵向波浪式布孔或平行式布孔，利用时间差逐跨塌落；

④原地塌落宜采用每层各柱、墙均匀布孔，同一水平高度上的炮孔同段起爆，使建

筑物塌落时垂直下降。

3）爆破前对楼梯间、剪力墙、电梯井的处理应确保其在建筑物倒塌过程中不影响建筑物设计的倒塌方向；

4）对于装配式建筑物，应采取牵拉钢丝绳、提高后排立柱爆高等方法确保后排立柱向前倾倒；

5）在建筑物倒塌时有可能滚动或前冲的高位构件（如水箱）或附着设备，应在爆破前拆除或在爆破时采取相应的安全措施。

（5）碉堡、筒仓设施的爆破拆除应符合下列要求：

1）碉堡、薄壁筒仓宜采用水压爆破拆除；

2）爆破前应对筒仓的卸料口、碉堡的门洞口等影响蓄水的部位、缺口封堵严实，确保水压爆破的顺利实施；清除待爆体四周埋土，挖出临空面；

3）水压爆破应避免泄水对周围环境造成危害。

（6）烟囱、水塔爆破拆除应符合下列要求：

1）孔网参数。①根据待爆体形式确定最小抵抗线；②孔距宜在最小抵抗线的 1.8 ~ 2.5 倍范围内；③排距宜取最小抵抗线的 0.7 ~ 0.9 倍范围内；④孔深若在四面临空构件的底部，保留部分宜为最小抵抗线的 0.9 倍，四面不临空构件的孔深可达底部主钢筋处。

2）应在烟囱根部，倾倒方向一侧爆破出一个切口，切口可采用三角形、梯形、矩形等多种形式，切口最大长度应为该处周长的 0.6 ~ 0.7 倍；

3）钢筋混凝土烟囱应将切口背面弧长一半的纵向钢筋割断，中心应对称；

4）砖砌烟囱切口背面不应作特殊处理；

5）切口两端应开设定向窗；

6）将不在烟囱切口部位但处于切口同一水平的烟道、孔洞等应用砖砌牢，防止承重部位因受力不均偏离倒塌方向；

7）烟囱在倒塌范围不足的情况下，可作单向折叠或双向折叠爆破，施工类同框架折叠爆破；

8）应考虑残体滚动、筒体塌落触地的飞溅和前冲，并采用沟槽、缓冲堤等减振措施。

（7）安全技术交底，见表 1.3。

1.3.4　静力破碎法

静力破碎是利用静力破碎剂固化膨胀力破碎混凝土、岩石等的一种技术。

（1）施工特点

1）工艺简单，施工速度快，具有良好的拆除效果，适用于改扩建工程、抗震加固工程等对钢筋混凝土构件进行拆除。

安全技术交底记录　　　　编号　　　**表 1.3**

工程名称	×× 工程		
施工单位	×× 建筑工程集团公司		
交底项目	爆破拆除安全技术交底	工种	

交底内容：

1. 从事爆破拆除工程的施工单位，必须持有工程所在地法定部门核发的《爆炸物品使用许可证》，承担相应等级的爆破拆除工程。

2. 爆破拆除设计人员应具有承担爆破拆除作业范围和相应级别的爆破工程技术人员作业证。从事爆破拆除施工的作业人员应持证上岗。

3. 爆破器材必须向工程所在地法定部门申请《爆炸物品购买许可证》，到指定的供应点购买。爆破器材严禁赠送、转让、转卖、转借。

4. 运输爆破器材时，必须向工程所在地法定部门申请领取《爆炸物品运输许可证》，派专职押运员押送，按照规定路线运输。

5. 爆破器材保管地点，必须经当地法定部门批准。严禁同室保管与爆破器材无关的物品。

6. 爆破拆除的预拆除施工应确保建筑安全和稳定。预拆除施工可采用机械和人工方法拆除非承重的墙体或不影响结构稳定的构件。

7. 在人口稠密、交通要道等地区爆破拆除建筑物，应采用电力或导爆索引爆，不得采用火花起爆。当采用分段起爆时，应采用毫秒雷管起爆。

8. 爆破各道工序要认真细致操作、检查和处理。杜绝各种不安全事故发生。

9. 爆破拆除施工时，应对爆破部位进行覆盖和遮挡，覆盖材料和遮挡设施应牢固可靠。

10. 爆破拆除应采用电力起爆网路和非电导爆管起爆网路。电力起爆网路的电阻和起爆电源功率，应满足设计要求；非电导爆管起爆应采用复式交叉封闭网路。爆破拆除不得采用导爆索网路或导火索起爆方法。

11. 爆破拆除工程的实施应在工程所在地有关部门领导下成立爆破指挥部，应按照施工组织设计确定的安全距离设置警戒。

12. 装药前，应对爆破器材进行性能检测。试验爆破和起爆网路模拟试验应在安全场所进行。

13. 爆破作业时，应采取适当保护措施，如对低矮建筑物采用适当护盖，对高大建筑物爆破设一定安全区，避免对周围建筑和人身的危害。

14. 爆破时，对原有蒸汽锅炉和空压机房等高压设备，应将其压力降到 1 ~ 2 个大气压。

15. 对烟囱、水塔类构筑物采用定向爆破拆除工程时，爆破拆除设计应控制建筑倒塌时的触地振动。必要时应在倒塌范围铺设缓冲材料或开挖防振沟。

16. 用爆破方法拆除建筑物部分结构时，应保证其他结构部分的良好状态。爆破后，如发现保留的结构部分有危险征兆，应采取安全措施，再进行工作。

17. 为保护临近建筑和设施的安全，爆破震动强度应符合现行国家标准《爆破安全规程》GB 6722—2014 的有关规定。建筑基础爆破拆除时，应限制一次同时使用的药量。

交底部门		交底人		接底人		交底时间	

注：项目对操作人员进行安全技术交底时填写此表（一式三份：交底人、接底人、安全员各一份）。

2）破碎过程中无振动、无飞石、无粉尘、无噪音、无有害气体的产生，对保护环境极为有利。可在无公害条件下安全作业，在混凝土和岩石等发生破裂时，破碎剂的膨胀压仍然能够继续进行，并随时间的延长，其裂缝宽度不断增加。

3）静态无声破碎剂不属于易燃、易爆物品。因此，其运输、保管、使用方便、安全、可靠。破碎剂的膨胀压力为 30MPa ~ 55MPa。破碎剂能够使混凝土和岩石破碎基于它的膨胀对孔壁产生的膨胀压力，大大超过混凝土和岩石的抗拉强度。

4）在不适于炸药爆破的环境条件下，静力破碎更显其超众的优越性。

（2）适用范围

1）混凝土构筑物的破碎、拆除。在建筑、城区改造、市政、水利、大型设备等的拆除和改造扩建中，大体积混凝土桩、柱、墩、台、座、基础的破碎与拆除。

2）岩石、矿石等的开采、石料切割。

3）其他不便于炸药爆破的环境条件下混凝土拆除、岩石及矿石开采工程，如图 1.30、图 1.31 所示。

图 1.30　静力拆除楼板施工

图 1.31　静力拆除梁体施工

（3）施工工艺

1）施工工艺流程

静力破碎法施工工艺流程为：破碎剂选择及布孔设计→定位放线→切割、钻孔→搅拌→灌孔→养护。如图 1.32 所示。

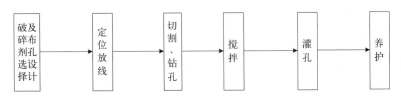
图 1.32　静力破碎施工工艺流程

2）操作要点

①破碎剂选择及布孔设计：由于 HSCA 无声破碎剂产生的膨胀压受到温度的影响，因此，应根据施工时的气候或作业环境温度选择合适类型的 HSCA 无声破碎剂。根据结构物自由度情况而定，尽可能多地创造自由面，对不同自由面采取不同的布孔方法。可采取垂直、水平、斜向等布孔方式。（具体要求见表 1.4、表 1.5、表 1.6）。

HSCA 无声破碎剂的型号和使用温度范围			表 1.4
破碎剂型号	HSCA—I	HSCA—II	HSCA—III
使用温度范围	25℃～35℃	15℃～25℃	0℃～10℃

HSCA 无声破碎剂特种型号和使用温度范围 表 1.5

破碎剂型号	使用温度范围	破碎剂型号	使用温度范围
HSCA—AD I	15℃ ~ 25℃	HSCA—AD II	5℃ ~ 15℃
HSCA—AH III	25℃ ~ 35℃	HSCA—AH IV	−5℃ ~ 15℃

注：AD—孔内无水作业；AH—孔内有水作业。

钻孔参数 表 1.6

被破碎物体	孔径 D (mm)	孔距 a (cm)	抵抗线 W (cm)	孔深 L	破碎剂使用量 (kg/m³)
无筋混凝土	35 ~ 50	30 ~ 40	30 ~ 40	80%H	10 ~ 15
钢筋混凝土	35 ~ 50	15 ~ 20	20 ~ 30	90%H	20 ~ 30

注：H—物体计划破碎高度；排距 $b = (0.6 \sim 0.9)\, a$。

②定位放线：施工前，根据设计位置、标高用激光投线仪在原结构上放线，用墨线弹出拆除部位尺寸位置。

③切割：根据切割要求和方式，打膨胀螺栓，固定切割机具。采用液压墙锯进行静力切割施工，对于狭小空间内的拆除可采用水钻打孔或人工凿除。

④钻孔：应严格按作业设计规定的钻孔位置、方向、角度、深度施钻。钻孔全部钻完后，须用吹风管将钻孔吹净，并用木楔或废棉纱、废纸等堵于孔口待装药。

⑤搅拌：当采用无声破碎剂，一般水灰比为 0.30 ~ 0.35，即每袋（重 5kg）破碎剂加水 1.5kg ~ 1.7kg。拌制时，先将定量破碎剂倒入塑料容器内，然后缓缓加入定量水，用机械或手工拌成具有流动性的均匀浆体备用。要求拌匀，拌和时间最多不超过 3min。

⑥灌孔：应将搅拌好的药浆用瓢和漏斗迅速装入孔内，并用木棍捣实。如药量过多，应分组同时装药，在 10min 以内将拌好的药浆及时装入孔内。在水平孔装药时，将药浆装入与钻孔直径相适应的塑料袋内，然后用木棍逐个送入炮孔。装药长度为孔深的 90%。

⑦堵孔：将药浆灌满垂直孔时，可不必堵塞。斜孔和水平孔可用快干水泥砂浆或用水灰比为 0.25 的干硬性无声破碎剂药浆堵塞，但均应用木棍捣密实。

⑧养护：装药堵塞 1h 后，即往拆除体上浇水。常温季节浇冷水；冬季宜采取保温措施并浇温水，以加速水化反应，增大裂缝。混凝土破碎后，拆除钢筋混凝土，清理外运建筑垃圾。

3）质量控制

①静力破碎剂的质量控制。对进场材料必须进行检验，确保其符合《无声破碎剂》JC 506-2008，不合格产品不得使用。

②打孔质量控制。根据实际情况，编写施工方案，按方案中的设计孔位布置图进行测量放线，严格控制孔深、角度等参数。钻孔直径宜采用 38mm ~ 42mm。孔距与排距的大小与岩石硬度、混凝土强度及布筋有直接关系，硬度越大、混凝土强度越高、布筋

越密、钢筋越粗时，孔距与排距越小，反之则越大。根据此原则结合现场试验进行孔距与排距调整。

③装药的质量控制。根据施工环境温度选择适合的破碎剂型号，禁止边打孔边装药，打孔、装药要一次完成。禁止打孔完成后立即装药，应用高压风将孔清洗完成后，待孔壁温度降到常温度后方可装药。装药时，已经开始发生化学反应的药剂不允许装入孔内。

（4）安全技术交底，见表 1.7。

安全技术交底记录　　　　编号　　　表 1.7

工程名称	××工程		
施工单位	××建筑工程集团公司		
交底项目	静力爆破拆除作业安全技术交底	工种	
交底内容： 　1. 采用具有腐蚀性的静力破碎剂作业时，灌浆人员必须戴防护手套和防护眼镜。孔内注入破碎剂后，作业人员应保持安全距离，严禁在注孔区域行走。 　2. 静力破碎剂严禁与其他材料混放。 　3. 在相邻的两孔之间，严禁钻孔与注入破碎剂同步进行施工。 　4. 静力破碎时，发生异常情况，必须停止作业。查清原因并采取相应措施确保安全后，方可继续施工。			
交底部门	交底人　　　　　接底人		交底时间

注：项目对操作人员进行安全技术交底时填写此表（一式三份：交底人、接底人、安全员各一份）。

（5）静力破碎新技术简介

1）卡姆麻依特施工法

①先将预破碎物体钻好孔，把卡姆麻依特静力破碎剂填入炮孔底部。

②把带引线的热敏电阻安装在孔底的破碎剂上面，同时装上一条释放蒸汽用的导线，将引线和导线拉出口外。热敏电阻系铝热剂，引燃后可产生 1000℃ 的高温。

③再把破碎剂填满全孔并捣实。

④充填完毕拔出导线，形成一条释放蒸汽的小孔。

⑤引线通电，引燃铝热剂。经过 30mm ～ 60min 就开始出现龟裂。人们按照工程进度来确定点火时间。

2）斯帕布拉伊斯塔施工法。该静力破碎剂本身就能实现快速破碎。施工时先在孔深的一半注入清水，然后将颗粒状斯帕布拉伊斯塔用细棍边搅拌边填满整个炮孔。这种装填方式孔内存有间隙，可以控制破碎剂不喷出来，膨胀压力可达 $400kg/cm^2$ 左右。

1.4　常见结构拆除施工技术

对于不同结构形式的旧工业建筑，其拆除施工的流程、难点等不尽相同，绝大多数的旧工业建筑属于排架结构,如西安市老钢厂文化创意产业园再生利用项目（见图1.33）、上海市红坊文化创意产业园再生利用项目（见图1.34）、北京汽车齿轮厂地基再生利用项目、沈阳市奉天记忆文化创意产业园再生利用项目、济南星工坊菲尔姆乐园再生利用项目等。

图1.33　西安市老钢厂文创园再生利用项目
（排架结构厂房拆除）

图1.34　上海市红坊文创园再生利用项目
（排架结构厂房拆除）

1.4.1　排架结构拆除施工

（1）结构特点和建造顺序

排架结构建筑系由钢筋混凝土柱、连系梁、桁车梁、屋架、屋面板及四周墙体（砖墙体或钢筋混凝土墙板，其上设有门窗）组成。排架结构构造情况如图1.35所示。

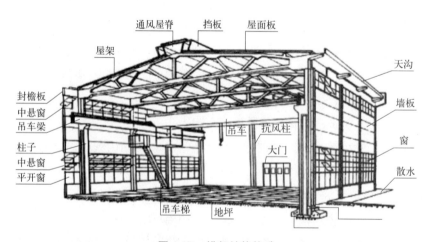

图1.35　排架结构构造

排架结构建筑的建造大多采用构件预制（工厂或现场预制）和机械化方法施工（吊装机械及钢或木桅杆），按照吊装作业的不同分为单件安装法和综合安装法两种操作方法。单件安装法就是分别将钢筋混凝土柱、连系梁、桁车梁、屋架、屋面板按顺序进行安装，吊装设备来回移动次数较多。综合安装法是吊装设备在一个工作点上一次将一个或两个开间的柱、连系梁、桁车梁、屋架、屋面板等需要安装的构件全部吊完，然后再移动到下一个工作点上工作，综合安装法吊装设备的移动次数较少，工作效率较高，对吊装设备的起吊能力要求亦较高。单件安装法和综合安装法的建造顺序分别如图 1.36 所示。

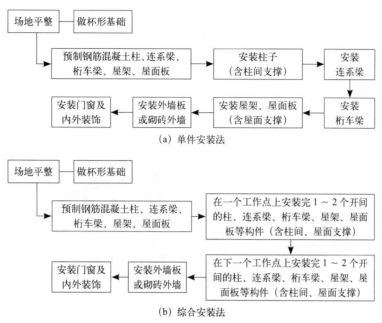

图 1.36 排架结构建筑建造顺序

（2）拆除方法和拆除顺序

排架结构建筑的体形一般都较大，建筑的单体构件重量都较重，通常都采用机械拆除或爆破拆除的施工方法。排架结构建筑不适宜采用人工拆除法。

当缺乏拆除施工机械或因场地狭小拆除施工机械难以进场而采用人工拆除时，应有吊装设备配合下吊运拆除的构件，不宜用人工撬动构件让其自然坠落的方法，以免砸坏尚未拆除的部分构件，造成局部坍塌或整体坍塌事故。

当采用机械拆除法时，有关机械拆除的施工技术要点，可参照本节前面"机械拆除"部分内容。具体拆除施工操作前，应根据各拆除工程的具体情况，编制详细的施工组织设计，确定工作面的选择、机械停置位置和行走路线以及打击点的选择等。在拆除屋面上大型屋面板、天沟板等构件时，应遵循屋架两侧同时进行的原则，使屋架受力平衡。屋面结构的水平支撑和垂直支撑的拆除，应结合拆除进度有序进行，不得超前拆除，以防屋面结构失去整体稳定。当屋架拆下后需要再生利用时，应在拆除前进行临时加固，防止在拆除过程中，出现屋架平面外扭曲而受到损伤。拆下后的堆放、运输也应采取相

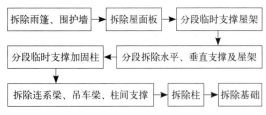

图 1.37 排架结构建筑拆除施工顺序

应措施。拆除细长柱时，应注意柱的稳定，必要时，应设置临时支撑。排架结构建筑的拆除施工顺序，原则上应按图 1.37 所示的流程进行。

当采用爆破拆除法施工时，其施工操作要点可参照本节前面框架结构建筑爆破拆除法的有关内容，合理而有效地布设炮孔位置，从而达到一次施爆成功。

1.4.2 框架结构拆除施工

框架结构建筑系钢筋混凝土柱、梁、板组成的承重结构体系，其内、外墙体仅作填充围护作用。它的构造形式如图 1.38、图 1.39 所示，其建造顺序如图 1.40 所示。

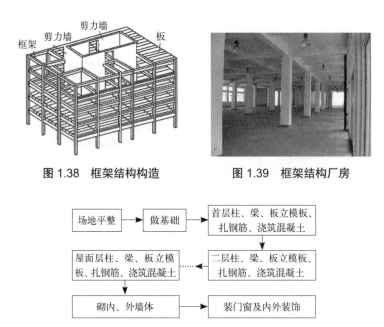

图 1.38 框架结构构造　　　　图 1.39 框架结构厂房

图 1.40 钢筋混凝土框架结构建筑施工顺序

拆除框架结构建筑宜采用机械拆除方法或爆破拆除方法，拆除速度快，亦比较安全。当采用人工拆除方法时，其板、梁、柱的拆除方法、操作要求和注意事项等可参照砖混结构建筑的拆除方法。框架结构的拆除顺序如图 1.41 所示。

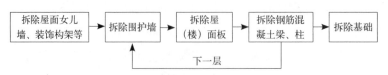

图 1.41 钢筋混凝土框架结构建筑拆除施工顺序

（1）机械拆除法

采用机械拆除方法时，原则上是自上而下，逐层、分段进行打击，使其自然坍落。机械拆除施工作业应由专人指挥，应选择与承重梁平行的面作打击面。机身距建筑物垂直距离宜为 3m ～ 5m，机械伸臂与承重梁呈 45° ～ 60° 夹角，边打击边向后退，直至最后。

当拆除施工现场较宽阔，又有相应的拆除施工经验时，亦可在建筑物底层选择合适的打击点，使整座建筑物向一定方向作整体倒塌。采用此法施工作业时，指挥人员应与机械操作人员密切配合，科学、合理地确定打击点的高度位置和打击的程度。各打击点应多次循序进行，不应盲目求快而一次打击到位。每次循环打击之后，应将机械退至安全地带稍作停顿，认真观察、分析结构的变化情况；最后一次打击后，使建筑物朝着预定的倒塌方向整体坍塌。采用重锤机进行拆除施工作业时，由于重锤机既可纵向打击楼板，又可以横向撞击立柱和墙体，所以拆除速度亦较快，是一种比较好的拆除设备。

（2）爆破拆除法

用爆破法拆除钢筋混凝土框架结构一般有三种爆破方式：①炸毁框架全部支撑柱，使框架在自重作用下，一次冲击解体；②炸毁部分主要支撑柱，使框架按预定部位失稳和形成倾覆力矩，依靠结构物自重和倾覆力矩作用，完成大部框架的解体；③按一定秒差逐段炸毁框架内的必要支撑柱，使框架逐段坍落解体。为便于解体，对二、三层楼板、梁和大部分主梁以及钢筋混凝土电梯井筒等宜做预爆处理。

不管采用上述哪种爆破方式，首先应熟悉被炸建筑物的结构情况，合理确定需炸毁的关键支撑点；同时确定科学、合理的倒塌形式（如原地倒塌、定向倒塌、向中间倒塌、折叠倒塌和双向折叠倒塌等）和起爆用药量，务必一次爆破成功；切忌盲目施工，使建筑物炸而不倒，既产生不利影响，又造成经济损失。

1.4.3　其他结构拆除施工

（1）砖木结构建筑的拆除施工

砖木结构建筑是主要由砖（石）砌体和称重木构件组成的建筑，结构简单，建造容易。它的构造形式如图 1.42、图 1.43 所示，其建造顺序如图 1.44 所示。

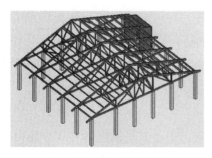

图 1.42　砖木结构构造

图 1.43　砖木结构厂房

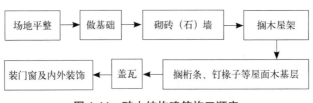

图 1.44　砖木结构建筑施工顺序

砖木结构建筑大多采用人工拆除方法进行拆除施工，其拆除顺序如图 1.45 所示。各部分拆除施工要点如下：

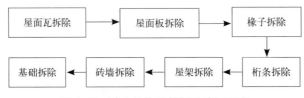

图 1.45　砖木结构建筑拆除施工顺序

1）揭瓦

①小瓦揭法：小瓦通常是纵向搭接、横向正反相间铺在屋面板（椽子）上或屋面砖上，拆除时先拆屋脊瓦再拆屋面瓦，从上向下，一片一片叠起，传接至地面堆放整齐。其注意事项如下：a. 拆除时人要斜坐在桁条处屋面板（椽子）上向前拆以防打滑；对屋面坡度大于30°的要系安全带，安全带要固定在屋脊梁上或者搭脚手架拆除；脚手架搭设应牢固，经验收合格后方可使用并随建筑物拆除进度及时同步拆除。b. 检查屋面板（椽子）有无腐烂、松动，防止屋面板（椽子）断裂、掉落。

②平瓦揭法：平瓦通常是纵向搭接铺压在屋面板上或直接挂在瓦条上，对于铺压在屋面板上的平瓦，其拆除方法和注意事项可参见小瓦。直接挂在瓦条上的平瓦虽然拆法大体相同，但注意事项如下：a. 安全带要系在梁上，不可系在挂瓦条上，拆除时人不可站在瓦上揭瓦，一定要斜坐在桁条对应的位置上。b. 揭瓦时房内不得有人，以防碎片伤人。

③石棉瓦揭法：石棉瓦通常是纵横搭接铺在屋面板上，特殊简易房，石棉瓦直接固定在桁条上，而桁条的跨度与石棉瓦的长度相当，对这种结构的石棉瓦的拆除注意事项如下：a. 不可站在石棉瓦上拆固定钉，应在室内搭好脚手架，人站在脚手架上拆固定钉然后用手顶起石棉瓦叠在下一块上，依次往下叠，在最后一块上回收。b. 瓦可通过室内传下，拆瓦、传瓦必须有统一指挥，以防伤人。

2）屋面板（椽子）拆除

拆屋面板（椽子）时人应站在对应的桁条上，先用直头橇杠撬开一个缺口，再用弯头带起钉槽的撬杠，从缺口处向后撬，待板撬松后，拔掉铁钉，将板从室内传下。其注意事项如下：①撬板时人在桁条上应站稳，两脚适度分开，用力不可过猛；②对于大于30°的陡屋面，拆除时要系安全带或搭设脚手架。

3）桁条拆除

桁条与支撑体的连接通常有三种形式：直接搁在承重墙上、搁在人字梁上、搁在支撑立柱上。拆除桁条时用撬杠将两头固定钉撬掉，两头系上绳子，慢慢下放至地面或下层楼面上作进一步处理。拆除桁条应由两人在两端同时操作，动作应协调、配合。

4）人字梁拆除

拆除桁条前在人字梁的顶端系两根可两面拉的绳子，桁条拆除后，将绳两面拉紧，用撬杠或气割枪将两端的固定钉拆除，使其自由松动（应用撬杠撬动，确认连接部位已自由松动）后再拉一边绳、松另一边绳，使人字梁向一边倾斜，直至倒置，然后在两端系上绳子，慢慢放至地面或下层楼面上作进一步解体或者整体运走。需要再次利用的木人字梁，在拆除前应在两边用夹板固定，以防止在倾斜、倒置过程中构件受到损伤，影响其后的受力性能。拆下后，应及时运至安全地点直放或平放，直放时应依靠可靠（不应靠在围墙上），平放时应在各节点处垫实。

5）墙体拆除

人工拆除建筑物墙体时，通常采用锤子或撬杠将砖块打（撬）松，自上而下进行拆除，对于边墙除了自上而下外还应由外向内进行拆除。拆除建筑物楼层墙体时，严禁采用整体推倒或挖掘的方法。底层砖墙拆除，在掏凿前，应在倾斜方向加设临时支撑，砖墙的掏凿深度不得超过墙厚的1/3。墙体倾倒时，应招呼周围拆除施工人员加以注意，防止震动过大产生不利影响。

（2）砖混结构建筑的拆除施工

砖混结构建筑系由砖墙（柱）和混凝土梁、板组成的建筑，砖墙（柱）是主要的承重构件，层数由单层到多层。它的构造情况如图 1.46、图 1.47 所示，其建造顺序如图 1.48 所示。

图 1.46　砖混结构构造

图 1.47　砖混结构厂房

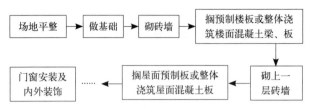

图 1.48　砖混结构建筑施工顺序

当拆除施工现场较小时，大多采用人工方法进行砖混结构建筑的拆除施工，当拆除施工现场较大时，也常采用机械拆除法或爆破拆除法进行拆除施工。

1）人工拆除法

人工拆除法原则上是建造施工的逆作法，自上而下、逐层分段进行，即后建的先拆，先建的后拆，不得垂直交叉作业，其拆除施工顺序如图 1.49 所示。各部分的拆除施工要点如下：

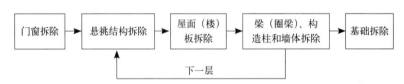

图 1.49　砖混结构建筑拆除施工顺序

①楼面板和屋面板拆除。楼面板和屋面板分预制板和现浇板两种。

a. 预制板拆除方法

预制板通常直接搁在梁上或承重墙上，它与梁或墙体之间一般没有纵横方向的连接，一旦预制板折断，就会下落。因此，对于不再回收的预制板，拆除时在预制板的中间位置用风镐打一条横向切槽，将预制板拦腰切断，让预制板自由下落即可；对于需要回收的预制板，应在搁置点和板缝之间用凿子凿开，用撬杠松动后，两端系上绳子同时往下协调地放至地面或楼面，亦可用一根小木拔杆立在地面（或楼面上）操作，以加快拆除速度。其注意事项如下：a）开槽用风镐操作时，由前向后退打，保证人站在没有破坏的预制板上。b）打断一块及时下放一块，因有粉刷层的关系，单靠预制板的重量有时不足以克服粉刷层与预制板之间的粘接力而自由下落，这时需用锤子将打断的预制板粉刷层敲松即可下落。

b. 现浇板拆除方法

现浇板是由纵横相交的单层钢筋和混凝土组成，板厚为 100mm ～ 150mm，它与梁或圈梁之间有钢筋连接组成整体。拆除时用风镐或锤子将混凝土打碎即可，不需考虑拆除顺序和方向。

②梁的拆除。梁分承重梁和连系梁（圈梁）两种。当屋面板（楼板）拆除后，连系

梁不再承重了，属于次要部件，可以拆除。拆除时用风镐将梁的两端各打开一个缺口，露出所有纵向钢筋，然后气割一端钢筋使其自然下垂，再割另一端钢筋使其脱离主梁，放至地面或下层楼面作进一步处理。承重梁（主梁）拆除方法大体上同连系梁一致。但因承重梁通常较大，不可直接气割钢筋让其自由下落，必须用吊具吊住大梁后，方可气割两端钢筋，然后吊至下层楼面或地面作进一步解体。

③墙体拆除。墙分砖墙和混凝土墙两种。

a. 砖墙拆除方法可参照砖木结构建筑砖墙拆除的方法和操作要求。

b. 混凝土墙拆除方法是用风镐沿梁、柱将墙的左、上、右三面开通槽，再打掉沿地板面墙的钢筋保护层，露出纵向钢筋，系好拉绳，气割钢筋，将墙拉倒，再破碎。

c. 注意事项：a）拆墙时室内要搭可移动的脚手架或脚手凳，临近人行道的外墙要搭外脚手架并用加密安全网封闭，人流稠密的地方还要加搭过街防护棚。b）气割钢筋时应先割沿地面二侧的纵向钢筋，其次割上方沿梁的纵向钢筋，最后是割两侧的横向钢筋。c）严禁站在墙体或被拆梁上作业。

④立柱拆除。立柱拆除采用先拉倒再解体破碎的方法，即先打掉立柱顶部和根部的钢筋保护层，露出纵向钢筋，再在立柱顶端系好向内拉刨绳子，气割钢筋，向内拉倒立柱，进一步破碎。其注意事项如下：a. 立柱倾倒方向应选在下层梁或墙的位置上，防止倒在倒板上砸通楼板造成意外伤害。b. 撞击点应设置缓冲防振措施。

⑤清理层面垃圾。垃圾从预先设置的垃圾井道下放至地面。垃圾井道的要求如下：a. 对采用现浇板结构层面的，道口直径为 1.2m～1.5m；对采用预制板结构楼面的，打掉两块预制板，上下对齐即可作为垃圾井道。b. 垃圾井道数量原则上每跨设置 1 个，对进深很大的建筑可适当增加，但要分布合理。c. 井道周围应作密封性防护，防止灰尘飞扬，并保证安全。

2）机械拆除法

目前使用较多的拆除机械是镐头机，操作简便，拆除效果较好。用镐头机拆除原则上应自上而下、逐层分段进行，使建筑物自然坍塌。机械拆除施工作业应有专人指挥，事先确定合理、有效的打击点，选择与承重墙平行的面作打击施工作业面。机械行障施工区域，不得有人从事其他作业活动，人、机不可进行立体交叉作业。在其机械回转半径范围内，不得有人。其他辅助人员距离工作点 10m 以外。

当拆除施工现场较宽阔，拆除施工企业又有相应的拆除施工经验时，亦可用镐头机在底层选择合适的打击点进行打击，使整座建筑物向一定方向整体坍塌。采用此法施工作业时，指挥人员与机械操作人员应密切配合，对各打击点的打击应多次循序进行，切不可盲目求快而加大打击面。每次循环打击之后，应将机械退至安全地带稍作停顿，认真观察、分析建筑物的结构变化情况，在最后一次打击后，建筑物将形成合理的坍塌方向和安全的坍塌速度。

3）爆破拆除法

爆破拆除法常采取将结构的多数支点或所有支点炸毁，利用结构自重使房屋按预定方向作原地倾斜倒塌或原地（平行）倒塌。布药着重在一层及地下室的承重部分（主要是柱和承重墙），使其折断倒塌后充分利用房屋自重劈裂上部结构。通常情况下，只需对一层的门、窗间墙实施爆破，要求倒塌方向的外墙应用 3～5 排炮孔（使能炸出高为 1m以上的爆槽）以确保定向倒塌。炮孔应距地面 0.5m，两排以上时，上下排炮孔应列成梅花形状。如外墙过厚，则需在其相对方向的外墙上再加两排炮孔，使之易于切断倒塌。炮孔直径不宜小于 28mm，深度为墙厚的 1/2～1/3，钻孔使炮孔的最小抵抗线朝房屋的内部，孔距为 0.5～1.0 倍墙厚，炮孔排距为 0.75～1.0 倍孔深。炮孔与门窗的距离等于0.5 倍墙厚。楼梯处应爆破切断与其连接的梁、柱和墙。有内承重墙、钢筋混凝土柱、梁时，应先行起爆。爆破宜采用毫秒延期或秒延期雷管，严格控制爆破顺序，实现迟发分段、分层爆破，减少同次起爆总药量，达到缩短倒距、减少震动的目的。

第 2 章　地基处理施工技术

2.1　地基处理施工概述

2.1.1　地基处理施工相关概念

（1）地基

任何建筑物都要建造在土层上面，建筑物的下部通常要加以扩大，以减小单位面积结构上的应力，并埋入地下一定深度，使之坐落在较好的土层上。地基是指建筑物下面支承基础的土体或岩体，作为建筑地基的土层分为岩石、碎石土、砂土、粉土、黏性土和人工填土。位于基础底面下的第一层土称为持力层，在其以下土层称为下卧层，强度低于持力层的下卧层称为软弱下卧层，它们都属于地基的组成部分，如图 2.1 所示。

(a) 地基现状　　　　　　　　　　　　(b) 地基施工

图 2.1　地基现状及施工现场

地基质量好坏关系到建筑物的安全、经济和正常使用，轻则上部结构开裂、倾斜，重则建筑物倒塌，危及人们生命与财产安全。实践证明，建筑物的事故很多与地基有关。

（2）地基分类

从现场施工的角度来讲，地基可分为天然地基和人工地基。天然地基是自然状态下即可满足承担基础全部荷载要求，不需要加固的天然土层。天然地基土可分为四大类：岩石、碎石土、砂土、粘性土。人工地基则是在处理过程中部分土体得到增强、置换，或在天然地基设置加筋材料等措施得到的地基，常见有石屑垫层、砂垫层、混合灰土回填再夯实等。

2.1.2 地基处理施工主要内容

（1）地基缺陷致因分析

1）由于勘察、设计、施工或使用不当，造成建筑物沉降或沉降差超限，建筑物出现裂缝、倾斜或损坏，影响正常使用，甚至危及建筑物安全。具体可分为以下两种情况：

①上部结构原因，包括：a. 建筑物荷载偏心，即建筑物重心与基础形心不重合；b. 建筑物体形复杂或荷载差异较大，例如建筑物平面形状比较复杂（如"L"形、"T"形、"工"字形、"山"字形等）的建筑物，在其纵横单元交接的部位，基础往往比较密集，因此地基应力较其他部位要大，沉降也就相应大于其他部位；c. 施工技术或施工程序不当引起加载不均；d. 储罐、斗仓等构筑物使用荷载施加不当；e. 风力和日照引起高耸结构的倾斜。

②地基基础原因，具体包括：a. 地质条件复杂，地基土层的压缩性、厚度和分布差异较大，或存在暗塘、暗沟、地下洞穴、驳岸等不良地质情况；b. 地基处理不当，基础设计有误或施工质量差；c. 膨胀土、湿陷性黄土、冻土等特殊土类在相应的不利条件下产生不均匀沉降；d. 岩溶、土洞、侵蚀、滑坡、坍塌、振动液化的影响；e. 地基土收到污染侵蚀丧失强度和承载力。

2）建筑物在长期使用过程中，因环境条件改变附加沉降，造成建筑物沉降或沉降差过大。具体包括：

①相邻建筑物荷载、大面积地面堆载或填土的影响；

②在邻近场地中修建地下工程，如修建地下铁道、地下车库等；

③邻近基坑开挖引起地基土体位移过大或管涌、流土等现象；

④大面积降低地下水位引起建筑物不均匀沉降；

⑤桩基、沉井以及某些地基处理方法的施工所产生的振动、挤压和松弛等的影响。

3）建筑物因改变使用要求或使用功能会采取增层、内嵌、外接、下挖等改建措施，造成荷载分布的转移或增加，进而造成原地基承载力和变形不能满足要求。例如，单层或多层工业建筑，由于产品的更新换代，需要对原生产工艺进行改造，对设备进行更新，这种改造和更新可能引起荷载的增加，造成原有结构和地基承载力的不足等。

4）建筑在使用过程中其地基会受到三废污染物（废气、废液、废渣）的腐蚀，导致地基土质发生化学变化，进而不能满足支承上部建筑物的使用要求。地基土一旦被污染会出现两种变形特征：一是使地基上的结构破坏而产生沉陷变形，如腐蚀的产物为易溶盐，则在地下水中流失或变成稀泥。例如：吉林某化工厂浓硝酸成品房，生产不到四年，因地基腐蚀而造成基础下沉，以致拆毁重建。二是地基腐蚀后的生成物具有结晶膨胀性质，使地基土体膨胀，进而影响上部结构安全。例如：陕西某化工厂镍电解厂房，地基为卵石混砂的戈壁土，后因地基受浓硝酸腐蚀而发生猛然膨胀，地面隆起，最大抬升高度高达 80cm，柱基被抬起导致墙体严重开裂。因此，旧工业建筑再生利用过程中，针对此类被污染土造成的地基安全隐患，应采取一定的措施对地基进行处理，以使其满足继续使用的要求。此时，置换地基土是最简单且经济的做法。

（2）地基处理施工形式

当发生地基承载力不足、上部结构倾斜、地基土被污染等缺陷时，采取地基加固、纠倾施工、地基污染土处理等措施，旨在改善剪切特性、压缩特性、透水特性、动力特性、特殊土的不良地基的特性等性能，具体的施工处理方法如图 2.2 所示。

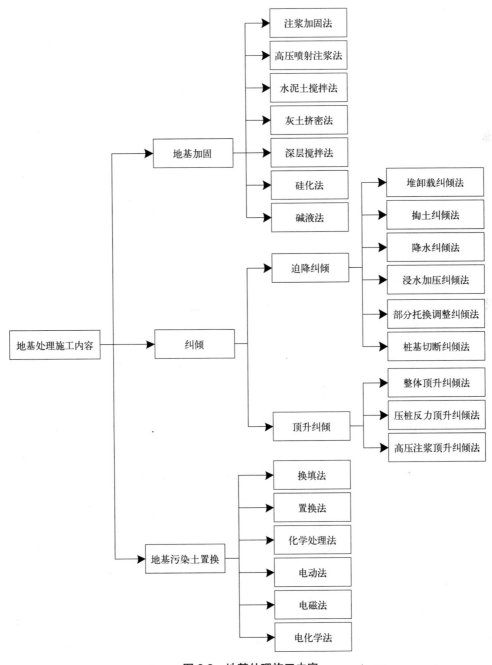

图 2.2　地基处理施工内容

2.1.3 地基处理施工一般流程

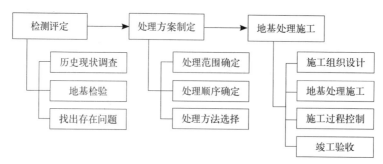

图 2.3 地基处理施工一般流程

（1）检测评定

地基处理施工一般流程如图 2.3 所示。对旧工业建筑调查包括历史情况调查和现状调查；历史情况调查包括建造年代，作用在结构上的荷载有无变化，使用条件和用途有无变更，使用环境有无变化，是否遭受过地震、火灾、水灾等自然灾害，是否进行过改建、扩建等。现状调查主要是调查建筑的实际使用荷载、沉降、倾斜、扭曲和裂损等情况，以及临近建筑、地下工程和管线的情况。而建筑地基检验的主要内容包括：

1）检验步骤。①搜集场地岩土工程勘察资料、建筑的地基基础和上部结构设计计算资料和图纸、隐蔽工程的施工记录和竣工图以及沉降观测资料等。②对原岩土工程勘察资料中的重要内容着重分析。③根据加固的目的，结合搜集的资料和调查的情况进行综合分析，提出进行地基检验的方法。

2）检验方法。地基的检验可根据建筑物的加固要求和场地条件选用下列方法：①采用钻探、井探、槽探或地球物理探测等方法进行勘探；②进行原状土的室内物理力学性质试验；③进行载荷试验、静力触探试验、标准贯入试验、圆锥动力触探试验、十字板剪切试验或旁压试验等原位测试。

3）检验要求。①根据建筑物的重要性和原岩土工程勘察资料，适当补充勘探孔或原位测试孔，查明土层分布及土的物理力学性质；②对于重要的增层、增加荷载等建筑，可在基础下取原状土进行室内土的物理力学性质试验或进行基础下的载荷试验。

至此，找出地基存在的问题。经调研统计，地基在长时间的使用过程中常出现的问题主要包括：①地基承载力不足。②地基不均匀变形引起建筑的倾斜。③地基土污染。这三种地基危害破坏占到了地基危害导致建筑破坏案例总数的 95%。

（2）处理方案制定及施工

依据地基存在的问题划定相应的处理范围，确定相应的处理顺序，并选择合适的处理方法。我国幅员辽阔，各种地基其土质的工程特性和变形特征不尽相同，故在旧工业建筑再生利用施工过程中，应根据地基土质的特征采用适合的方法，见表 2.1。

各种地基土的区域分布、变形特征、建筑损坏类型及适合的地基处理方法　　表 2.1

序号	地基类型		分布	变形特征	损坏类型及地基处理方法的选择
1	湿陷性黄土地基		陕西、甘肃、宁夏、青海、河南等西北内陆地区	1. 湿陷变形量大 2. 湿陷变形发展快、速率高 3. 湿陷变形发生在局部 4. 湿陷变形发生时间无规律	1. 非自重湿陷性黄土地基，变形已趋于稳定或湿陷性土层较薄（方法：上部结构加固措施） 2. 非自重湿陷性黄土地基，水浸后湿陷较大，湿陷性土层较厚（方法：石灰桩法、坑式静压桩法、锚杆静压桩法、树根桩法、碱液法或硅液法） 3. 自重湿陷性黄土地基（方法：坑式静压桩法、锚杆静压桩法、树根桩或灌注桩法等）
2	软土地基		沿海地区及内陆江河湖泊的周围	1. 沉降大 2. 不均匀沉降严重 3. 沉降速率大 4. 沉降持续时间长	1. 建筑体型复杂或荷载差异较大，引起不均匀沉降（方法：局部卸载、增加上部结构或基础刚度、加深基础、注浆加固法） 2. 局部软弱土层或暗沟引起的差异沉降（方法：局部地基处理措施，如锚杆静压桩法和树根桩法等） 3. 基础承受荷载过大或加荷过大，引起大沉降或不均匀沉降（方法：卸除部分荷载，加宽基础、基础扩大等） 4. 大面积荷载或填土引起的柱基、墙基沉降、地面凹陷（方法：锚杆静压桩法、树根桩法等）
3	人工填土地基	素填土	山区和丘陵工矿区、城市低洼区	1. 湿陷变形发展快、速率高 2. 湿陷变形发生在局部 3. 沉降变形速率大 4. 沉降持续周期长	1. 素填土地基由于水浸引起的不均匀沉降（方法：锚杆静压桩法、坑式静压桩案法、树根桩法、石灰桩法和注浆加固） 2. 杂填土地基上损坏的建筑（方法：加强上部结构和基础刚度、锚杆静压桩法、坑式静压桩法、石灰桩法和注浆加固法） 3. 充填土地基上损坏的建筑（方法：同软土地基的处理方法）
		杂填土	城市和工矿区		
		充填土	沿海和沿江地区		
4	膨胀土地基		广东、广西、云南、四川、湖北、安徽、江苏、贵州等西南、华南和长江中下游地区	1. 干燥和土含水率较低地区，地基土吸水导致建筑上升型变形 2. 湿润和土含水率较高地区，地基土失水导致建筑下降型变形 3. 土含水率随季节降水量而呈现上升下降波动型变形	1. 对建筑物损坏微轻且膨胀等级为 I 级的膨胀土地基（方法：设置宽散水、周围种植草皮） 2. 对建筑物损坏程度中等，且冻胀等级为 I、II 级的膨胀土地基（方法：加强结构刚度、设置宽散水） 3. 对建筑物损坏程度严重，且冻胀等级为 III 级的膨胀土地基（方法：锚杆静压桩法、坑式静压桩法、树根桩法、加深基础法） 4. 建造在坡地上的损坏工业建筑，除采用相应地基和基础加固措施外，还应在坡地周围采取保湿措施，防止多向失水造成的危害
5	土岩组合地基		山区	1. 下卧基岩表面坡度较大使建筑物出现倾斜 2. 基岩表面凹凸不平使建筑物出现裂缝 3. 孤石或石芽出露使建筑物开裂	1. 土岩交界处出现过大差异沉降（方法：局部加深基础、锚杆静压桩法、坑式静压桩法、旋喷桩法） 2. 局部软弱地基引起差异沉降过大（方法：局部加深基础、桩基加固） 3. 地基下局部基岩出露或存在大块孤石（方法：局部加深基础、桩基加固）

2.2　地基加固施工技术

　　由于上部结构问题已经客观存在，因此处理过程中要注意避免对上部结构产生危害，并且要根据不同的场地条件、地基形式、上部结构的处理形式采取不同的地基加固方法。地基加固方法的分类多种多样，按照时间可分为永久加固和临时加固；按照处理深度可分为浅层加固和深层加固；按土性对象可分为砂性土加固和粘性土加固，饱和土加固和非饱和土加固；也可按地基加固的作用机理进行分类。地基加固的基本方法，主要包括注浆加固、灰土桩、石灰桩、加筋、旋喷桩等方法。地基加固法已广泛工程实践中，如北京市某生产车间地基处理项目（见图 2.4）、青岛市某出口公司地基处理项目（见图 2.5）等，并取得了良好的处理效果。

图 2.4　北京市某生产车间地基处理项目　　图 2.5　青岛市某出口公司地基处理项目
（注浆加固法）　　　　　　　　　　　　　（高压喷射注浆）

2.2.1　注浆加固法

利用液压、气压或电化学原理，通过注浆管把某些能固化的浆液注入地层中土颗粒的间隙、土层的界面或岩层的裂隙内，使其扩散、胶凝或固化，以增加地层强度、降低地层渗透性、防止地层变形、改善地基土的物理力学性质和进行托换的地基处理技术。

（1）浆液材料

注浆加固中所用的浆液是由主剂（原材料）、溶剂（水或其他溶剂）及各种外加剂混合而成。通常所指的注浆材料是指浆液中所用的主剂。注浆材料常分为粒状浆材和化学浆材两个系统，而根据材料的不同特点又可分为不稳定浆材、稳定浆材、无机化学浆材及有机化学浆材四类。一般分类如图 2.6 所示。

1）粒状材料

包括纯水泥浆、黏土水泥浆以及水泥砂浆等。粒状浆材的主要性质包括可灌性、分散度、沉淀析水性、凝结性、热学性质、收缩性等，加固过程是水泥颗粒水化形成结石，把松散的土体或有裂隙的岩石胶结成一个整体，改善其物理力学性能或防渗能力。

2）化学浆材

化学浆材品种较多，在地基处理中常用的是水玻璃、水玻璃水泥浆、氢氧化钠等。

（2）浆液材料选择

浆液材料选择时应考虑到浆液的流动性、胶凝时间、稳定性、环保性、腐蚀性、耐化性、收缩性、与岩石混凝土等的粘结性以及结石体的强度等。一种注浆材料通常只符合其中几项要求。施工中要根据具体情况选用某一种较为合适的注浆材料。

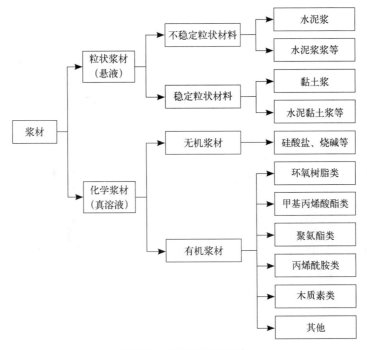

图 2.6 浆液材料的分类

（3）注浆理论

在地基处理中，注浆工艺所依据的理论主要可归纳为以下四类：渗透注浆、劈裂注浆、压密注浆、电动化学注浆。

（4）注浆设计

1）设计内容

地基注浆设计一般经过地质调查、方案选择、注浆试验、设计和计算以及修改调整等几个步骤。注浆设计内容主要包括注浆标准、施工范围、注浆材料、浆液影响半径、钻孔布置、注浆压力、注浆效果评估等。

2）注浆标准

注浆标准是指地基注浆后应达到的设计质量指标，具体可分为防渗标准、强度和变形标准以及施工控制标准等。

3）浆液扩散半径的确定

浆液扩散半径 r 对注浆工程量及造价具有重要的影响。r 值选用不符合实际情况，会降低注浆效果甚至导致注浆失败。r 值可按理论公式计算，也可通过现场注浆实验来确定。现场注浆实验时，常采用三角形及矩形布孔方法，如图2.7所示。

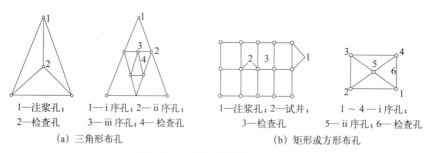

1—注浆孔；　　　　1—i 序孔；2—ii 序孔；　　　　　1—注浆孔；2—试井；　　　1～4—i 序孔；
2—检查孔　　　　3—iii 序孔；4—检查孔　　　　　3—检查孔　　　　　　　5—ii 序孔；6—检查孔

（a）三角形布孔　　　　　　　　　　　（b）矩形或方形布孔

图 2.7　注浆加固常用布孔方法

（5）注浆施工工艺

1）注浆设备

注浆用的主要设备是钻孔机械、注浆泵、浆液搅拌机等，对于双液注浆（如水玻璃加水泥浆）还需要浆液混合器。钻孔机具及注浆泵型号很多，可根据工程需要及施工单位现有装备条件选用。

2）注浆施工工艺流程

注浆施工工艺流程如图 2.8 所示。

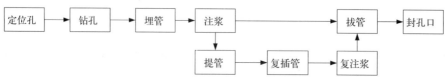

图 2.8　注浆施工工艺流程

①定位孔。在设计注浆孔的排列时，就应当考虑以何种次序进行注浆。一般原则是从外围进行围、堵、截，内部进行填、压，以获得良好的注浆效果。注浆孔径一般为 70mm ～ 110mm，垂直度偏差小于 1%。注浆管可采用在管下段环周钻眼的花管或不钻眼的一般钢管。注浆压力与加固深度处的上覆压力、上层工业建筑物荷载、浆液黏度、灌注速度等有关。注浆过程中压力是变化的，一般情况下每加深 1m 压力增大 20kPa ～ 50kPa。

②钻孔。在土层进行注浆施工，依据注浆设计要求的不同，一般应预成孔。但对一些工程要求不高、注浆深度较浅及范围较大的地层加固注浆时，可将适当长度的钢管并在其上布设一定量的射浆孔，用人工或机械将其打入地层；对注浆深度较大或阻力较大的砂砾石地层等，则可采用振动钻机将头部开有注浆孔的钻杆打入需注浆的深度进行注浆。而对要求较高的注浆工程，宜先预成孔，成孔方法可采用冲击钻进和回转钻进。

③埋管。注浆管的埋置应尽量靠近注浆场地，且机械设备应放在面积较大的场地，这样既安全又便于操作。同时，注浆操作时，应把从注浆馆排出的废液集中到沉淀池中，沉淀之后再向外排放，防止对周围环境的污染。

④注浆。当钻孔钻至设计深度时，必须通过钻杆注入封闭泥浆，直到孔口溢出泥浆方可提杆，当提杆至中间深度时，应再次注入封闭泥浆，最后完全提出钻杆。封闭泥浆的 7 天无侧限抗压强度宜为 0.3MPa ～ 0.5MPa，浆液黏度 80 ～ 90s。复注浆情况为需要二次注浆时，即当一次注浆进浆量过大或需要重点加固的厂房地基区段，还需要进行二次注浆。冒浆是注浆施工中常见的现象，当注浆深度浅而注浆压力又过大的情况下常会造成地层上抬，导致浆液顺上抬裂缝外冒，有时也可能沿管壁上冒。当出现冒浆时，应暂停注浆，待浆液凝固后再注，如此反复几次即可将上抬裂缝通道堵死；或者改变配比，缩短浆液凝固时间，使其一流出注浆管后在很短时间内就能凝固。

⑤拔管。灌浆结束后要及时拔管并清洗，否则由于浆液凝结会造成拔管困难或注浆管堵塞，拔管时宜采用拔管机。用塑料阀管注浆时，注浆芯管每次上拔高度应为 330mm；花管注浆时，花管每次上拔或下钻高度宜为 500mm。拔出管后，应及时刷洗注浆管等。

⑥封孔。拔出管在土中留下的孔洞，应用水泥砂浆或土料填塞。

（6）注浆质量检验

注浆效果评估可通过静力或动力触探试验确定加固土密实度及强度的变化，钻孔取样测定加固土的抗压强度，开剖量测加固体外形尺寸，静载荷试验或浸水载荷试验确定加固土体承载力及湿陷性消除效果等。必要时还可通过钻孔弹性波试验测定加固土体动弹性模量和剪切模量，或用电探法与放射性同位素法测定浆液注入范围等。

2.2.2　高压喷射注浆法

高压喷射注浆技术亦称旋喷法或高喷法，它是由化学注浆结合高压射流切割技术发展起来，成为加固软弱土体的一种地基处理技术。高压喷射注浆的施工工艺是采用钻机先钻进至预定深度后，由钻杆端部安装带有特制的喷嘴，以高压设备使浆液或水成为大于 20MPa 的高压流从喷嘴中喷射出来，冲击破坏土体，同时，钻杆以一定速度渐渐向上提升，将浆液与土粒强制搅拌混合，从而形成一个水泥土固结体，以达到加固地基的目的，高压喷射注浆的三种形式如图 2.9 所示。

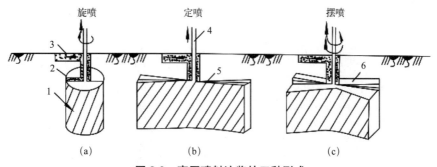

图 2.9　高压喷射注浆的三种形式

1—桩；2—射流；3—冒浆；4—喷射注浆；5—板；6—墙

（1）适用范围

1）增加地基强度、提高地基承载力，减少土体压缩变形，因而用以加固新建建筑物地基和既有建筑物地基的托换加固。

2）深基坑开挖工程作支挡、防渗和护底。

3）堤坝防渗，地下井巷防止管道漏气的帷幕。

4）增大土的摩擦力和粘聚力，防止小型塌方滑坡。

5）减少设备基础振动，防止砂土液化。

6）降低土的含水量，防止地基冻胀。

（2）施工特点

1）高压喷射注浆适用于处理淤泥、淤泥质土、流塑或软塑粘性土、粉土、砂土、人工填土和碎石土等地基，因此适用的地层较广。当土中含有较多的大粒径块石、大量植物根茎或有过多的有机质时，应根据现场试验结果确定其适用程度。

2）由于固结体的质量明显提高，高压喷射注浆既可用于工程新建之前又可用于竣工后既有建筑物的托换工程，可不损坏建筑物的上部结构，有时甚至可不影响使用功能，运营照旧。

3）施工时只需在土层中钻一个孔径为 50mm ~ 90mm 的小孔，便可在土中喷射成直径为 0.4m ~ 2.5m 的水泥土固结体，因而施工时能贴近既有建筑物，成型灵活，施工简便，既可在钻孔的全长形成柱型固结体，也可仅作其中一段。

4）在施工中可调整旋喷速度和提升速度，增减喷射压力或更换喷嘴孔径改变流量，根据工程设计的需要，可控制固结体形状。

5）通常是在地面上进行垂直喷射注浆，但在隧道、矿山井巷工程和地下铁道工程等施工中，由于钻机改变倾角方便，因而亦可采用倾斜和水平喷射注浆。

6）浆液料源广阔。在地下水流速快、含腐蚀性、土的含水量大或固结体强度要求高的情况下，则可在水泥中掺入适量的外加剂，以达到速凝、高强、抗冻、耐蚀等效果。

7）高压喷射注浆全套设备简单、结构紧凑、体积小、机动性强、占地少，能在狭窄和低窄的空间施工，且振动小和噪声低。

（3）施工工艺

1）工艺类型

高压喷射注浆法基本工艺类型有单管法、二重管法、三重管法和多重管法等四种。

①单管法。单管法是利用钻机把安装在注浆管（单管）底部侧面的特殊喷嘴，置入土层预定深度后，用高压泵等装置，以大于 20MPa 的压力，把浆液从喷嘴中喷射出去冲击破坏土体，同时借助注浆管的旋转和提升运动，使浆液与从土体上崩落下来的土搅拌混合，经过一定时间凝固，便在土中形成圆柱状固结体，如图 2.10 所示。

②二重管法。二重管法是使用双通道的二重注浆管，将二重注浆管钻进到土层的预

定深度后，通过在管底部侧面的一个同轴双重喷嘴，同时喷射出高压浆液和空气两种介质的喷射流冲击破坏土体。即以高压泥浆泵等高压发生装置喷射出 20MPa 以上压力的浆液，从内喷嘴中高速喷出，并用 0.7MPa 左右的压力把压缩空气从外喷嘴中喷出。在高压浆液和它外圈环绕气流的共同作用下，破坏土体的能量显著增大，喷嘴一面喷射一面旋转和提升，最后在土中形成圆柱状固结体，如图 2.11 所示。

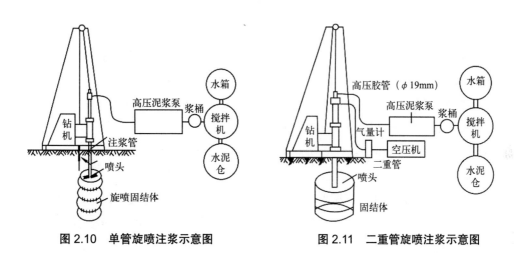

图 2.10　单管旋喷注浆示意图　　　　图 2.11　二重管旋喷注浆示意图

③三重管法。三重管法是使用分别输送水、气、浆三种介质的三重注浆管，在以高压泵等高压发生装置产生 20MPa 以上的高压水喷射流的周围，环绕一般 0.7MPa 左右的圆筒状气流，进行高压水喷射流和气流同轴喷射冲切土体，形成较大的空隙，再另由泥浆泵注入压力为 2MPa ～ 5MPa 的浆液填充，喷嘴作旋转和提升运动，最后便在土中凝固为直径较大的圆柱状固结体，如图 2.12 所示。

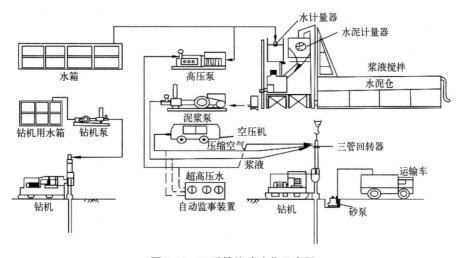

图 2.12　三重管旋喷注浆示意图

④多重管法。多重管法施工需要先打一个导孔置入多重管，利用大于或等于 40MPa 的高压水流，旋转运动切削破坏土体，被冲刷下来的土、砂和砾石等，立即用真空泵从管中抽到地面，如此反复冲切土体和抽泥，并以自身的泥浆护壁边在土中冲出一个较大的空洞，装在喷头上的超声波传感器，及时测出空洞的直径和形状。当空洞的形状、大小和高度符合要求后，立即通过多重管充填洞穴。充填的材

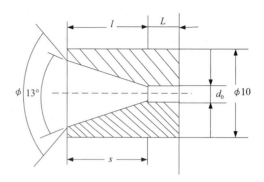

图 2.13　实际应用的喷射结构

料根据工程需要随意选择，水泥浆、水泥砂浆、混凝土、砾石等均可，于是在地层中形成一个大直径的柱状固结体。在砂层中，最大直径可达 40m。这种方法可做到信息管理，施工人员完全掌握固结体的直径和质量。

2）施工机具

施工机具主要由钻机和高压发生设备两大部分组成。喷嘴是直接明显影响喷射质量的主要因素之一。喷嘴通常有圆柱形、收敛圆锥形和流线形三种，以流线形喷嘴的射流特性最好，但这种喷嘴极难加工，在实际工作中很少采用。

喷嘴的内圆锥角的大小对射流的影响也是比较明显的。试验表明当圆锥角为 13°～14°时，由于收敛断面直径等于出口断面直径，流量损失很小，喷嘴的流速流量值较大。在实际应用中，圆锥形喷嘴的进口端增加了一个渐变的喇叭口形的圆弧角 ϕ，使其更接近于流线形喷嘴，出口端增加一段圆柱形导流孔，通过试验，其射流收敛性较好，如图 2.13 所示。不同的喷头形式如图 2.14 所示。

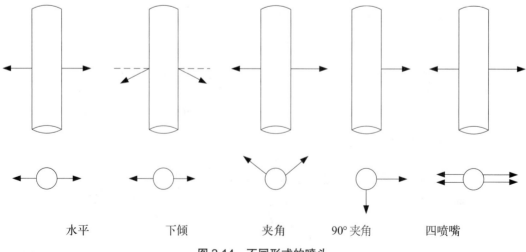

图 2.14　不同形式的喷头

3）施工工艺流程

虽然单管、二重管和三重管喷射注浆法所注入的介质种类和数量不同，施工技术参数也不同，但施工工艺流程基本一致，都是先把钻杆插入或打进预定土层中，自下而上进行喷射注浆作业。高压喷射注浆加固法施工工艺流程如图 2.15 所示。

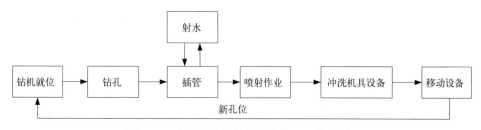

图 2.15　高压喷射注浆加固法施工工艺流程图

①钻机就位。钻机安放在设计的孔位上，并应保持垂直，旋喷管倾斜度不得大于 1.5%。

②钻孔。单管旋喷常使用 76 型旋转振动钻机，钻进深度可达 30m 以上，适用于标准贯入度小于 40 的砂土和黏性土层。当遇到比较坚硬的地层时宜用地质钻机钻孔。一般在二重管或三重管旋喷法施工中都采用地质钻机钻孔，钻孔的位置与设计位置的偏差不得大于 50mm。喷射孔与高压注浆泵的距离不宜过远。实际孔位、孔深和每个钻孔内的地下障碍物、洞穴、涌水、漏水及与岩土工程勘察报告不符等情况均应详细记录。

③插管。插管是将喷管插入地层预定的深度，使用 76 型振动钻机钻孔时，插管与钻孔两道工序合二为一，即钻孔完成时插管作业亦同时完成。如使用地质钻机钻孔完毕，必须拔出岩芯管，并换上旋喷管插入到预定深度。在插管过程中，为防止泥砂堵塞喷嘴，可边射水、边插管，水压力一般不超过 1MPa，若水压力过高，则易将孔壁射塌。

④喷射作业。当喷管插入到预定深度后，由下而上进行喷射作业，常用的参数见表2.2。当浆液的初凝时间超过 20h，应及时停止使用该水泥浆液，因为正常水床比 1.0 的情况下，初凝时间为 15h 左右。另外，喷射管分段提升的搭接长度不得小于 100mm。对需要局部扩大加固范围或提高强度的部位，可采取复喷措施。在高压喷射注浆过程中如出现压力骤然下降、上升或冒浆异常时，应查明产生的原因并及时采取措施。当高压喷射注浆完毕，应迅速拔出注浆管。为防止浆液凝固收缩影响桩顶高程，必要时可在原位采用冒浆回灌或第二次注浆等措施。当处理既有建筑地基时，应采用速凝浆液或跳孔喷射和冒浆回灌等措施，以防旋喷过程中地基产生附加变形，以及地基与基础间出现脱空现象。同时，应对既有建筑物进行沉降观测。

⑤冲洗机具设备。喷射施工完毕后，应把注浆管等机具设备冲洗干净，管内和机内不得残存水泥浆，通常把浆液换成水，在地面上喷射，以便将管内的浆液全部排除。

⑥移动机具。将钻机等机具设备移到新孔位上。

高压喷射注浆技术参数 表2.2

高压注浆种类			单管法	二重管法	三重管法
适用土质			沙土、黏性土、黄土、杂填土、小颗粒砂粒		
浆液材料及配方			以水泥为主材，加入不同的外加剂后具有速凝、早强、抗腐、防冻等特征，常用水灰比为1∶1，也可使用化学材料		
高喷注浆参数	水	压力（MPa）	—	—	20
		流量（L/min）	—	—	80～120
		喷嘴孔径（mm）及个数	—	—	2～3（1～2）
	空气	压力（MPa）	—	0.7	0.7
		流量（L/min）	—	1～2	1～2
		喷嘴孔径（mm）及个数	—	1～2（1～2）	1～2（1～2）
	浆液	压力（MPa）	20	20	0.2～3
		流量（L/min）	80～120	80～120	80～150
		喷嘴孔径（mm）及个数	2～3（2）	2～3（1～2）	10～2（1～2）
	注浆管外径（mm）		ϕ42或ϕ45	ϕ42，ϕ50，ϕ75	ϕ75或ϕ90
	提升速度（cm/min）		20～25	10～30	5～20
	旋转速度（r/min）		约20	10～30	5～20

4）施工操作注意事项

①钻机或旋喷机就位时机座要平稳立轴或转盘要与孔位对正，倾角与设计误差一般不得大于0.5。

②喷射注浆前要检查高压设备和管路系统。设备的压力和排量必须满足设计要求。管路系统的密封圈必须良好，各通道和喷嘴内不得有杂物。

③要预防风、水喷嘴在插管时被泥砂堵塞，可在插管前用一层塑料膜包扎好。

④喷射注浆时要注意设备开动顺序。以三重管为例，应先空载起动空压机，待运转正常后，再空载起动高压泵，然后同时向孔内送风和水，使风量和泵压逐渐升高至规定值。风、水畅通后，如系旋喷即可旋转注浆管，并开动注浆泵，先向孔内送清水，待泵量泵压正常后，即可将注浆泵的吸水管移至储浆桶开始注浆。待估算水泥浆的前峰已流出喷头后，才可开始提升注浆管，自下而上喷射注浆。

⑤喷射注浆中需拆卸注浆管时，应先停止提升和回转，同时停止送浆，然后逐渐减少风量和水量，最后停机。拆卸完毕继续喷射注浆时，开机顺序也要遵守第④条规定，同时开始喷射注浆的孔段要与前段搭接0.1m，防止固结体脱节。

⑥喷射注浆达到设计深度后，即可停风、停水，继续用注浆泵注浆，待水泥浆从孔口泛出后，即可停止注浆，然后将注浆泵的吸水管移至清水箱，抽吸定量清水将注浆泵和注浆管路中的水泥浆顶出，然后停泵。

⑦卸下的注浆管，应立即用清水将各通道冲洗干净，并拧上堵头。注浆泵、送浆管路和浆液搅拌机等需清水清净。压气管路和高压泵管路也要分别送风、送水冲洗干净。

⑧喷射注浆作业后，由于浆液析水作用，一般均有不同程度收缩，使固结体顶部产生凹穴，所以应及时用水灰比为 0.6 的水泥浆进行补灌，并预防泥土或杂物进入。

⑨为了加大固结体尺寸，或对深层硬土，避免固结体尺寸减小，可以采用提高喷射压力、泵量或降低回转与提升速度等措施，也可以采用复喷工艺第一次喷射（初喷）时不注水泥浆液。初喷完毕后，将注浆管边送水边下降至初喷开始的孔深，再泵送水泥浆，自下而上进行第二次喷射（复喷）。

⑩采用单管或二重管喷射注浆时，冒浆量小于注浆量 20% 为正常现象，超过 20% 或完全不冒浆时，应查明原因并采取相应的措施。若系地层中有较大空隙所引起的不冒浆，可在浆液中掺加速凝剂或增大注浆量；如冒浆过大，可减少注浆量或加快提升和回转速度，也可缩小喷嘴直径，提高喷射压力。采用三重管喷射注浆时，冒浆量则应大于高压水的喷射量，但其超过量应小于注浆量的 20%。

2.2.3　水泥土搅拌法

水泥土搅拌法是用于加固饱和粘性土地基的一种新方法。它是利用水泥（或石灰）等材料作为固化剂，通过特制的搅拌机械，在地基深处就地将软土和固化剂（浆液或粉体）强制搅拌，由固化剂和软土间所产生的一系列物理 - 化学反应，使软土硬结成具有整体性、水稳定性和一定强度的水泥加固土，从而提高地基强度和增大变形模量。根据施工方法的不同，水泥土搅拌法分为水泥浆搅拌和粉体喷射搅拌两种。前者是用水泥浆和地基土搅拌，后者是用水泥粉或石灰粉和地基土搅拌。

（1）适用范围

1）适用土质与加固深度

深层搅拌法适用于处理各种成因的饱和软黏土：包括淤泥、淤泥质土、粉土砂性土、泥炭土、含水量较高且地基承载力标准值不大于 120kPa 的黏性土等地基。对泥炭土或地下水 pH 值低、有机质含量高的黏性土，宜通过试验确定其适用性。

加固深度主要取决于使用搅拌机的动力大小及地基反力。国内目前采用深层搅拌法的最大加固深度可达 30m（陆上）或 45m（海中）。

2）运用工程对象

深层搅拌法用途广泛，主要用于形成复合地基、支护结构、防渗帷幕等。此外，在砂性土或淤泥质砂性土中进行真空预压处理时，常采用深层搅拌法沿处理区域的外围边界喷入泥浆形成封闭的帷幕，以提高真空预压处理的效果。

（2）施工特点

与其他施工方法相比较，深层搅拌法具有施工工期短、无公害、成本低等特点。这种施工方法在施工过程中无振动、无噪声、无地面隆起，不排污、不污染环境，对相邻建筑物不产生有害影响，具有较好的综合经济效益和社会效益。

（3）加固机理

水泥加固土的物理化学反应过程与混凝土的硬化机理不同，混凝土的硬化主要是在粗填充料（比表面不大、活性很弱的介质）中进行水解和水化作用，所以凝结速度较快。而在水泥加固土中，由于水泥掺量很小，水泥的水解和水化反应完全是在具有一定活性的介质—土的围绕下进行，所以水泥加固土的强度增长过程与混凝土相比较为缓慢。其主要的加固机理为：水泥的水解和水化反应、土颗粒与水泥水化物的作用（离子交换和团粒化作用、硬凝反应）、碳酸化作用。

（4）施工工艺

1）水泥浆搅拌法

水泥浆搅拌法施工工艺流程如图 2.16 所示。

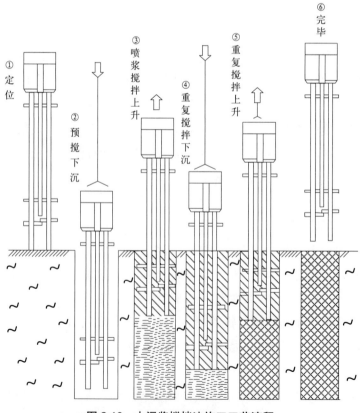

图 2.16　水泥浆搅拌法施工工艺流程

①定位。起重机（或塔架）悬吊搅拌机到达指定桩位，对中。当地面起伏不平时，应使起吊设备保持水平。

②预搅下沉。待搅拌机的冷却水循环正常后，启动搅拌机电动机，放松起重机钢丝绳，使搅拌机沿导向架搅拌切土下沉，下沉的速度可由电动机的电流监测表控制。工作电流不应大于 70A，如果下沉速度太慢，可从输浆系统补给清水以利钻进。

③制备水泥浆。待搅拌机下沉到一定深度时，即开始按设计确定的配合比拌制水泥浆，待压浆前将水泥浆倒入集料斗中。

④提升喷浆搅拌。搅拌机下沉到达设计深度后，开启灰浆泵将水泥浆压入地基中，边喷浆边旋转，同时严格按照设计确定的提升速度提升搅拌机。

⑤重复上、下搅拌。搅拌机提升至设计加固深度的顶面标高时，集料斗中的水泥浆应正好排空。为使软土和水泥浆搅拌均匀，可再次将搅拌机边旋转边沉入土中，至设计加固深度后再将搅拌提升出地面。

⑥清洗。向集料斗中注入适量清水，开启灰浆泵，清洗全部管路中的残存的水泥浆，直至基本干净，并将粘附在搅拌头上的软土清洗干净。

⑦移位。重复上述①～⑥步骤，再进行下一根桩的施工。

由于搅拌桩顶部与上部结构的基础或承台接触部分受力较大，因此通常还可对桩顶 1.0m ～ 1.5m 范围内再增加一次输浆，以提高其强度。

2）粉体喷射搅拌法

①放样定位。

②移动钻机，准确对孔。对孔误差不得大于 50mm。

③利用支腿液压缸调平钻机，钻机主轴垂直度误差应不大于 1%。

④启动主电动机，根据施工要求，以 I、II、III 档逐级加速的顺序，正转预搅下沉。钻至接近设计深度时，应用低速慢钻，钻机应原位钻动 1min ～ 2min。为保持钻杆中间的送风通道的干燥，从预搅下沉开始直到喷粉为止，应在轴杆内连续输送压缩空气。

⑤粉体材料及掺合量。使用粉体材料，除水泥以外，还有石灰、石膏及矿渣等，也可使用粉煤灰等作为掺加料。在国内工程中使用的主要是水泥材料。使用水泥粉体材料时，宜选用 42.5 级普通硅酸盐水泥，其掺合量常为 180kg/m³ ～ 240kg/m³。若使用低于 425 号普通硅酸盐水泥或选用矿渣水泥、火山灰水泥或其他种类水泥时，使用前须在施工场地内钻取不同层次的地基土，在室内做各种配合比试验。

⑥提升喷粉搅拌。在确认加固料已喷至孔底时，按 0.5m/min 的速度反转提升。当提升到设计停灰标高后，应慢速原地搅拌 1min ～ 2min。

⑦重复搅拌。为保证粉体搅拌均匀，须再次将搅拌头下沉到设计深度。提升搅拌时，其速度控制在 0.5m/min ～ 0.8m/min。

⑧为防止空气污染，在提升喷粉距地面 0.5m 处应减压或停止喷粉。在施工中孔口应

设喷灰防护装置。

⑨提升喷灰过程中，须有自动计量装置。该装置为控制和检验喷粉桩的关键，应予以足够的重视。

⑩钻具提升至地面后，钻机移位对孔，按上述步骤进行下一根桩的施工。

（5）施工注意事项

1）水泥浆搅拌法

①现场应平整场地，必须清除地上和地下一切障碍物。遇有明浜、暗塘及场地低洼时应抽水和清淤，分层夯实回填粘性土料，不得回填杂填土或生活垃圾。开机前必须调试，检查桩机运转和输浆管畅通情况。

②根据实际施工经验，水泥土搅拌法在施工到顶端0.3m～0.5m范围时，因上覆压力较小，搅拌质量较差。因此，其场地整平标高应比设计确定的基底标高再高出0.3m～0.5m，桩制作时仍施工到地面，待开挖基坑时，再将上部0.3m～0.5m的桩身质量较差的桩段挖去。而对于基础埋深较大时，取下限反之，则取上限。

③搅拌桩的垂直度偏差不得超过1%，桩位布置偏差不得大于50mm，桩径偏差不得大于4%。

④施工前应确定搅拌机械的灰浆泵输浆量、灰浆经输浆管到达搅拌机喷浆口的时间和起吊设备提升速度等施工参数，并根据设计要求通过成桩试验，确定搅拌桩的配比等各项参数和施工工艺。宜用流量泵控制输浆速度，使注浆泵出口压力保持在0.4MPa～0.6MPa，并应使搅拌提升速度与输浆速度同步。

⑤制备好的浆液不得离析，泵送必须连续。拌制浆液的罐数、固化剂和外掺剂的用量以及泵送浆液的时间等应有专人记录。

⑥为保证桩端施工质量，当浆液达到出浆口后，应喷浆座底30s，使浆液完全到达桩端。特别是设计中考虑桩端承载力时，该点尤为重要。

⑦预搅下沉时不宜冲水，当遇到较硬土层下沉太慢时，方可适量冲水，但应考虑冲水成桩对桩身强度的影响。

⑧可通过复喷的方法达到桩身强度为变参数的目的。搅拌次数以1次喷浆2次搅拌或2次喷浆3次搅拌为宜，且最后1次提升搅拌宜采用慢速提升。当喷浆口到达桩顶标高时，宜停止提升，搅拌数秒，以保证桩头的均匀密实。

⑨施工时因故停浆，宜将搅拌机下沉至停浆点以下0.5m，待恢复供浆时再喷浆提升。若停机超过3h，为防止浆液硬结堵管，宜先拆卸输浆管路，妥为清洗。

⑩壁状加固时，桩与桩的搭接时间不应大于24h，如因特殊原因超过上述时间，应对最后一根桩先进行空钻留出榫头以待下一批桩搭接，如间歇时间太长（如停电等），与第二根无法搭接应在设计单位和建设单位认可后，采取局部补桩或注浆措施。

⑪搅拌机凝浆提升的速度和次数必须符合施工工艺的要求，应有专人记录搅拌机每

米下沉和提升的时间。深度记录误差不得大于 100mm，时间记录误差不得大于 5s。

⑫根据现场实践表明，当水泥土搅拌桩作为承重桩进行基坑开挖时，桩顶和桩身已有一定的强度，若用机械开挖基坑，往往容易碰撞损坏桩顶，因此基底标高以上 0.3m 宜采用人工开挖，以保护桩头质量。这点对保证处理效果尤为重要，应引起足够的重视。

⑬每一个水泥土搅拌桩施工现场，由于土质有差异、水泥的品种和标号不同，因而搅拌加固质量有较大的差别。所以在正式搅拌桩施工前，均应按施工组织设计确定的搅拌施工工艺制作数根试桩，养护一定时间后进行开挖观察，最后确定施工配比等各项参数和施工工艺。

2）粉体喷射注浆

①施工机械、电气设备、仪表仪器及机具等，在确认完好后方准使用。

②在建筑物旧址或回填区域施工时，应预先进行桩位探测，并清除已探明的障碍物。

③桩体施工中，若发现钻机不正常的振动、晃动、倾斜、移位等现象，应立即停钻检查。必要时应提钻重打。

④施工中应随时注意喷粉机、空压机的运转情况，压力表的显示变化及送灰情况。

当送灰过程中出现压力连续上升，发送器负载过大，送灰管或阀门在轴具提升中途堵塞等异常情况，应立即判明原因，停止提升，原地搅拌。为保证成桩质量，必要时给予复打。堵管的原因除漏气外，主要是有水泥结块。施工时不允许用已结块的水泥，并要求管道系统保持干燥状态。

当送灰过程中出现压力突然下降、灰罐加不上压力等异常情况，应停止提升，原地搅拌，及时判明原因。若由于灰罐内水泥粉体已喷完或容器、管道漏气所致，应将钻具下沉到一定深度后，重新加灰复打，以保证成桩质量。有经验的施工监理人员往往从高压送粉胶管的颤动情况来判明送粉的正常与否。检查故障时，应尽可能不停止送风。

⑤设计上要求搭接的桩体，须连续施工，一般相邻桩的施工间隔时间不超过 8h。若因停电、机械故障而超过允许时间，应征得设计部门同意，采取适宜的补救措施。

⑥在 SP-1 型粉体发送器中有一个气水分离器，用于收集因压缩空气膨胀而降温所产生的凝结水。施工时应经常排除气水分离器中的积水，防范因水分进入钻杆而堵塞送粉通道。

⑦喷粉时灰罐内的气压应比管道内的气压高 0.02MPa ～ 0.05MPa，以确保正常送粉。

⑧对地下水位较深、基底标高较高的场地或喷灰量较大、停灰面较高的场地，施工时应加水或施工区及时地面加水，以使桩头部分水泥充分水解水化反应，以防桩头呈疏松状态。

2.3　纠倾施工技术

建筑物倾斜是一种常见的工程问题，此类问题多发于软土地基上，它是由地基不均匀变形产生的基础倾斜所引起，而在上部结构中反映出来，常包括墙或柱的倾斜、结构裂缝的开展、建筑物功能的破坏。通常倾斜可以在单向（纵向或横向）或者双向（纵横两个方向）发生，当建筑物各部位的倾斜不等量时常使建筑物产生挠曲或扭转。而导致建筑物倾斜的原因很多，主要包括上部结构的原因、地基基础的原因、环境和外部干扰的影响等，或者是这些因素共同所引起。倾斜的发展过程也各不相同，有在施工中就产生倾斜的，也有经过较长时间积累发展在使用多年以后才暴露出严重影响的，有在外界影响下突发产生的，有逐渐趋于稳定的，还有等速进行至突然趋大的。当倾斜速率发展很快，或者呈恒速率持续发展时，必须引起严重注意。

建筑物纠倾，即利用合适的纠倾技术（或同时辅以地基加固技术）将已倾斜的建筑物扶正到要求的限度内，以保证建筑结构的安全和建筑物功能的正常发挥。建筑物纠倾施工技术工艺成熟、应用效果明显，因此在建筑纠倾过程中得到了广泛运用，如淮南市某发电厂纠倾处理项目（见图 2.17）、青岛市某工厂建筑纠倾处理项目（见图 2.18）、西安市某厂房建筑纠倾处理项目等，并取得了良好处理效果。

图 2.17　淮南市某发电厂纠倾处理项目　　　图 2.18　青岛市某厂房纠倾处理项目
（建筑物纠倾）　　　　　　　　　　　　（建筑物纠倾）

（1）纠倾工作的一般程序

1）搜集有关资料，包括建筑物的设计和施工文件、工程地质资料、周围环境资料、建筑物的沉降倾斜和裂缝观测资料等；

2）分析建筑物倾斜的原因、危害程度、发展趋势，确定对建筑物实施纠倾的必要性和可行性；

3）确定合适的纠倾方法和纠倾目标；

4）制订详细的纠倾方案，要求安全可靠、技术可行、不影响环境、总费用较低廉，纠倾方案中应该明确规定监测的内容和要求；

5）组织纠倾施工。纠倾前应对周围环境作一次认真的观测并做好记录，当被纠建筑物整体刚度不足时，应在施工前先行加固，防止在施工过程中破坏，同时在施工中应根据监测结果进行动态管理，即根据反馈的信息调整方案或程序，控制纠倾速率，指导施工；

6）做好纠倾完成后的善后工作。同时继续进行定期的监测，观测纠倾的效果和稳定性，如有变化，应采取补救措施。

（2）常用的建筑物纠倾方法

既有建筑物常用的纠倾方法主要有两类：一类是对沉降小的一侧采取迫降纠倾技术，用人工或机械施工的方法使建筑物原来沉降较小侧的地基土局部掏除或土体应力增加，迫使土体产生新的竖向变形或侧向变形，使建筑物在一定时间内该侧沉降加剧，从而纠正建筑物倾斜；另一类则是对沉降大的一侧采取顶升纠倾技术。具体见表2.3。

常用的建筑物纠倾技术及分类　　　　　　　　　　　　　　　　　表 2.3

类别	方法名称	基本原理
迫降纠倾技术	堆（卸）载纠倾法	增加沉降小的一侧地基附加应力，加剧其变形，或减小沉降大的一侧地基附加应力，减小其变形
	掏土纠倾法	采用人工或机械方法局部取去基底或桩端下部土体，迫使地基中附加应力增加，加剧土体变形
	降水纠倾法	利用地下水位降低增大附加应力，对地基变形进行调整
	浸水纠倾法	通过土体内成孔或成槽，在孔内或槽内浸水，使地基土湿陷，迫使建筑物下沉
	部分托换调整纠倾法	通过对沉降大的一侧地基或基础的加固，减小该侧沉降，然后使沉降小的一侧继续下沉
	桩基切断纠倾法	在沉降大的一侧对柱或桩进行限位切断迫降处理
顶升纠倾技术	整体顶升纠倾法	在砌体结构中设置托换梁，在框架结构中设置托换牛腿，利用基础提供的反力对上部结构进行抬升
	压桩反力顶升纠倾法	先在基础中压入足够的桩，利用桩竖向承载力作为反力，将建筑物抬升
	高压注浆顶升纠倾法	利用压力注浆在地基中产生的顶托力将建筑物顶托升高

（3）纠倾工作要点

1）确定纠倾目标。已发生倾斜的建筑，很难也无必要绝对纠平，因此要预先确定一个合适的纠倾目标。具体做法是根据建筑物的安全和功能要求确定纠倾后的剩余倾斜值，该值至少应控制在国家行业标准《危险房屋鉴定标准》JGJ 125—2016 的范围以内，一般可以控制在国家标准《建筑地基基础设计规范》GB 50007—2011 的地基变形允许值范围以内。对有特殊功能要求的建筑物，纠倾目标相应更严格，这时纠倾与地基加固很可能需要同时进行。

2）控制纠倾速率。目的是防止上部结构无法适应太快的回复变形，产生裂缝甚至破坏。纠倾速率的上限主要取决于建筑物抵抗变形的能力，即建筑物的整体刚度和结构构件的强度，一般可以控制在 4mm/d ～ 10mm/d；对于刚度较好的建筑物，可以适当提高控制值；而对变形敏感的建筑物，可以控制在 4mm/d 以下。此外，在纠倾初期速率可以较快，后期则应减慢。至于快慢的调整，应严格由监测结果控制。

3）考虑微调过程。在正常纠倾过程实施至接近纠倾目标时，应该转入微调过程。即减少纠倾强度，或者暂停纠倾，依靠前期纠倾的滞后效应缓慢地达到目标，严格防止超纠倾的发生。

4）把握监测工作频率。监测工作频率应根据不同纠倾方法和不同纠倾速率而定，纠倾速率增大时，频率相应增加。对于迫降纠倾，每天应进行两次沉降观测，其他监测可每2～3天一次对于顶升法纠倾，则应进行连续的监测。

5）做好防护措施。考虑纠倾过程中的附加沉降，做好防止突沉的预防措施，例如在掏土纠倾法中考虑回填材料和方法，在高耸构筑物上设置缆风绳等。

6）防止建筑物回倾。估计纠倾后回倾的可能性，预先做好处理，必要时采用加固措施。

7）选用专业施工队伍。纠倾是一项技术性很强的工作，必须选用有资质、有经验的专业施工队伍施工，才能保证纠倾质量和安全。

2.3.1 顶升纠倾

（1）基本原理

顶升纠倾过程是一种地基沉降差异快速逆补偿的过程，也是地基附加应力瞬时重新分布的过程，使原沉降较小处附加应力增加。通过钢筋混凝土或砌体的结构托换加固技术（或利用原结构），将建筑物的基础和上部结构沿某一特定的位置进行分离，采用钢筋混凝土进行加固、分段托换、形成全封闭的顶升托换梁（柱）体系，设置能支承整个建筑物的若干个支承点，通过这些支承点顶升设备的启动，使建筑物沿某一直线（点）作平面转动，即可使倾斜建筑物得到纠正。

（2）适用范围

1）适用的结构类型有砖混结构、钢筋混凝土框架结构、工业厂房以及整体性完好的混合建筑；

2）适用于整体沉降及不均匀沉降较大，造成标高过低的建筑不适用于采用迫降纠倾的各类倾斜建筑（包括桩基建筑）；

3）对于新建工程设计时有预先设置可调措施的建筑，这类建筑应先设置好顶升梁及顶升洞，根据建筑使用情况出现的不均匀沉降或整体沉降，采用预先准备好的顶升系统，将建筑物恢复到原来的位置；

4）适用于建筑本身功能改变需要顶升，或者由于外界周边环境改变影响正常使用而需要顶升的建筑。

（3）施工平面设计

1）砌体结构建筑。砌体结构建筑的施工平面设计包括托换梁的分段施工程序及千斤顶位置的平面布置。

①托换梁的分段施工。墙砌体按平面应力问题考虑，具有拱轴传力的作用，一般在

墙体内打一定距离的洞，并不影响结构的安全，为了保证托换时的绝对安全，在托换梁施工段内设置若干个支承芯垫，如图 2.19 所示。

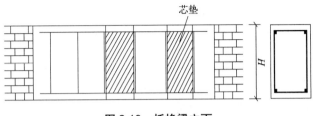

图 2.19　托换梁立面

分段施工应保证每墙段至少分三次，每次间隔时间要等托换梁混凝土强度达到 50% 后方可进行临近段的施工，临近段的施工应满足新旧混凝土的连接及钢筋的搭焊要求，如图 2.20 所示。对门位、窗位同样按连续梁筑成封闭的梁系，同样应考虑节点及转角的构造处理。

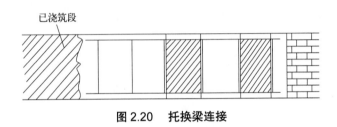

图 2.20　托换梁连接

②千斤顶的设置。顶升点的设置一般根据建筑物的结构形式、荷载及起重器具和工作荷载来确定。同时考虑结构顶升的受力点进行调整，避开窗洞、门洞等受力薄弱位置，如图 2.21 所示。

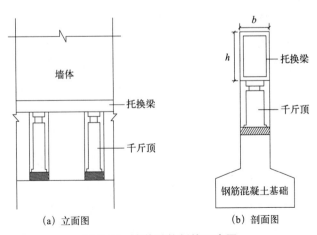

(a) 立面图　　　　(b) 剖面图

图 2.21　砌体结构托换示意图

2）框架结构建筑。框架结构建筑托换施工设计包括托换牛腿的施工程序及千斤顶的设置。

①托换牛腿的分段施工。钢筋混凝土柱在各种荷载组合的情况下，应具有一定的安全度，当削除某钢筋保护层后尚能保证其安全。但为了确保安全施工，应控制各柱位相同进行，邻柱不同时施工，必要时应采取临时加固措施（如支撑等），同时一旦施工开始就要连续进行浇筑混凝土。

②千斤顶的设置。千斤顶的设置一般根据结构荷载及千斤顶的工作荷载来确定，同时考虑牛腿受力的对称性，如图 2.22 所示。

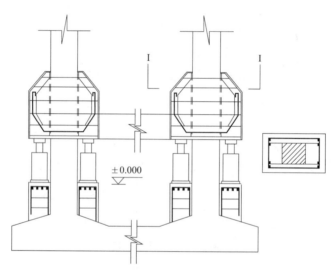

图 2.22　框架结构建筑托换示意图

（4）施工工艺

1）施工机具

①托换：托换常用的方法有三种：一是人工开凿法，二是冲击钻钻邮票孔后人工开凿，三是用混凝土切割锯开槽段。三种施工方法各具优越性。混凝土切割锯机械化程度高，施工比较文明，对原墙体的损伤较小，但机械费用较高。福建省建科院从美国引进一套 ISC 合金钢混凝土切割锯，在砌体结构托换中使用良好，用人工开凿噪声较大。

②千斤顶：千斤顶有手动（螺旋式及油压式）及机械油泵带动两种。采用人工操作的千斤顶顶升时需要大量的操作工，操作过程中会出现不均匀性，但其成本低；采用高压泵站控制的液压千斤顶机械化程度高，但成本费用较高。可用的千斤顶有：手动螺旋千斤顶（300kN ～ 500kN 工作荷载）、手动油压千斤顶（300kN ～ 320kN 工作荷载）、高压油泵—液压千斤顶系统。高压油泵—液压千斤顶系统要经过专门设计、特殊制造，一个高压油泵站同时带动多台千斤顶。目前福建省建科院采用的有 4 台泵站，每台泵站可

以带动 10 台千斤顶组成 40 套的连动液压千斤顶系统。高压泵站的最大压力 70MPa，千斤顶的工作荷载 500kN。

③顶升量的测控设备：顶升量一般都比较大，整个过程最大达 1.5m，当使用小量程计量时，调整次数过多，反而影响精度。因此顶升过程量的控制，通常选择指针标尺控制和电阻应变滑线位移计控制两种，后者累计误差 ±1mm，前者误差大一些，但完全可以满足顶升频率的要求。

④其他土建施工必备的工具。

⑤承托件、垫块：千斤顶顶升到一定位置后，要更换行程，这时就需要有足够的承受压力的稳固铁块作为增加高度的支承体，一般采用混凝土芯外包钢板盒的专用承托垫块，这些垫块要求要有各种规格以适应不同行程的需要，同时要制一些楔形块，以备顶升后的空隙使用。

2）托换施工。托换梁的施工应按设计要求的顺序及几何尺寸进行，施工中的钢筋混凝土施工尚应按照《混凝土结构工程施工及验收规范》GB 50204—2015 及相应的规程标准进行施工及质量控制，托换梁的施工要采取一定措施以保证混凝土与下部墙体的隔离。

3）千斤顶的设置。千斤顶按设计位置设置，个别的可按现场实际情况作调整，但必须经设计同意，为了确保每个千斤顶位置顶升梁及底垫的安全可靠，顶升前应进行不少于 10% 的抽检，抽查加荷值应为设计荷载的两倍。

4）顶升实施。在托换梁、千斤顶、底垫等都达到要求后，即可进入顶升实施。顶升的实施要有统一指挥，同时配有一定数量的监督人员，操作人员应经过训练，要有组织有纪律，服从指挥，因此福建省建科院大多邀请当地工程兵等支持帮助参加实际顶升操作，这样有利于保证施工的顺利。对较小的建筑物在高压泵站系统足够的情况下，可采用全液压控制，也可以采用液压系统及人工操作相结合进行。

千斤顶行程的更换必须间隔进行，更换时两侧应用三角垫进行临时支顶。顶升完毕后，紧接着砌体充填，要求填充密实，特别是与托换梁的连接处要求堵塞紧密，而后间隔拆除千斤顶。千斤顶的拆除必须待连接砌体达到一定强度后方可进行。拆除后的千斤顶洞位，根据原砌体的强度等级，采用砌体堵筑或采用钢筋混凝土堵筑。全部千斤顶拆除完后即可进行全面的修复工作，包括墙体、地面等。

2.3.2　堆卸载纠倾

（1）基本原理

通过在建筑物沉降较小的一侧堆载，或利用锚桩装置和传力构件对地基加压，迫使地基土变形产生沉降；或在沉降较大的一侧卸载（卸除大面积堆载或填土）以减小该侧沉降，达到纠倾的目的称为堆（卸）载纠倾。最常用的加载手段是堆载，在沉降较少一侧堆放重物，如钢锭、砂石及其他重物，如图 2.23 所示。该方法较适用于淤泥、淤泥质土和松散填土等软弱地基和湿陷性黄土地基上的促沉量不大的小型基础和高耸构筑物基础，其对于由于相邻建筑物荷载影响产生不均匀沉降和由于加载速度偏快，土体侧向位移过大造成沉降偏大的情况具有较好的效果，如图2.24所示。但此方法纠倾速率慢，施工工期长，在纠倾过程中应加强监测，严格控制加载速率。

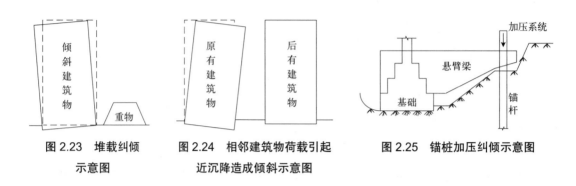

图 2.23　堆载纠倾　　　　图 2.24　相邻建筑物荷载引起　　　图 2.25　锚桩加压纠倾示意图
　　　　示意图　　　　　　　　近沉降造成倾斜示意图

加载纠倾也可通过锚桩加压，在沉降较小的一侧地基中设置锚桩，修建与建筑物基础相连接的钢筋混凝土悬臂梁，通过千斤顶加荷系统加载，促使基础纠倾，如图2.25所示。锚桩加压纠倾一般可多次加荷。施加一次荷载后，地基变形产生应力松弛，使荷载减小；一次加载变形稳定后，再施加第二次荷载；如此重复，荷载可逐次增大，地基变形也逐次增加，直至达到纠倾目的。

（2）纠倾机理

上部结构的荷载偏心产生倾斜力矩，使建筑物倾斜，为此通过反向加压施加一个纠倾力矩，且要求纠倾力矩大于倾斜力矩。建筑物倾斜力矩 M（kN·m）可以按公式（2-1）估算

$$M = S_{max} kFB / 3 \qquad (2-1)$$

式中　F——基础底面积（m^2）；

　　　k——地基基床系数（kN/m^3），宜根据倾斜建筑的荷载和实际的沉降资料反算求得；

　　　B——基础倾斜方向的宽度（m）；

　　　S_{max}——基础沉降最大一侧边缘的平均沉降量（m）。

（3）实施步骤

1）根据建筑物倾斜情况确定纠倾沉降量，并按照建筑物倾斜力矩值和土层压缩性质估计所需要的地基附加应力增量，从而确定堆载量或加压荷载值。

2）将预计的堆载量分配在基础合适的部位，使其合力对基础形成的力矩等于纠倾力矩，布置堆载时还应该考虑有关结构或基础底板的刚度和承受能力，必要时作适当补强。当使用锚桩加压法时，应设置可靠的锚固系统和传力构件。

3）根据地基土的强度指标确定分级堆载加压数量和时间，在堆载加压过程中应及时

绘制荷载—沉降—时间曲线，并根据监测结果调整堆载或加压过程。地基土强度指标可以考虑建筑物预压产生的增量。

4）根据预估的卸载时间和监测结果分析卸除堆载或压力，应充分估计卸载后建筑物回倾的可能性，必要时辅以地基加固措施。

2.3.3　浸水加压纠倾

（1）基本原理

在沉降小的一侧基础边缘开槽、坑或钻孔，有控制地将水注入地基内，使土产生湿陷变形，从而达到纠倾的目的。有时还需要辅以加压方法。

（2）适用范围

地基土是有一定厚度的湿陷性黄土，当黄土含水量小于 16%、湿陷系数大于 0.05 时，可以采用浸水纠倾法；当黄土含水量在 17% ～ 23% 之间、湿陷系数为 0.03 ～ 0.05 时，可以采用浸水和加压相结合的方法。

（3）纠倾机理

浸水加压纠倾机理是利用湿陷性黄土的湿陷特性。含水量小、湿陷系数大的黄土湿陷性能良好，起着调整倾斜的作用，同时湿陷土的密度增加，有加固地基的作用；含水量较大、湿陷系数较小的黄土，单靠浸水湿陷效果有限，则辅之以加压。要求注水一侧的土中应力超过湿陷土层的湿陷起始压力。

（4）实施步骤

1）根据主要受力土层的含水量、饱和度以及建筑物的纠倾目标预估所需要的浸水量，必要时进行浸水试验，确定浸水影响半径、注水量与渗透速度的关系；

2）在沉降较小的一侧布置浸水点，条形基础可以布置在基础两侧。按预定的次序开挖浸水坑（槽）或钻孔；

3）根据浸水坑（槽）或钻孔所在位置所需要的纠倾量分配注水量，然后有控制地分批注水，注水过程中严格进行监测工作，并根据监测结果调整注水次序和注水量；

4）当纠倾达到目标时，停止注水，继续监测一段时间，在建筑物沉降趋于稳定后，回填各浸水坑（槽）或钻孔，做好地坪，防止地基再度浸水。

（5）注意事项

1）浸水坑（槽）、孔的深度应达到基础底面以下 0.5m ～ 1.0m，可以设置在同一个深度上，也可以设置在 2 ～ 3 个不同的深度上。

2）试坑（槽）与被纠建筑物的距离不小于 5m，一幢建筑物的试坑（槽）数不宜少于 2 个。

3）注意滞后沉降量。条形基础和筏板基础在注水停止后需要 15 ～ 30 天沉陷才会稳定，其滞后变形大约占总变形量的 10% ～ 20%，在确定停止注水时间时应考虑这一点。

2.4 地基污染土处理技术

旧工业建筑地基在长时间的使用过程中,会受到物品存储、生产制造、三废物质的排放等因素的影响,这都会给地基土壤带来污染,造成地基结构的力学特征和承重作用产生改变,进而对上部结构的使用安全产生危害。国内自20世纪60年代开始就已经有单位(如化工部南京勘察公司)在一些老旧厂房改造过程中,发现地基土被废液污染,导致土质改变为污染土,造成建筑损坏的事故,从而开始了污染土的研究工作。污染土处理技术在国内外得到广泛应用,如广州市某地基土污染处理项目(见图2.26)、武汉市某地基土污染处理项目(见图2.27)等,取得了良好效果。

图 2.26　广州市某地基土污染处理项目　　图 2.27　武汉市某地基土污染处理项目
　　　　　　（地基污染土处理）　　　　　　　　　　　（地基污染土处理）

2.4.1 污染土的概念

(1)污染土

所谓污染土,主要指在生产过程中土体受到三废污染物(废气、废液、废渣)侵蚀而使土质发生化学变化,从而改变了土体原生性状的一类土。从污染源看,三废污染物主要在工业生产过程产生,有酸、碱、焦煤油、石灰渣等。制造污染物的主要有酸碱生产厂、石油化纤厂、污水处理厂、燃料库、制药、造纸等企业,此外某些金属矿、冶炼厂、铸钢厂、弹药库等场地的地基土也可能受到污染。工业建筑地基土污染源来源广泛,且地基土被污染后,会对上部结构安全造成极大的危害。

(2)地基污染的表观特征

地基土经腐蚀后出现两种变形特征:一种污染破坏形式是使地基土的结构破坏而产生沉陷变形,如腐蚀的产物为易溶盐,在地下水中流失或变成稀泥。例如吉林某化工厂浓硝酸成品房生产不到四年因地基腐蚀而造成基础下沉,以致拆毁重建;南京某厂因强碱渗漏受侵蚀的地基产生不均匀变形,引起喷射炉体倾斜。另一种污染破坏形式是引起地基的膨胀,这是因为腐蚀后的生成物具有结晶膨胀性质。例如太原某化工厂苯酸厂房碱液部的框架梁、柱因地基受碱液腐蚀而膨胀,引起基础上升而开裂,其电解车间的排架柱也因地基腐蚀而抬起，造成吊车梁不平和屋面排水反向；西北某化工厂镍电解厂房，地基位于卵石混砂的戈壁上，后因地基受硫酸液腐蚀而发生猛然膨胀、地面降起、柱基被抬起、厂房严重断裂。因此研究污染土的污染机理、性状和污染后的工程性质，并因地制宜采取整治措施稳定建设工程质量以及保护环境具有重要意义，如图 2.28、图 2.29 所示。

图 2.28　工业建筑地基土的污染

图 2.29　地基土污染置换

（3）地基土的污染腐蚀作用机理

目前国内外都广泛开展了对土体污染腐蚀机理的研究，但由于污染物、污染环境、土体特性等因素，这方面的研究并没有取得很大的突破。从目前的研究看，污染土的腐蚀作用机制主要有以下四个方面：1）当土被污染后，首先是土粒之间的胶体被溶蚀，胶结强度被破坏，溶解的胶体在水作用下流失，使土的工程性质发生明显的变化，孔隙比和压缩性增大，抗剪强度降低，承载力明显下降。2）土颗粒本身腐蚀后形成的新物质，在土的孔隙中产生相变结晶而膨胀，并逐渐溶蚀或分裂碎花成小颗粒，新生成含结晶水的盐类。在干燥条件下，体积增大而膨胀，浸水收缩，经反复交替作用，土层受到破坏。3）地基土遇酸碱等腐蚀性物质与土中的盐类形成离子交换，从而改变土的性质。4）地基上的腐蚀，有结晶类腐蚀、分解类腐蚀、结晶分解复合类腐蚀三种。地基土的污染，可能是由其中的一种或一种以上的腐蚀造成的。

地基土总的污染过程可以表示为：污染物侵入→土中矿物腐蚀溶解→溶解的矿物质迁移→矿物重结晶→土体积发生膨胀。

2.4.2　污染土的检测

（1）检测目的

1）查明受污染前后土的物理力学性质、矿物成分、污染成分等；

2）查明污染源、污染途径、污染史，分析污染的变化发展趋势；

3）查明污染土的空间分布、污染标准和等级划分；

4）查明污染土对金属和混凝土的腐蚀性；

5）查明地下水的分布与污染的关系；

6）确定污染土的力学参数，评价污染土的工程特性，污染土的地基承载力宜根据土与污染物的相互作用特性而综合确定，如图2.30所示。

图2.30　地基污染土的检测

（2）检测内容

1）对比土污染前后以及不同污染程度下的物理力学性能指标，除一般指标外，还应特别注意膨胀试验、湿化试验、湿陷性试验等项目。

2）测定土的化学成分，包括全量分析、易溶盐含量、pH值，有机物含量、矿物矿相分析等。

3）鉴定土的微观结构，通过原子力显微镜（AFM）和扫描电子显微镜（SEM）等手段从污染土污染前后的微观结构变化分析污染土的成分与结构。

4）水质分析，包括水中污染物含量、水对金属和混凝土的侵蚀性等。

5）测定土胶粒表面吸附阳离子交换量及成分，离子发生基（如易溶硫酸盐）的成分及含量。

6）为预测地基土可能受某溶液污染的后果，可事先取样进行模拟试验，如将土试样夹在两块透水石之间，在浸入废酸、碱液中，经不同时间后取出观察变化；还可进行压缩试验，判定其强度、变形，并与正常土比较预测发生的变化；进行抗剪强度对比试验等。这样就可得到废液侵蚀对地基上的影响，从而提出采取预防措施的建议。

2.4.3　污染土的处理方法

对于已污染的场地则应根据勘察结果，视污染程度并兼顾污染发展趋势，采取相应的地基处理或保护措施之后还应进行定期监测并作出评价，如图2.31所示。

（1）换填法

换填法即把已污染的土全部清除掉，然后换填正常土或采用性能稳定且耐酸碱的砂、砾作回填材料或作砂桩、砾石桩，再压（夯、振）实至要求的密实度，提高地基承载力，减少地基沉降量和加速软弱土层的排水固结等。这是早期采用的最直接的方法，但同时要及时处理已挖出的污染土，或专门储存，或原位隔离，

图2.31　地基污染土的处理

以免造成二次污染。挖除的污染土可以使用热处理法、抽出法以及微生物处理方法进行处理。

（2）固化法

固化法就是通过加入水泥、石灰等能与污染物质发生化学反应的固化剂或稳定剂，将其倒入污染土内使之固化转化为稳定形式，这些物质易于把固体污染体运走和储存，但要防止污染物质和添加剂起化学作用和可能存在的污染泄漏。有的泄漏物变成稳定形式后，由原来的有害变成了无害，可原地堆放不需进一步处理。当然这种方法处理程序及所用设备比较复杂，其固定投资及运行费用也远高于传统水泥、石灰等固化法。

（3）化学处理法

化学处理法是采用灌浆法或其他方法向土中压入或混入某种化学材料，使其与污染土或污染物发生反应而生成一种无害的、能提高土的强度的新物质。作用快且能破坏污染物质是其优点，但缺点是化学物质可能侵入土体内，多余的化学用剂必须清除，并且土中可能产生潜伏的新的有害物质。

（4）电动法

电动法处理污染土只能影响到土体的表层，不能识别污染物的特性。其局限性包括：该方法基于胶体的双电层厚度，适用于孔隙较大和界面双电层扩散小的情况；该方法只适用于原状或重塑粉质粘土，不适用于垫层的混合均匀粘土或有机质土。

（5）电磁法

电磁是三维随机电流作用，根据物理原理和实验成果，电磁力会增加能场的影响面积，从而导致水土体系中离子交换的增加。电磁法可以处理各种土，对于饱和土和非饱和的土均可处理，同时可以影响土体的深层，还能够对污染物的特性进行识别。现今已研制出测定水土体系电磁力的简单试验设备和方法，这是一种正在研究且较有发展前景处理方法。

（6）电化学法

电化学法处理废液一般无需很多化学药品，后期处理简单，管理方便，污泥量很少，常被称为清洁处理法。电化学法可用于处理含氰、酚和印染、制革等工厂产生的多种不同类型污染的水溶液。对于含有重金属的污染土，首先采用还原熔炼污染土，它能起到以废治废、化害为益、综合利用的目的；也可以将污染土溶于水中，用工业废水的处理技术来处理污染物。对于少量的污染土，也可以用电化学法来净化污染土。

上述固化法、电动法、电磁法以及电化学还处在研究探索阶段，此外，还存在其他先进的污染土修复处理技术。总之，目前污染土研究还没有成熟的理论和方法，也没有有效的模型用于污染趋势的预测，对污染机理的研究尚停留在表面的化学反应分析上，因此对于污染土的治理方法需要进一步进行经验总结和理论研究。

第3章 基础加固施工技术

3.1 基础加固施工概述

3.1.1 基础加固施工相关概念

（1）基础

基础是建筑物和地基之间的连接体，把建筑物竖向体系传来的荷载传给地基。从平面上可见，竖向结构体系将荷载集中于点，或分布成线形，但作为最终支承机构的地基，提供的是一种分布的承载能力，如图 3.1 所示。

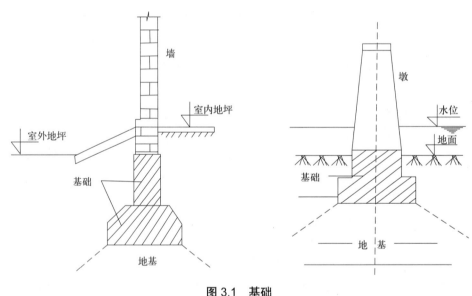

图 3.1 基础

（2）基础的分类

1）按材料分类。建筑基础按所用材料可分为砖基础、毛石基础、灰土基础、混凝土基础及钢筋混凝土基础。

①砖基础是用砖和水泥砂浆砌筑而成的基础。

②毛石基础是用开采的无规则的块石和水泥砂浆砌筑而成的基础。

③灰土基础是由石灰与粘土按一定比例拌合，加水夯实而成的基础。

④混凝土基础是由混凝土拌制后灌筑而成的基础。

⑤钢筋混凝土基础是在混凝土中加入抗拉强度很高的钢筋，具有较高的抗弯抗拉能力。

2）按外形分类。基础按外形可分为：条形基础、独立基础、筏形基础、箱形基础、桩基础。

①条形基础。这种基础多为墙基础，沿墙体长方向是连续的，如图 3.2 所示。

②独立基础。这种基础主要为独立柱下的基础。现浇钢筋混凝土独立柱基有平台式、坡面式，预制柱下为钢筋混凝土杯形基础，如图 3.3 所示。

③桩基础。实践中，当建筑物上部结构荷载很大，地基软弱土层较厚，对沉降量限制要求较严的建筑物或对围护结构等几乎不允许出现裂缝的建筑物，往往采用桩基础，如图 3.4 所示桩基础可以节省基础材料，减少土方工程量，改善劳动条件，缩短工期。a.桩基础由承台和桩群两部分组成。承台设于桩顶，把各单桩联成整体，并把上部结构的荷载均匀地传递给各根桩，再由桩传给地基。b.桩按传力方式不同，分为摩擦桩和端承桩。c.混凝土或钢筋混凝土桩按制作方法不同，可分为预制桩和灌注桩两类。

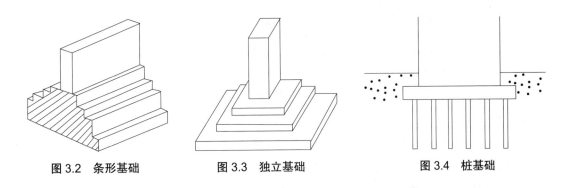

图 3.2　条形基础　　　　　图 3.3　独立基础　　　　　图 3.4　桩基础

④筏形基础。筏形基础形似于水中漂流的木筏。井格式基础下又用钢筋混凝土板连成一片，大大地增加了建筑物基础与地基的接触面积，换句话说，单位面积地基土层承受的荷载减少了，因此适合于软弱地基和上部荷载比较大的建筑物，如图 3.5 所示。

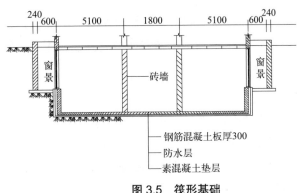

图 3.5　筏形基础

⑤箱形基础。箱形基础是由钢筋混凝土的顶板、底板和纵横承重隔板组成的整体式基础。箱形基础不仅同筏形基础一样有较大的基底面积，适用于软弱地基和上部荷载比较大的建筑物；而且由于基础自身呈箱形，具有很大的整体强度和刚度，即便当地基不均匀下沉时，建筑物也不会引起较大的变形裂缝。该基础施工难度大，造价高，多用于高层建筑，另外可兼作地下室，如图 3.6 所示。

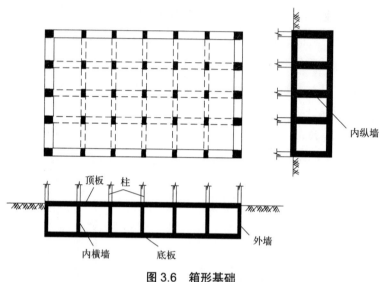

图 3.6　箱形基础

3）按埋置深度分类。按埋置深度可分为浅基础、深基础。

①浅基础：埋置深度不超过 5m 者称为浅基础。

②深基础：埋置深度大于 5m 者称为深基础。

4）按受力性能分类。按受力性能可分为刚性基础、柔性基础。

①刚性基础：是指抗压强度较高，而抗弯和抗拉强度较低的材料建造的基础。所用材料有混凝土、砖、毛石、灰土、三合土等，一般可用于六层及其以下的民用建筑和墙承重的轻型厂房。

②柔性基础：用抗拉和抗弯强度都很高的材料建造的基础称为柔性基础。一般用钢筋混凝土制作，这种基础适用于上部结构荷载比较大、地基比较柔软、用刚性基础不能满足要求的情况。

（3）基础的作用

上部结构通过墙、柱与基础相连结，基础底面直接与地基相接触，三者组成一个完整的体系，在接触处既传递荷载，又相互约束和相互作用。若将三者在界面处分开，则不仅各自要满足静力平衡条件，还必须在界面处满足变形协调、位移连续条件。它们之间相互作用的效果主要取决于它们的刚度。

1) 上部结构与基础的共同作用。先不考虑地基的影响，假设地基是变形体且基础底面反力均匀分布。若上部结构为绝对刚性体（例如刚度很大的现浇剪力墙结构），基础为刚度较小的条形或筏形基础，如图 3.7（a）所示，当地基变形时，由于上部结构不发生弯曲，各柱只能均匀下沉，约束基础不能发生整体弯曲。这种情况，基础犹如支承在把柱端视为不动铰支座上的倒置连续梁，以基底反力为荷载，仅在支座间发生局部弯曲。

若上部结构为柔性结构（例如整体刚度较小的框架结构），基础也是刚性较小的条、筏基础，如图 3.7（b）所示，这时上部结构对基础的变形没有或仅有很小的约束作用。因此基础不仅因跨间受地基反力而产生局部弯曲，同时还要随结构变形而产生整体弯曲，两者叠加将产生较大的变形和内力。

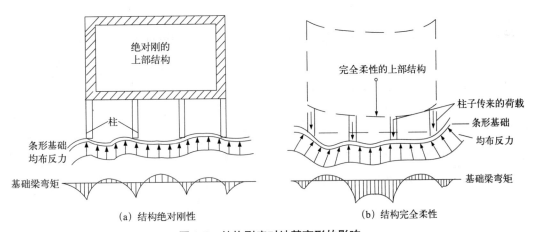

图 3.7　结构刚度对地基变形的影响

若上部结构刚度介于上述两种极端情况之间，在地基、基础和荷载条件不变的情况下，显然，随着上部结构刚度的增加，基础挠曲和内力将减小，与此同时，上部结构因柱端的位移而产生次生应力。进一步分析可知，若基础也具有一定的刚度，则上部结构与基础的变形和内力必定受两者的刚度所影响，这种影响可以通过接点处内力的分配来进行分析。

2) 地基与基础的共同作用。现在把地基的刚度也引入体系中。所谓地基的刚度就是地基抵抗变形的能力，表现为土的软硬或压缩性。若地基土不可压缩，则基础不会产生挠曲，上部结构也不会因基础不均匀沉降而产生附加内力，这种情况，共同作用的相互影响很微弱，上部结构、基础和地基三者可以分割开来分别进行计算。岩石地基和密实的碎（砾）石及砂土地基的建筑物就接近于上述情况，如图 3.8（a）所示；通常地基土都有一定的压缩性，在上部结构和基础刚度不变的情况下，地基土越软弱，基础的相对挠曲和内力就越大，并且会对相应的上部结构引起较大次应力，如图 3.8（b）所示。

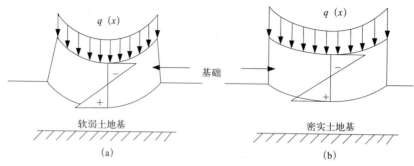

图 3.8　不同压缩性地基对基础挠度与内力的影响

当地基压缩土层非均匀分布如图 3.9 所示，显然，两种不同的非均布形式对基础与上部结构的挠曲与内力将产生两种完全不同的结果。因此对于压缩性大的地基或非均匀性地基，考虑地基与基础的共同作用就很有必要。

3）上部结构、基础和地基的共同作用。若把上部结构等价成一定的刚度，叠加在基础上，然后用叠加后的总刚度与地基进行共同作用的分析，求出基底反力分布曲线，这根曲线就是考虑上部结构—基础—地基共同作用后的反力分布曲线。将上部结构和基础作为一个整体，将反力曲线作为边界荷载与其他外荷载一起加在该体系上，就可以用结构力学的方法求解上部结构和基础的挠曲和内力。反之，把反力曲线作用于地基上就可以用土力学的方法求解地基的变形。也就是说，原则上考虑上部结构—基础地基的共同作用，分析结构的挠曲和内力是可能的，其关键问题是求解考虑共同作用后的基底反力分布。

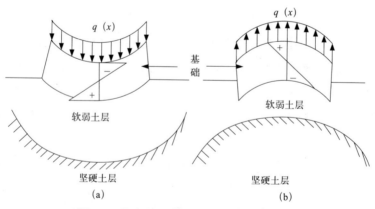

图 3.9　非均匀地基对基础挠度与内力影响

但不难理解，求解基底的实际反力分布是一个很复杂的问题，因为真正的反力分布图受地基—基础变形协调这一要求所制约。其中基础的挠曲决定于作用于其上的荷载（包括基底反力）和自身的刚度，地基表面的变形则决定于全部地面荷载（即基底反力）和土的性质。即便把地基土当成某种理想的弹性材料,利用基底各点地基与基础变位协调条件以推求反力分布就已经是一个不简单的问题,更何况土并非理想的弹性材料,变形模量随应力水平而变化,而且还容易产生塑性破坏,破坏后的模量将进一步大大降低,因而使问题的求解变得十分复杂。因此直至目前,共同作用的问题原则上都可以求解,而实际上还没有一种完善的方法能够对各类地基条件均给出满意的解答,其中最困难的就是选择正确的地基模型。

3.1.2　基础加固施工主要内容

（1）基础缺陷致因分析

1）工业建筑由于勘察、设计、施工或使用不当,造成既有建筑开裂、倾斜或损坏,而需要进行基础加固。这在软土地基、湿陷性黄土地基、人工填土地基、膨胀土地基和土岩组合地基中较为常见。

2）因改变原建筑使用要求或使用功能,而需要进行基础加固,如增层、增加荷载、改建、扩建等。其中办公楼常以增层改造为主,因一般需要增加的层数较多,故常采用外套结构增层的方式,增层荷载由独立于原结构的新设的梁、柱、基础传递;公用建筑如会堂、影院等因增加使用面积或改善使用功能而进行增层、改建或扩建改造等。单层工业厂房和多层工业建筑,由于产品的更新换代,需要对原生产工艺进行改造,对设备进行更新,这种改造和更新势必引起荷载的增加,造成原有结构和地基基础承载力的不足等。

3）因周围环境改变,而需要进行基础加固。大致有以下几种情况:①地下工程施工可能对既有建筑造成影响。②邻近工程的施工对既有建筑可能产生影响。③深基坑开挖对既有建筑可能产生影响。

（2）基础加固的原则

1）当建筑物地基下有新建地下托换工程时,应尽快将荷载传递到新建的托换工程上,使建筑物基础沉降获得稳定。

2）基础加固工程一般应分区、分段进行,在任何情况下,都应是在一部分被加固后,方可进行另一端的加固施工。加固范围应采取由小到大、逐步扩大。

3）基础加固是一项难度大、技术性强的工作,实施前、实施过程中及实施后均要做好各项工程技术监测,其内容包括:设置基准点、埋设观测标志、在沿裂缝位置标出裂缝开展日期、准备观测仪器、对建筑物沉降和倾斜做好定期观测等。这些监测内容都是评定加固工程质量和判断加固方案及加固效果正确与否的基本依据。

4）为工业建筑制定出具体、经济、合理、切合实际的基础加固方案,对工业建筑上部结构的病因分析进行认真细致的分析是十分重要的,以便对症下药,采取可靠的加固技术措施。

（3）基础加固施工技术的分类

基础加固施工技术按其原理划分为加固、托换、加深三种方式，如图 3.10 所示。

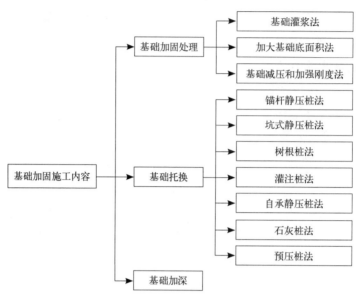

图 3.10　基础加固施工内容

3.1.3　基础加固施工一般流程

基础加固施工一般流程如图 3.11 所示。

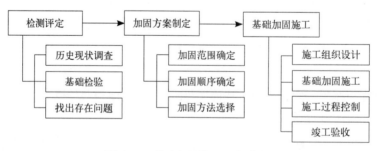

图 3.11　基础加固施工一般流程

（1）检测评定

对既有建筑调查包括历史情况调查和现状调查。工业建筑基础的检验包括：

1）检验步骤。①搜集基础、上部结构和管线设计施工资料和竣工图，了解建筑各部位基础的实际荷载。②进行现场调查。可通过开挖探坑验证基础类型、材料、尺寸及埋置深度，检查基础开裂、腐蚀或损坏程度；对倾斜的建筑应查明基础的倾斜、弯曲、阻曲等情况；对桩基应查明其入土深度、持力层情况和桩身质量。

2）检验方法。①目测基础的外观质量。②用手锤等工具初步检查基础的质量，用非破损法或钻孔取芯法测定基础材料的强度。③检查钢筋直径、数量、位置和锈蚀情况。④对桩基工程可通过沉降观测,测定桩基的沉降情况。

至此,找出地基存在的问题:①根据基础裂缝、腐蚀或破损程度以及基础材料的强度等级,判断基础完整性;②按实际承受荷载和变形特征进行基础承载力和变形验算;③确定基础有无必要进行加固,如有必要进行加固,应提出建议采用何种方法进行加固。

(2)处理方案制定及施工

依据基础存在的问题划定相应的加固构件范围,确定相应的加固顺序,并选择合适的加固方法,基础加固方法见表 3.1。

基础加固方法的选择   表 3.1

基础加固类型	具体使用方法	适用情形
加固	基础补强注浆加固法	基础因受机械损伤,不均匀沉降、冻胀或其他影响而引起的基础裂损的加固
	扩大基础底面积法	建筑的地基承载力或基础底面积尺寸不满足设计要求,或基础出现破损、裂缝时的加固
	加深基础法	地基浅层有较好的土层可作为基础处理层,且地下水位较低的情况
托换	锚杆静压桩法	适用于淤泥、淤泥质土、黏性土等较软弱地基上的基础托换加固
	坑式静压桩法	适用于淤泥、淤泥质土、黏性土等较软弱地基上的基础托换加固和修复、历史性建筑的整修、地下建筑的穿越等加固工程
	桩式托换法	同坑式静压桩法
	树根桩法	适用于碎石土、砂土、粉土、黏性土、湿陷性黄土和岩石等各类地基土
加深	基础加深法	——

3.2 基础加固处理施工技术

旧工业建筑经过长期使用,常因基础底面积不足而使地基承载力或变形不满足规范要求,从而导致建筑物主体开裂或倾斜。或者由于基础材料老化、浸水、地震或施工质量等因素的影响,原有地基基础已显然不再满足使用需求,此时除需要对地基处理外,还应对基础进行加固处理,常使用的加固处理方法有增大基础支承面积、加强基础刚度、增大基础的埋置深度等方法。该类方法广泛应用于工程实践项目中,例如:济南市某研发中心基础加固项目(见图 3.12),青岛市某生产车间基础加固项目(见图 3.13)等,均取得了良好的效果。

对于需要托换和沉降稳定的既有建筑物基础验算时,凡具有 10 年以上且经检查其基础无不符合规定的缺陷(如不均匀沉降、倾斜、位移或开裂)时,可认为该地基土在该建筑物基底压力下已经压实。如当地无成熟经验时,必要时应采用载荷试验、开挖或钻探等方法取样试验分析后确定其地基承载力的提高值。

图 3.12　济南市某研发中心基础加固项目
（增大基础截面法加固）

图 3.13　青岛市某生产车间基础加固项目
（增强基层强度加固）

3.2.1　基础灌浆加固

旧工业建筑基础由于机械损伤、不均匀沉降或冻胀等原因引起开裂或损伤时，可采用灌浆（注浆）法加固地基，如图 3.14 所示。

施工时可在基础中钻孔，注浆管的倾角一般不超过 60°，孔径应比注浆管的直径大 2mm ~ 3mm，在孔内放置直径 25mm 的注浆管，孔距可取 0.5m ~ 1.0m。对单独基础每边打孔不应少于 2 个，浆液可由水泥浆或环氧树脂等制成，注浆压力可取 0.2MPa ~ 0.6MPa，当 15min 内水泥浆未被吸收则应停止注浆，注浆的有效直径约为 0.6m ~ 1.2m。对条形基础施工应沿基础纵向分段进行，每段长度可取 2.0m ~ 2.5m。

对有局部开裂的砖基础，当然也可采用钢筋混凝土梁跨越加固，如图 3.15 所示。

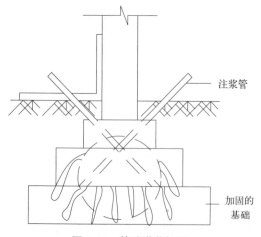

图 3.14　基础灌浆加固

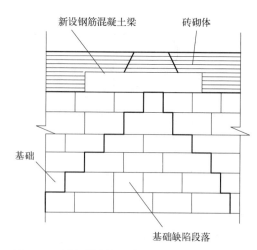

图 3.15　用钢筋混凝土梁跨越缺陷段基础加固

3.2.2　加大基础底面积法

（1）采用混凝土套或钢筋混凝土套加大基础底面积

旧工业建筑物的基础产生裂缝或基底面积不足时，可用混凝土套或钢筋混凝土套加大基础。当原条形基础承受中心荷载时，可采用双面加宽，如图 3.16 所示；对单独柱基础加固可沿基础底面四边扩大加固，如图 3.17 所示；当原基础承受偏心荷载、或受相邻建筑基础条件限制、或为沉降缝处的基础、或为不影响室内正常使用时，可用单面加宽基础，如图 3.18 所示。

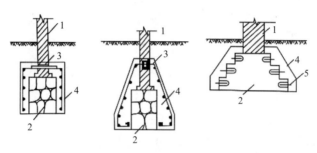

图 3.16　条基的双面加宽

1— 原有墙身；2— 原有墙基；3— 墙脚钻孔穿钢筋，用环氧树脂填满再与加固筋焊牢；4— 基础加宽部分；5— 钢筋锚杆

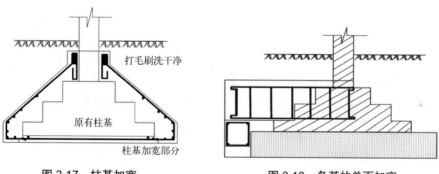

图 3.17　柱基加宽　　　　　　　　**图 3.18　条基的单面加宽**

当采用混凝土套或钢筋混凝土套时，应注意以下几点施工要求：

1）为使新旧基础牢固联结，在灌注混凝土前应将原基础凿毛并刷洗干净，再涂一层高标号水泥砂浆沿基础高度每隔一定距离应设置锚固钢筋；也可在墙脚或圈梁钻孔穿钢筋，再用环氧树脂填满，穿孔钢筋须与加固筋焊牢。

2）对加套的混凝土或钢筋混凝土的加宽部分，其地基上应铺设的垫料及其厚度，应与原基础垫层的材料及厚度相同，使加套后的基础与原基础的基底标高和应力扩散条件相同和变形协调。

3）对条形基础应按长度 1.5m～2.0m 划分成许多单独区段，分别进行分批、分段、间隔施工，决不能在基础全长挖成连续的坑槽，也不能使全长上地基土暴露过久，以免导致地基土浸泡软化，使基础随之产生很大的不均匀沉降。

（2）改变浅基础形式加大基础底面积

将柔性基础加宽改为刚性基础，加套后的混凝土基础台阶宽高比（或刚性角）的允许值，应符合《建筑地基基础设计规范》GB 50007—2011 的有关规定，如图 3.19 所示。当工业厂房接长扩建时，可将原厂房端部钢筋混凝土单柱形基础扩大为双柱杯形基础。

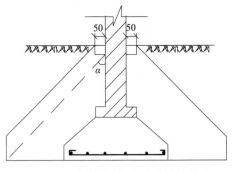

图 3.19　柔性基础加宽改为刚性基础

1）扩建部分荷载（屋面、吊车、风、地震和墙体等）和地基土情况与原厂房一致时，扩大后双柱杯形基础的底面积 $A \times B$、有关构造尺寸以及配筋等，均可参照原厂房温度缝处双柱杯形基础的设计资料选用；如荷载或地基土情况有变化时，则应重新设计。

2）以原颈部外侧为界，将旧基础靠接长一边的原混凝土凿除，露出其底部钢筋，扩大部分基底纵向钢筋与旧基础内相应的钢筋电焊连接。

3）新基础的颈部加大并引伸跨越旧基础，形成一个新旧连接套座，以保证新旧两部分结合为一体，连接套座按构造配筋，并与扩大部分的混凝土一次浇捣完成。

当采用混凝土或钢筋混凝土套加大基础底面积尚不能满足地基承载力和变形等的设计要求时，可将原单独基础改成条形基础或将原条形基础改成十字交叉条形基础、片筏基础或箱形基础，这样更能扩大基底面积，用以满足地基承载力和变形的设计要求，另外，由于加强了基础刚度也可以减少地基的不均匀变形。当墙体下钢筋混凝土柔性条形基础宽度不需扩大，而原有板厚及配筋不能满足强度要求时，可适当加大旧基础肋宽进行基础加固，这样由于减少了悬臂板的挑出长度，从而相应地减小了肋边处的弯矩和剪力值，使原基础断面和配筋能满足加层改造后的强度要求。肋宽加大部分的厚度，可根据基底净反力及加大后肋边处的板厚和配筋量满足抗弯、抗剪的要求进行验算后确定，但新加部分的净厚不宜少于 100mm。

3.2.3　基础减压和加强刚度

对软弱地基上的旧工业建（构）筑物，在设计时除了做必要的地基处理外，还需要对上部结构采取某些加强建（构）筑物的刚度和强度，以及减少结构自重的结构措施，如选用覆土少、自重轻的箱形基础；调整各部分的荷载分布、基础宽度或埋置深度对不均匀沉降要求严格或重要的建（构）筑物，必要时可选用较小的基底压力。对于砖石承重结构的建筑，其长高比宜小于或等于 2.5，纵墙应不转折或少转折，内横墙间距不宜过大，墙体内宜设置钢筋混凝土圈梁，圈梁应设置在外墙、内纵墙和主要横墙上，并宜在平面内连成封闭体系。

对旧工业建（构）筑物由于地基的强度和变形不满足设计规范要求，使上部结构出现开裂或破损而影响结构安全时，同样可采取减少结构自重和加强建（构）筑物的刚度和强度的措施。其基本原理是人为地改变结构条件，促使地基应力重分布，从而调整变形，控制沉降和制止倾斜。基础减压和加强刚度法在特定条件下，较其他托换技术，有工程费用低、处理方便和效果显著的优点。

大型结构物一般应具有足够的结构刚度，但当其结构产生一定倾斜时，为改善结构条件，可将基础结构改成箱形基础或增设结构的连接体而形成组合结构，并进行验算。由于荷载、反力或不均匀沉降产生的对抗弯和抗剪等强度要求，其计算结果应限制在结构与使用所容许的范围内。另外，对于组合结构必须要求有足够的刚度，因为刚度很小的连接结构，缺少传播分散荷载的能力，难以改变基底与土中的原有压力分布状况，也就无法调整不均匀沉降来控制倾斜。因此，组合结构或新增连接体均应具有较大的刚度，才能达到设计处理所要求的和改善自身结构进行倾斜控制的预定目的。

3.3　基础托换施工技术

基础托换施工技术，广泛应用于工程实践中，如济南市某变压器厂基础加固项目（见图 3.20）、成都市某齿轮厂基础托换项目（见图 3.21）等，均取得了良好的效果。

图 3.20　济南市某变压器厂基础加固项目　　图 3.21　成都市某齿轮厂基础加固项目
（锚杆静压法加固）　　　　　　　　　　　（坑式静压法加固）

3.3.1　锚杆静压桩施工

锚杆静压桩是锚杆和静力压桩两项技术巧妙结合而形成的一种桩基施工新工艺，这是一项基础加固处理新技术，在旧工业建筑基础加固过程中得到了广泛采用。此类方法加固机理类同于打入桩及大型压入桩，受力直接、清晰。但施工工艺既不同于打入桩，也不同于大型压入桩，在对施工条件要求及"文明清洁施工"方面明显优于打入桩及大型压入桩。由于该工法施工质量的可靠性和技术的优越性，使该工法在上百项既有建筑地基基础加固中成功地得到应用。特别在完成难度很大的工程中，显示出了无比的优越性。其工艺是对需进行基础加固的既有建筑物基础上按设计开凿压桩孔和锚杆孔，用粘结剂埋好锚杆，然后安装压桩架与建筑物基础连为一体，并利用既有建筑物向重作反力，用千斤顶将预制桩段压入土中，桩段间用硫磺胶泥或焊接连接。当压桩力或压入深度达到设计要求后，将桩与基础用微膨胀混凝土浇注在一起，桩即可受力，从而达到提高地基承载力和控制沉降的目的。锚杆静压桩的设备装置示意图如图 3.22 所示。

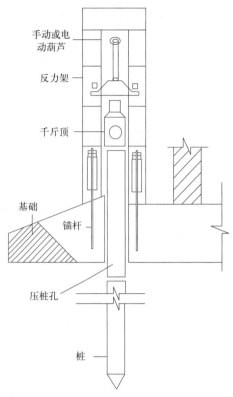

图 3.22　锚杆静压桩装置示意图

（1）方法概述

1）优点

①保证工程质量采用锚杆静压桩加固，传荷过程和受力性能非常明确，在施工中可直接测得实际压桩力和桩的入土深度，对施工质量有可靠保证。

②压桩施工过程中无振动、无噪声、无污染，对周围环境无影响，做到文明、清洁施工。非常适用于密集的居民区内的地基加固施工，属于环保型工法。

③施工条件要求低。由于压桩施工设备轻便、简单、移动灵活，操作方便，可在狭小的空间 1.5m × 2m × （2 ～ 4.5）m 内进行压桩作业，并可在车间不停产、居民不搬迁情况下进行基础换加固，这给既有工业建筑基础托换加固创造了良好的施工条件。

④对工业建（构）筑物可实现可控纠倾。锚杆静压桩配合掏土或冲水可成功地应用于既有倾斜建筑的纠倾工程中。由于止倾桩与保护桩共同工作，从而对既有倾斜建筑可实现可控纠倾的目的。

2）锚杆静压桩设计

设计前必须对拟加固的工程进行调研，其内容除需查明工程事故发生的原因外，尚需对其沉降、倾斜、开裂、上部结构、地基基础、地下管网及障碍物、周围环境等情况作周密的调查了解，同时还需了解托换工程或纠倾工程地基基础设计所必需的其他资料。

设计应包括的内容为确定单桩垂直容许承载力、桩断面及桩数设计、桩位布置设计、桩身强度及桩段构造设计、锚杆构造与设计、下卧层强度及桩基沉降验算、承台厚度验算等。若是纠倾加固工程尚需进行纠倾设计。

①单桩垂直允许承载力的确定。单桩垂直允许承载力一般可由现场桩的荷载试验确定，当现场缺乏试验条件，也可根据静力触探资料确定，或按照当地规程规范提供的指标进行计算确定。

②桩断面及桩数。桩断面根据上部荷载、地质条件、压桩设备加以初选，一般的断

面为 200mm × 200mm、250mm × 250mm、300mm × 300mm、350mm × 350mm，初步选定断面尺寸后就可按上一小节①确定单桩垂直承载力。大量试验表明带桩承台的单桩承载力比不带承台的单桩承载力要大得多，桩土共同工作是客观存在的事实，故计算桩数时可以考虑桩土共同工作，桩土共同工作是一个比较复杂的问题，与诸多可变因素有关。为了既合理又方便地考虑桩土共同工作，对于既有建筑地基基础托换加固设计中一般建议取 3∶7，即 30% 荷载由土承受，70% 荷载由桩承受，也可采用按地基承载力大小及地基承载力利用程度相应选取桩土分担比，使之更为合理。若是在加层托换加固设计中，既有建筑荷载压强小于地基允许承载力，并建筑物沉降已趋稳定时，可考虑既有建筑的荷载由土承受，加层部分荷载由桩来承受。由桩承受的荷载值除以单桩垂直允许承载力就为桩数，若确定的桩数过多，使桩距过小，宜在初选断面基础上重选大一级断面，重新计算桩数，直到合理为止。

③桩位布置。a. 对托换加固工程，通过计算决定托换桩的数量，其桩位孔应尽量靠近受力点两侧布置，使之在刚性角范围内，以减小基础的弯矩。对条形基础可布置在靠近基础的两侧，如图 3.23 所示；独立柱基可围着柱子对称布置，如图 3.24 所示；板基、筏基可布置在靠近荷载大的部位以及基础边缘，尤其角部的部位，以适应马鞍形的基底接触应力分布。b. 对纠倾加固工程，除需遵循上述托换加固桩布桩原则外，其桩位孔布置尚需考虑纠倾特点，为了保障居民不动迁时的生活需要，不宜将桩布置在居室内，为此应尽量把桩布于建筑物外墙边的倾斜向的两侧，以便加大反倾的力臂，提高止倾桩的效果和保护桩的作用。

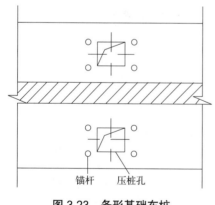

图 3.23　条形基础布桩

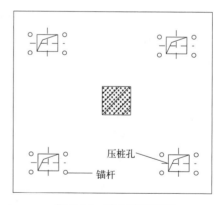

图 3.24　独立基础布桩

④桩身强度及桩段构造。钢筋混凝土方桩的桩身强度可根据压桩过程中的最大压桩力并按钢筋混凝土受压构件进行设计，其桩身结构强度应略高于地基土对桩的承载能力，桩段混凝土的强度等级一般为 C30，保护层厚度为 4cm。按桩身结构强度计算时，由于桩入土后，桩身就受到周围土的约束，处于三向应力工作状态，目前在日本、西欧的规

范中是不考虑长细比的影响因素，根据作者工程实践的经验，其长细比都超过了规范的 $L/D \le 80$ 规定，有的 L/D 甚至达到 150 之多。因此，在设计中，可不考虑失稳及长细比对强度的折减。

桩段长度由施工条件决定，如压桩处的净高、运输及起重能力等。从经济及施工速度出发，宜尽量采用较长的桩段，这样可减少桩的接头。此外，尚需考虑桩段长度组合尽量与单根总桩长吻合，避免过多截桩。为此，适当制作一些较短的标准桩段，以便匹配组合使用。

桩段连接一般有两种，一种是焊接接头，一种是硫磺胶泥接头，前者用于承受水平推力、侧向挤压力和拔力，后者用于承受垂直压力。采用硫磺胶泥连接的钢筋混凝土桩段两端必须设置 2～3 层焊接钢筋网片，在桩的一端必须预留插筋，另一端必须预留插筋孔和吊装孔；采用焊接接头的钢筋混凝土桩段，在桩段的两端应设置钢板套。为了满足抗震需要，对承受垂直荷载的桩，桩上部四段也应为焊接接桩，下部均可为胶泥接桩。

⑤锚杆构造。锚杆直径可根据压桩力大小选定，一般当压桩力小于 400kN 时可采用 M24 锚杆；压桩力为 400kN ～ 500kN 时采用 M27 锚杆；再大的压桩力可采用 M30 锚杆。锚杆数量根据压桩力除以单根锚杆抗拉强度确定。锚杆螺栓按其埋设形式可分预埋和后成孔埋设两种。对于既有建筑物的地基基础加固都采用后成孔埋设法，其构造有镦粗锚杆螺栓、焊箍锚杆螺栓等形式，并在孔内采用硫磺胶泥粘结剂粘结施工定位。

锚杆的有效埋设深度，通过现场抗拔试验和轴对称问题的有限元计算都表明了锚杆的埋设深度 $10d ～ 12d$（d 为螺栓直径）便能满足使用要求，锚杆埋设构造如图 3.25 所示，锚杆与压桩孔的间距要求、锚杆与周围结构的最小间距以及锚杆或压桩孔边缘至基础承台边缘的最小间距。

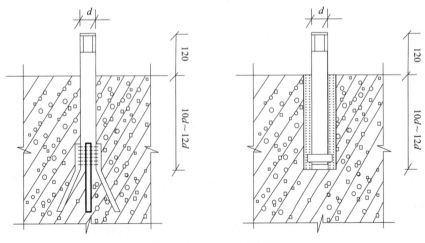

图 3.25　锚杆埋设构造图

⑥下卧层强度及桩基沉降验算。大量工程实践表明，凡采用锚杆静压桩进行托换加固的工程，其桩尖进入土质较好的持力层者，被加固的既有建筑的沉降量是比较小的，故一般情况下不需要进行这部分内容的验算。只有当持力层下不太深处还存在较厚的软弱土层时才需验算下卧层强度及桩基沉降验算。为简化起见，可忽略前期荷载作用的有利影响而按新建桩基建筑物考虑，其下卧层强度及桩基沉降计算可参照国家行业标准《建筑桩基技术规范》JGJ 94 中有关条款进行，当验算强度不能满足或当桩基沉降计算值超过规范规定的容许值时，则需适当改变原定的方案重新设计。

⑦承台厚度验算。既有建筑承台验算可按现行的《混凝土结构设计规范》GB 50010—2010（2015 年版）验算带桩原基础的抗冲切、抗剪切强度，当不能满足要求时应设置桩帽梁，桩帽梁通过抗冲切和抗剪切计算确定。桩帽梁主要利用压桩用的抗拔锚杆，加焊交叉钢筋并与外露锚杆焊接，然后围上模板，将桩孔混凝土和桩帽梁混凝土一次浇灌完成形成一个整体。

桩头与基础承台连接必须可靠，桩头伸入承台的长度，一般为 100mm。当压桩孔较深，在满足抗冲切要求后，桩头伸入承台长度可适当放宽到 300mm ～ 500mm，桩与基础连接，采用浇筑 C30 或 C35 的微膨胀早强混凝土。桩与基础连接构造，如图 3.26 所示。

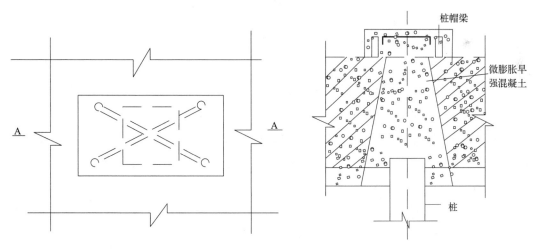

图 3.26　桩与基础连接构造

（2）施工工艺

1）施工工艺流程

锚杆静压桩施工工艺流程，如图 3.27 所示。

①测量定位：在桩身中心打入一根短钢筋，若在较软的场地施工，由于桩机的行走而挤压预打入的短钢筋，故当桩机基本就位之后要重新测定桩位。

②桩机就位：桩基行至桩位处，使桩机夹持钳口中心（可挂中心线锤）与地面上的

样桩基本对准，调平压桩机后，再次校核无误，将长步履（长船）落地受力。

③吊装喂桩：静压预制桩桩节长度一般在 12m 以内，可直接用压桩机上的工作调机自行吊装喂桩，也可以配备专门调机进行吊装喂桩。第一节桩（底桩）应用带桩尖的桩，当桩被运到压桩机附近后，一般采用单点吊法起吊，采用双千斤（吊索）加小便担（小横梁）的起吊法可使桩身竖直进入夹桩的钳口中。当接桩采用硫磺胶泥接桩法时，起吊前应检查浆锚孔的深度并将孔内的夹物和积水清理干净。

④桩身对中调直：桩被吊入夹桩钳口后，由指挥员指挥司机将桩缓慢降到桩尖离地面 10cm 左右为止，然后加紧桩身，微调压桩机使桩尖对准桩位，并将桩压入土中 0.5m ～ 1.0m，暂停下压，再从桩的两个正交侧面校正桩身垂直度，当桩身垂直度偏差小于 0.5% 时才可正式压桩。

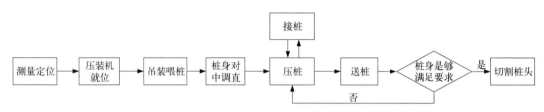

图 3.27　锚杆静压桩施工工艺流程

⑤压桩：通过主机的压桩油缸伸程的力将桩压入土中，压桩油缸的最大行程因不同型号的压桩机而有所不同，一般为 1.5m ～ 2.0m，所以每一次下压，桩入土深度约为 1.5m ～ 2.0m，依次松夹具 — 上升 — 再夹紧 — 再压，如此反复进行，方可将一节桩压下去。当一节桩压到其桩顶离地面 80cm ～ 100cm 时，可进行接桩或放入送桩器将桩压至设计标高。

⑥接桩：常用接头形式有电焊焊接和硫磺胶泥锚固接头。电焊焊接施工时焊前须清理接口处砂浆、铁锈和油污等杂质，坡口表面要呈金属光泽，加上定位板。接头处如有孔隙，应用楔形铁片全部填实焊牢。焊接坡口槽应分 3 ～ 4 层焊接，每层焊渣应彻底清除，焊接采用人工对称堆焊，预防气泡和夹渣等焊接缺陷。焊缝应连续饱满，焊好接头自然冷却 15 分钟后方可施压，禁止用水冷却或焊好即压。

2）施工组织设计

编制的施工组织设计，应包括的内容有：

①针对设计压桩力所采用的施工机具与相应的技术组织、劳动组织和进度计划；

②在设计桩位平面图上标清桩号及沉降观测点；

③施工中的安全防范措施；

④针对既有建筑托换加固拟定压桩施工流程；

⑤压桩施工中应该遵守的技术操作规定；

⑥工程验收必备的资料与记录。

3）施工技术

压桩施工应遵守的技术操作包括：

①压桩架要保持垂直，应均衡拧紧锚固螺栓的螺帽，在压桩施工过程中，应随时拧紧松动的螺帽；

②桩段就位必须保持垂直，使千斤顶与桩段轴线保持在同一垂直线上，可用水平尺或线锤对桩段进行垂直度校正，不得偏压。当压桩力较大时，桩顶应垫 3cm ～ 4cm 厚的麻袋，其上垫钢板再进行压桩，防止桩顶压碎；

③压桩施工时不宜数台压桩机同时在一个独立柱基上施工。施工期间，压桩力总和不得超过既有建筑物的自重，以防止基础上抬造成结构破坏；

④压桩施工不得中途停顿，应一次到位。如不得已必须中途停顿时，桩尖应停留在软弱土层中，且停歇时间不宜超过 24 小时；

⑤采用硫磺胶泥接桩时，上节桩就位后应将插筋插入插筋孔，检查重合无误，间隙均匀后，将上节桩吊起 10cm，装上硫磺胶泥夹箍，浇注硫磺胶泥，并立即将上节桩保持垂直放下，接头侧面应平整光滑，上下桩面应充分粘结，待接桩中的硫磺胶泥固化后（一般气温下，经 5 分钟硫磺胶泥即可固化），才能开始继续压桩施工，当环境温度低于 5℃时，应对插筋和插筋孔作表面加温处理；

⑥熬制硫磺胶泥的温度应严格控制在 140℃ ～ 145℃范围内，浇注时温度不得低于 140℃；

⑦采用焊接接桩时，应清除表面铁锈，进行满焊，确保质量；

⑧桩顶未压到设计标高时（已满足压桩力要求），必须经设计单位同意对外露桩头进行切除；

⑨桩与基础的连接（即封桩）是整个压桩施工中的关键工序之一，必须认真进行，封桩施工流程框图如图 3.28 所示。

（3）施工质量检查

托换加固的压桩工程验收时，施工单位应提交竣工报告，竣工报告中的资料通常为：

1）带有桩位编号的桩位平面图；

2）桩材试块强度报告，封桩混凝土试块强度报告，硫磺胶泥出厂检验合格证及抗压、抗拉试块强度报告；

3）压桩记录汇总表；

4）压桩曲线；

5）沉降观测资料汇总图表；

6）隐蔽工程自检记录；

7）根据设计要求，提供单桩荷载试验资料。

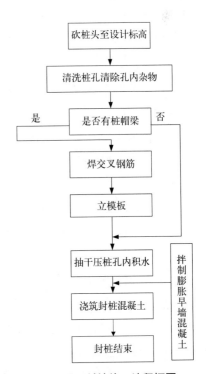

图 3.28 封桩施工流程框图

对每道工序必须进行质量检验，具体内容包括：

1）桩段规格、尺寸、标号需完全符合设计要求，桩段应按标号的设计配合比制作，制作的同时需做试块，检验其强度；

2）压桩孔孔位需与设计位置一致，其平面位置偏差不得超过 ±20mm。后凿的压桩孔形状为上下尺寸都为桩边长加 50mm 的正方柱直孔；

3）锚杆尺寸、构造、埋深与压桩孔的相对平面位置必须符合设计及施工组织设计要求；

4）桩段连接接头及后埋螺栓所用的硫磺胶泥必须按重量配合比配制，其配合比一般为硫磺：水：砂：聚硫橡胶 = 44：11：44：1；若用钢板或角钢连接接头，则需除锈，焊接尺寸、质量需按设计要求及有关施工规程进行检验；

5）压桩时桩段的垂直度偏差不得超过 1.5% 的桩段长；

6）压桩力必须根据设计要求进行检验，桩入土深度可根据设计要求进行检验；

7）封桩前，压桩孔内必须干净、无水，检查桩帽梁、交叉钢筋及焊接质量，微膨胀早强混凝土必须按标号的配比设计进行配制。

3.3.2 坑式静压桩施工

坑式静压桩（亦称压入桩或顶承静压桩）是在已开挖的基础下托换坑内，利用建筑物上部结构自重作支承反力，用千斤顶将预制好的钢管桩或钢筋混凝土桩段接长后逐段压入土中的托换方法。坑式静压桩亦是将千斤顶的顶升原理和静压桩技术融为一体的托换技术新方法。

（1）方法概述

1）方法分类

①按基础形式分类。包括条形基础梁、独立柱基、基础板、砖砌体墙及桩承台梁下直接托换加桩。

②按施工顺序分类。有先压桩加固基础，后加固上部结构；也有先加固上部结构，后压桩加固基础；如果承台梁的底面积或强度不够，则可先加固或加宽承台梁后再压桩托换加固。

③按桩的材料分类。可分为钢管桩和预制钢筋混凝土小桩两类；有时为节省工程造价，经过试验合格，也可利用废旧钢管或型钢作为桩的材料。

2）坑式静压桩设计

①桩的材料和尺寸规格。桩的材料最好选用无缝钢管，常用包钢产的外径 219mm 无缝钢管，对于桩贯入容易的软弱土层，桩径还可适当加大。当然也可采用型钢代替钢管。桩底端可用平口，也可加工成 60° 锥角。桩管内应灌满素混凝土（如遇难压入的砂层、硬土层或硬夹层时，可采用开口压入钢管或边压入桩管边从管内掏土，达到设计深度后再向管内灌注混凝土成桩），桩管外应作防腐处理。桩段与桩段间用电焊接桩，为保证垂

直度，可加导向管焊接。

桩的材料也可采用钢筋混凝土方桩，断面尺寸一般是 200mm × 200mm 或 250mm × 250mm，底节桩尖制成 60° 的四棱锥角。下节桩长一般为 1.3m ～ 1.5m，其余各节一般为 0.4m ～ 1.0m。接桩方法可对底节桩的上端及中间各节预留孔和预埋插筋相装配，再采用硫磺胶泥接桩，也可用预埋铁件焊接成桩，如图 3.29 所示。

② 单桩承载力的确定。单桩承载力标准值可通过工程现场单桩竖向静载荷试验及其他原位测试方法确定；如无试验资料，亦可根据《建筑桩基技术规范》JGJ 94—2008 的规定进行预估，具体公式此处不再赘述。

③ 桩的平面布置。桩的平面布置应根据原建筑物的墙体和基础形式及需要增补荷载的大小而定，一般可布置成一字形、三角形、正方形或梅花形。

长条形基础下可布置成一字形，对荷载小的可布置成单排桩（桩位布置在基础轴线上），对荷载大

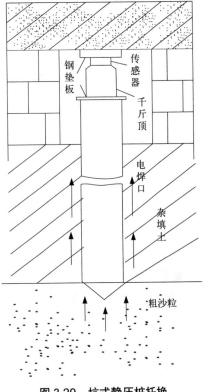

图 3.29 坑式静压桩托换

的可布置成等距离的双排桩；独立基础下桩可布置成正方形或梅花形；在工程实践中如遇需要纠倾调整不均匀沉降或对地基强度加固要求不一样时，设计者有时还特意将桩布置得桩距疏密程度不一样。

(2) 施工工艺

坑式静压桩是在工业建筑物（乃至危房建筑物）基础底下进行施工作业，因而难度大且有一定的风险性，所以施工时必须要有详尽的施工组织设计、严格的施工程序和具体的施工操作方法。坑式静压桩施工工艺流程如图 3.30 所示。

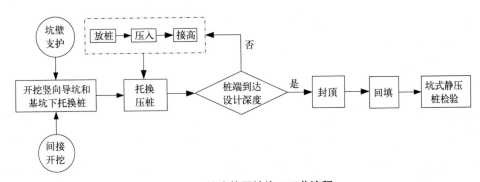

图 3.30 坑式静压桩施工工艺流程

1）开挖竖向导坑和基础下托换坑

①施工时先在贴近被托换既有建筑物的一侧，由人工开挖一个约为 1.5m×1.0m 的竖向导坑，直挖到比原有基础底面下再深 1.5m 处。

②再将竖向导坑朝横向扩展到基础梁、承台梁或基础板下，垂直开挖约为 0.8m×0.5m×1.8m 的托换坑。

③对坑壁不能直立的砂土或软弱土，坑壁要适当进行支护。

④为保护建筑物的安全，托换坑不得连续开挖，必须进行间隔式的开挖和托换加固。

2）托换压桩

压桩托换时，先在托换坑内垂直放正第一节桩，并在桩顶上加钢垫板，再在钢垫板上安装千斤顶及压力传感器，校正好桩的垂直度后驱动千斤顶加荷，千斤顶的荷载反力即为建筑物的重量。每压入一节桩，再接上另二节桩，桩管接口可用电焊焊接。桩经交替顶进和接高后，直至桩端到达设计深度为止。

如使用混凝土预制桩，也同样使用上述压桩程序压入、接高、再压入、再接高，直至桩端到达设计深度或桩阻力满足设计要求为止。

在压桩过程中，应随时记录压入深度及相应的桩阻力，并须随时校正桩的垂直度。必须注意的是当日开挖的托换坑应当日托换完毕，在不得已的情况下，如当日施工不完，切不可撤除千斤顶，决不可使基础和承台梁处于悬空状态。

3）封顶和回填

当钢管桩压桩到位后要拧紧钢垫板上的大螺栓，亦即顶紧螺栓下的钢管桩。如果场地的基本烈度是 7 度或 7 度以上的抗震区，则螺栓、钢垫板和钢管之间都应该用电焊焊牢。

对于采用钢筋混凝土的静压桩，回填和封顶应同时进行，或先回填后封顶，即从坑底每层回填夯实至一定深度后，再支模并在桩周围浇灌混凝土。

对于钢管桩，一般不需在桩顶包混凝土，只需用素土或灰土回填夯实到顶。封顶回填时，应根据不同的工程类型，确定封顶回填的施工方案。通常采用在封顶混凝土里掺加膨胀剂或预留空隙后填实的方法，即在离原有基础底面 80mm 处停止浇筑，待养护 2d 后，再将 1:1 的干硬水泥砂浆塞进 80mm 的空隙内，用铁锤锤击短木，使在填塞位置的砂浆得到充分捣实成为密实的填充层，这种填实的方法国外称为干填。

4）坑式静压桩检验

每根坑式静压桩的压桩过程，就是一次没有压到屈服点的桩垂直静载荷试验。压桩到最后最大的实测桩阻力和变形关系一般都在比例极限范围内呈线形关系。尽管试验时将实测桩阻力为设计单桩承载力的 1.5 倍定为终止压桩界线，但实际的安全系数要比 1.5 大得多。此外，由于桩静压到位后还有滞后的时间效应，随着时间的增长，桩的承载力也会提高，所以通常最终的压桩力一般不用单独检验。

3.3.3　树根桩施工

相较于其他方法，树根桩法具有噪声小、施工场地小、施工方便等优点，在旧工业建筑基础加固改造过程中得到了广泛采用。树根桩是一种小直径的钻孔灌注桩，其直径通常为 100mm ～ 300mm，国外是在钢套管的导向下用旋转法钻进，在托换工程中使用时，往往要钻穿原有建筑物的基础进入地基土中直至设计标高，清孔后下放钢筋（钢筋数量从一根到数根，视桩径而定），同时放入注浆管，再用压力注入水泥浆或水泥砂浆边灌、边振、边拔管（升浆法）而成桩。亦可放入钢筋笼后再放碎石，然后注入水泥浆或水泥砂浆而成桩。上海等多数地区施工时都是不带套管的。根据设计需要，树根桩可以是垂直的或倾斜的，也可以是单根的或成排的，可以是端承桩，也可以是摩擦桩。

有的树长在山岭上和丛林中，虽经风雨摇撼和岁月沧桑，仍可数百年屹立不倒，其中主要原因是根深蒂固，其根系在各个方向与土牢固地连结在一起，树根桩的加固设想由此而来，其桩基形状如树根而得名。英美各国将树根桩列入地基处理中的加筋法范畴。

（1）方法概述

1）优点

①由于使用小型钻机，故所需施工场地较小，只要平面尺寸达到 lm × 1.5m 和净空高度达到 2.5m 即可施工。

②施工时噪声小，机具操作时振动也小，不会给原有结构物的稳定带来任何危险，对已损坏而又需托换的建筑物比较安全，即使在不稳定的地基中也可进行施工。

③施工时因桩孔很小，故而对墙身和地基土都不产生任何次应力，仅仅是在灌注水泥砂浆时使用了压力不大的压缩空气，因此托换加固时不存在对墙身有危险，也不扰动地基土和干扰建筑物的正常工作情况。

树根桩托换施工时不改变建筑物原来力的平衡状态，这种平衡状态对古建筑通常仅有很小的安全系数，必须将这一点作为对古建筑设计托换加固的出发点，亦即使丧失了的安全度得到补偿和有所增加。所以，树根桩的特点不是把原来的平衡状态弃之不顾，而是严格地保持它，如图 3.31 所示。

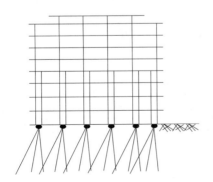

图 3.31　树根桩法

④所有施工操作都可在地面上进行，因此施工比较方便。

⑤压力灌浆使桩的外表面比较粗糙，使桩和土间的附着力增加，从而使树根桩与地基土紧密结合，使桩和基础联结成一体，因而经树根桩加固后，结构整体性得到大幅度改善。

⑥树根桩可适用于碎石土、砂土、粉土、黏性土、湿陷性黄土和岩石等各类地基土。

⑦由于在地基的原位置上进行加固，竣工后的加固体不会损伤原有建筑的外貌和风格，这对遵守古建筑的修复要求的基本原则尤为重要。

2）树根桩的设计

①单根树根桩的设计。树根桩的创始人意大利人 F.Lizzi 认为单根树根桩的设计方法应按如下的思路考虑：先按图 3.32 所示求得树根桩载荷试验的 P-S 曲线，设计人员可根据被托换建筑物的具体条件，如建筑物的强度和刚度、沉降和不均匀沉降、墙身或各种结构构件的裂损情况，判断估计经托换后该建筑物所能承受容许的最大沉降量 S_a，根据 S_a 再在 P-S 曲线上可求得相应的单桩使用荷载 P_a 后，按一般桩基设计方法进行。当建筑物出现小于沉

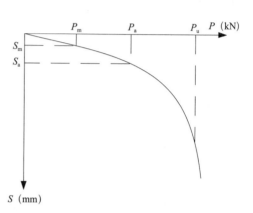

图 3.32　单根树根桩荷载试验曲线

降 S_a 的 S_m 时，相应的荷载为 P_m，此时则意味着建筑物的部分荷载传递给桩，而部分荷载仍为既有建筑物基础下地基土所承担。因此，较 P_a 值大很多的极限荷载 P_u 并不重要。由此可见，用于托换时的树根桩是不能充分发挥桩本身承载能力的。

当进行树根桩托换加固时，原有地基土的安全系数是很小的，但决不会小于1，如果小于1，则建筑物早已倒塌。由于树根桩在建造时将不会使安全的储备量消失，因此由树根桩所托换建筑物的安全系数，按公式（3-1）计算

$$K=K_s+K_p \qquad (3-1)$$

式中：$K_s \geqslant 1$ 是原有地基土的安全系数；

　　$K_p = P_u/P_a > 1$ 是树根桩的安全系数。

由此可见，经树根桩托换的工程，其安全系数并不等于加固后建筑物下桩的安全系数，实际上要比桩的安全系数大得多。

用树根桩进行托换时，可认为桩在施工时是不起作用的，当建筑物即使产生极小的沉降时，桩将承受建筑物的部分荷载，且反应迅速，同时使基础下的基底压力相应地减少，这时若建筑物继续沉降，则树根桩将继续分担荷载，直至全部荷载由树根桩承担为止。但在任何情况下最大沉降将限制在几毫米之内。

②网状结构树根桩的设计。树根桩如布置成三维系统的网状体系，则称为网状结构

树根桩，日本简称为 R.R.P 工法。网状结构树根桩是一种修筑在土体中的三维结构。如图 3.33 所示，在建筑物附近开挖深基坑时采用网状结构树根桩对既有建筑物防护的侧向托换方案。国外在网状结构树根桩设计时，以桩和土间的相互作用为基础，由桩和土组成复合土体的共同作用，将桩与土围起来的部分视作为一个整体结构，其受力犹如一个重力式挡土结构。

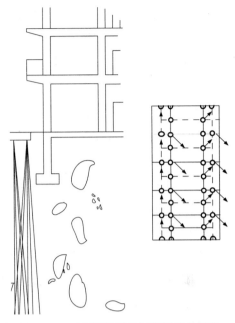

网状结构的断面设计是一个很复杂的问题，在桩系内的单根树根桩可能要求承担拉应力、压应力和弯曲应力。其稳定计算在国外通常用土力学的方法进行分析。由于树根桩在土中起了加筋的作用，因而土中的刚度起了变化，所以网状结构树根桩的桩系变形显著减少。迄今为止，对桩与土共同工作的特征，还不容易做出足够准确的

图 3.33　采用网状结构树根桩侧向托换

分析。而桩的尺寸、桩距、排列方式和桩长等参数，各国都是根据本国实践的经验而制定的。

国外对网状结构树根桩的设计首先必须进行树根桩的布置，再按布置情况验算受拉或受压的受力模式，对内力和外力进行计算分析。

内力方面的分析为：a. 钢筋的拉应力、压应力和剪应力；b. 灌浆材料的压应力；c. 网状结构树根桩中土的压应力；d. 树根桩的设计长度；e. 钢筋与压顶梁的粘着长度；f. 网状结构树根桩用于受拉加固时，压顶梁的弯曲压应力。

外力方面的分析为：a. 将网状结构树根桩的桩系（包括土在内）视为刚体时的稳定性；b. 包括网状结构树根桩的桩系在内的天然土体的整体稳定性。

（2）施工工艺

树根桩施工工艺流程，如图 3.34 所示。

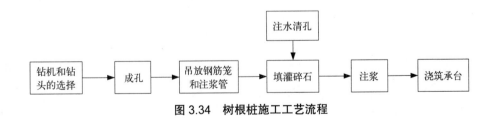

图 3.34　树根桩施工工艺流程

1）钻机和钻头选择

根据施工设计要求、钻孔孔径大小和场地施工条件选择钻机机型，一般都是采用工

程地质钻机或采矿钻机。对斜桩可选择任意调整立轴角度的油压岩芯回转钻机，由于施工钻进时往往受到净空低的条件限制，因而需配制一定数量的短钻具和短钻杆。

在混凝土基础上钻进开孔时可采用牙轮钻头、合金钢钻头或钢粒钻头，在软粘土中钻进可选用合金肋骨式钻头；使岩芯管与孔壁间增大一级环状间隙，防止软粘土缩径造成事故。

钻机就位后，按照施工设计的钻孔倾角和方位，调整钻机的方向和立轴的角度，安装机械设备要求牢固和平衡。

钻机定位后，桩位偏差控制在 20mm 内，直桩的垂直偏差不应超过 1%，斜桩的倾斜度应按设计要求作相应的调整。

2）成孔

在软粘土中成孔一般都可采用清水护壁，只要熟练施工操作，亦可确保施工质量。对饱和软土地层钻进时，经常会遇到粉砂层（即流砂层），有时会出现缩孔和塌孔现象，因此应采用泥浆护壁。

钻机转速一般为 220r / min，液压的压力为 1.5MPa ~ 2.5MPa，配套供水压力为 0.1MPa ~ 0.3MPa。在饱和软土层中，钻进时一般不用套管护孔，仅在孔口处设置一段 1m 以上套管，套管应高出地面 10cm，以防钻具碰压坏孔口。对地表有较厚的杂填土或作为端承桩时，钻孔必须下套管。

钻孔到设计标高后必须清孔，控制供水压力的大小，直至孔口基本溢出清水为止。

3）吊放钢筋笼和注浆管

应尽可能一次吊放整根钢筋笼，分节吊放时节间钢筋搭接必须错开。焊缝长度不小于 10 倍钢筋直径（双面焊），注浆管可采用直径 20mm 无缝铁管，在接头处应采用内缩节，使外管壁光滑，便于拔出。注浆管的管底口需用黑胶布或聚氯乙烯胶布封住。有时为了提高树根桩的承载力而采用二次注浆的成桩法，这样就要放置两根注浆管。一般二次注浆管做成花管形式，在管底口以上 1.0 m 范围作成花管，其孔眼直径 0.8cm，纵向四排，间距 10cm，然后用聚氯乙烯胶布封住，防止放管时泥浆水或第一次注浆时水泥浆进入管内。注浆管一般是在钢筋笼内一起放到钻孔中，施工时应尽量缩短吊放和焊接时间。

4）填灌碎石

钢筋笼和注浆管置入钻孔后，应立即投入用水冲清洗过的粒径为 5mm ~ 25mm 的碎石，如果钻孔深度超过 20m 时，可分两次投入。碎石应计量投入孔口填料漏斗内，并轻摇钢筋笼促使石子下沉和密实，直至填满桩孔。填入量应不小于计算体积的 0.8 ~ 0.9 倍，在填灌过程中应始终利用注浆管注水清孔。

5）注浆

注浆时宜采用能兼注水泥浆和砂浆的注浆泵，最大工作压力应不小于 1.5MPa。注浆时应控制压力，使浆液均匀上冒（俗称升浆法）。注浆管可在注浆过程中随注随拔。但注浆管一定要埋入水泥浆中 2m ~ 3m，以保证浆体质量。注入水泥浆时，碎石孔隙中的泥浆被比重较大的水泥浆所置换，直至水泥浆从钻孔口溢出为止。

注浆压力是随桩长而增加的，当桩长为 20m 时，其压力为 0.3MPa ~ 0.5MPa；当桩长为 30m 时，其压力为 0.6MPa ~ 0.7MPa。如采用二次注浆工艺时，应在第一次水泥浆液达到初凝（一般控制在 60min 范围内）后，才能进行第二次注浆；二次注浆除要冲破封口的聚氯乙烯胶布外，还要冲破初凝的水泥浆浆液的凝聚力并剪裂周围土体，从而产生劈裂现象，第二次注浆压力一般为 2MPa ~ 4MPa。因此，用于二次注浆的注浆泵的额定压力不宜低于 4.0MPa。依据上海的地区经验，经二次注浆后，可提高桩的承载力约 25% ~ 40%。

浆液的配制，通常采用 42.5 级普通硅酸盐水泥，砂料需过筛，配制中可加入适量减水剂及早强剂。纯水泥浆的水灰比一般采用 0.4 ~ 0.55。

由于压浆过程会引起振动，使桩顶部石子有一定数量的沉落，故在整个压浆过程中，应逐渐投入石子至桩顶，当浆液泛出孔口，压浆才告结束。

6）浇筑承台

树根桩用作承重、支护或托换时，为使各根桩能联系成整体和加强刚度，通常都需浇筑承台，此时应凿开树根桩桩顶混凝土，露出钢筋，锚入所浇筑的承台内。

（3）施工注意事项

1）下套管

施工时如不下套管会出现缩颈或塌孔现象，应将套管下到产生缩颈或塌孔的土层深度以下。

2）注浆

注浆管的埋设应离孔底标高 200mm，从开始注浆起，对注浆管要进行不定时的上下松动，在注浆结束后要立即拔出注浆管，每拔 1m 必须补浆一次，直至拔出为止。

注浆施工时应防止出现穿孔和浆液沿砂层大量流失的现象。穿孔是指浆液从附近已完工的桩顶冒出，其原因是相邻桩施工间隔时间太短和桩距太小，常用的措施可采用跳孔施工、间歇施工或增加速凝剂掺量等措施来防范上述现象，额定注浆量应不超过按桩身体积计算量的 3 倍，当注浆量达到额定注浆量时应停止注浆。用作防渗漏的树根桩，允许在水泥浆液中掺入不大于 30% 的磨细粉煤灰。

3）桩顶标高

注浆后由于水泥浆收缩较大，故在控制桩顶标高时，应根据桩截面和桩长的大小，采用高于设计标高 5% ~ 10% 的施工标高。

3.4　基础加深施工技术

原地基承载力和变形不能满足上部结构荷载要求时，除采用增加基础底面积的方法外，还可将基础落深在较好的新持力层上，即加深基础法，又称为墩式托换或坑式托换法。加深基础法适用于地基浅层有较好的土层可作为基础持力层，且地下水位较低的情况。若地下水位较高，则应根据需要采取相应的降水或排水措施。由于该工法施工质量的可靠性和技术的优越性，故其在上百项既有建筑基础加固中成功地得到应用。特别在完成难度很大的工程中，显示出了无比的优越性。因此，其广泛应用于工程实践中，如西安市某冶金建材厂基础加深项目（见图3.35）、济南市某变压器厂基础加深项目（见图3.36），并取得了良好的效果。

图3.35 西安市某冶金建材厂基础加深项目　　图3.36 济南市某变压器厂基础加深项目

3.4.1 适用范围

（1）适用范围

1）基础加深法适用于土层易于开挖的基础；

2）开挖深度范围内无地下水，或者虽有地下水但采取降低地下水位措施较为方便的基础，因为此类方法难以解决在地下水位以下开挖后所产生的水土流失问题，故坑深一般都不大；

3）既有建筑物的基础最好为条形基础，即该基础可在纵向对荷载进行调整到起梁的作用。

（2）优缺点

基础加深法最大的优点在于其费用低、施工简便，且由于加深法处理工作大部分是在建筑物的外部进行，所以在施工期间仍可使用该建筑物。

缺点是施工工期比较长，并且由于建筑物的荷载被置换到了新的地基土上，所以对于被处理的建筑物主体而言，将会产生一定新的附加沉降，但这同时也是其他基础加固法和基础托换法均无法完全避免的问题。

3.4.2 设计要点

（1）混凝土墩可以是间断的或连续的，如图3.37所示，主要是取决于被加深结构的荷载和坑下地基土的承载力值大小。

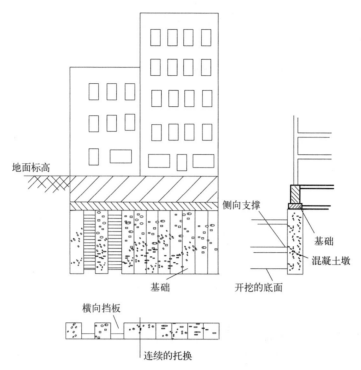

图 3.37　间断的和连续的混凝土加深法施工

　　进行间断的地基加深施工应满足建筑物荷载条件对坑底土层的地基承载力要求。当间断墩的底面积不能对建筑物荷载提供足够支承时，则可设置连续墩式基础。施工时应首先设置间断墩以提供临时支承，当开挖间断墩间的土时，可先将坑的侧板拆除，再在挖掉墩间土的坑内灌注混凝土，同样再进行干填砂浆后就形成了连续的混凝土墩式基础。由于拆除了坑侧板后，坑的侧面必然很粗糙，但可起关键的作用，故在坑间不需另作楔键。

　　（2）德国工业标准 DIN4123 规定当坑井宽度小于 1.25m，坑井深度小于 5m，建筑物高度不大于 6 层，开挖的坑井间距不得小于单个坑井宽度的 3 倍时，允许不经力学验算就可在基础下直接开挖小坑。

　　（3）如基础墙为承重的砖石砌体、钢筋混凝土基础梁时，对间断的墩式基础，该墙基可从一墩跨越另一墩。如发现原有基础的结构构件的抗弯强度不足以在间断墩间跨越，则有必要在坑间设置过梁以支承基础。此时，在间隔墩的坑边作一凹槽，作为钢筋混凝土梁、钢梁或混凝土拱的支座，并在原来的基础底面下进行干填。

　　（4）国外对大的柱基用基础加深处理时，可将柱基面积划分成几个单元进行逐坑加深处理。单坑尺寸视基础尺寸大小而异，但对托换柱子而不加临时支撑的情况下，通常一次柱子加深处理的面积不宜超过基础支承面积的 20%，这是有可能做到的，因为活载实际上并不都存在，所以设计荷载一般都是保守的。由于柱子的中心处荷载最为集中，这就有可能首先从角端处开挖托换的墩。

（5）在框架结构中，上部各层的柱荷载可传递给相邻的柱子，所以理论上的荷载不会全部作用在被加深的基础上，因而千万不要在相邻柱基上同时进行加深处理工作。一旦在一根柱子处开始加深处理后，就要不间断地进行到施工结束为止。

（6）如果在混凝土墩式基础修筑后，预计附近会有打桩或开挖深坑，那么在混凝土基础加深处理施工时，可预留安装千斤顶的凹槽，使今后有可能安装千斤顶来顶升建筑物，从而调整不均匀沉降，这就是所谓维持性托换。设置千斤顶凹槽所费无几，但一旦被加深的基础在上述原因下发生不均匀沉降时，凹槽所发挥的技术效果就无法估计了。

3.4.3 施工步骤

（1）在贴近被加深处理的基础侧面，由人工开挖一个 1.2m×0.9m 的竖向导坑，并挖到比原有基础底面下再深 1.5m 处。

（2）再将导坑横向扩展到直接的基础下面，并继续在基础下面开挖到所要求的持力层标高。

（3）采用现浇混凝土浇筑已被开挖出来的基础下的挖坑体积。但在离原有基础底面8cm处停止浇注，养护一天后，再将干硬性水泥砂浆放进 8cm 的空隙内，用铁锤锤击短木，使在填塞位置的砂浆得到充分捣实并成为密实的填充层，国外称这种填实的方法为干填。由于干填的这一层厚度很小，所以实际上可视为不收缩的，因而建筑物不会因混凝土收缩而发生附加沉降。有时也可使用液态砂浆通过漏斗注入，并在砂浆上保持一定的压力直到砂浆凝固结硬为止。如果用早强水泥，则可加快施工进度。

（4）步骤同上，再分段分批地挖坑和修筑墩子，直至全部托换基础的工作完成为止，如图 3.38 所示。

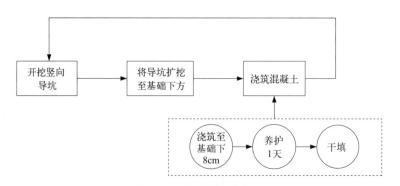

图 3.38　基础加深法施工

对于许多大型建筑物加深基础时，由于墙身内应力的重分布，有可能在要求托换的基础下直接开挖小坑，而不需在原有基础下加临时支撑。亦即在托换前，局部基础下短时间内没有地基土的支承可认为是容许的。在开挖过程中由于土的拱作用，使作用在挡板上的荷载大大减少且土压力的数值将不随深度而增加，故所有坑壁都可应用 5cm×20cm 的横向挡板，并可边挖边建立支撑。横向挡板间还可相互顶紧，再在坑角处用 5cm×10cm 的嵌条钉牢在墩式基础施工时，基础内外两侧土体高差形成的土压力可足以使基础产生位移，故需提供类似挖土时的横撑、对角撑或锚杆。因为墩式基础不能承受水平荷载，侧向位移将会导致建筑物的严重开裂。

第4章　主体结构加固施工技术

4.1　主体结构加固施工概述

4.1.1　主体结构加固施工相关概念

近十余年来，伴随着社会经济的发展，产业结构的调整，大量的旧工业建筑被闲置和废弃，成为尖锐的遗留问题。对旧工业建筑结构进行加固与改建，保证其满足正常的安全需求和功能需求，而对主体结构的加固与改建更是旧工业建筑再生利用的重中之重。

旧工业建筑再生利用主体结构加固，就是为了对存在损伤和缺陷的结构构件进行补强处理，对可靠性不足或业主要求提高可靠度的承重结构、构件及其相关部分采取增强、局部更换或调整其内力等措施，使其具有现行设计规范及业主所要求的安全性、耐久性和适用性，保证其后续使用或改建过程中的安全，如图4.1所示。

(a) 外包钢柱加固　　　　　　　　　　　(b) 新增抗震柱加固

图4.1　主体结构加固

4.1.2　主体结构加固施工主要内容

（1）主体结构加固形式

主体结构加固的方法有很多，包括混凝土结构加固、砌体结构加固和钢结构加固等。不同材料的结构有不同的加固需求，其加固方法也不尽相同，方法分类如图4.2所示。

混凝土结构加固技术主要分为直接加固与间接加固两类，其中直接加固技术是直接针对结构构件或节点承载力提高的加固，例如增大截面法、置换混凝土法、外包钢法、外粘钢法、粘结纤维复合材料法等；间接加固技术是针对结构整体，用减小或改变构件内力的加固，例如外加预应力法或增设支点法等。除此之外，还包括与加固相配合使用的技术，例如植筋技术、锚栓技术、裂缝修补技术、托换技术、化学灌浆技术等。

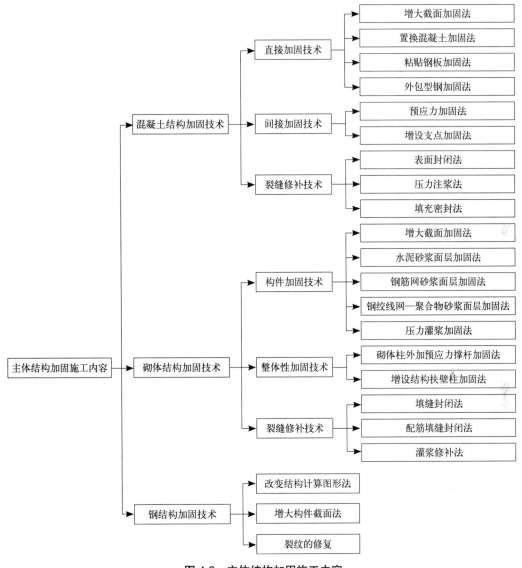

图 4.2 主体结构加固施工内容

砌体结构加固技术主要分为构件加固与整体性加固两类，其中构件加固技术是直接针对结构构件或节点承载力提高的加固，例如钢筋网水泥砂浆面层加固法、增大截面法、注浆或注结构胶法；整体性加固技术则用于当建筑整体性不满足要求时的加固，可采取增设抗震墙或外加圈梁、混凝土柱等方法，例如增设结构扶壁柱法等。

钢结构加固技术根据加固的对象可分为钢柱的加固、钢梁的加固、钢屋架或托架的加固、吊车梁的加固、连接和节点的加固、裂缝的修复和加固等。根据损害范围可分为两大类：一是局部加固，一般只对某些承载能力不足的杆件或连接节点进行加固；二是全面加固，是针对整体结构进行加固。总体来说，钢结构常用的加固技术包括改变结构计算简图加固、增大构件截面加固、加强连接加固及裂纹的修复与加固等。

（2）主体结构加固原则

主体结构的加固工程与一般新建工程不尽相同，主要有以下原则：先检测评定后加固原则、结构体系总体效应原则、静力加固与抗震加固相结合原则、尽量利用原则、材料选用与取值原则、加固方案优化原则、承载力验算原则、新旧结构协同工作原则。

4.1.3　主体结构加固施工一般流程

主体结构加固施工的一般流程如图4.3所示。

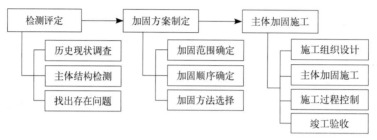

图 4.3　主体结构加固施工一般流程

（1）主体结构检测与评定

对原有主体结构进行结构与检测是进行主体加固施工的依据。结构现状检测应包括使用条件的调查与检测以及结构性能的调查与检测。结构性能的评定应根据现场调查与检测情况，地基基础和结构体系整体性、构件承载力、构造措施及各种缺陷、变形、损伤等情况，在进行结构分析与校核的基础上，依据标准的相关规定进行评定，最终根据评定等级，结合实际现场情况进行结构加固修复工作。

（2）主体结构加固方案

加固方案是进行加固设计与施工的依据，其优劣不仅影响资金的投入，更影响到加固效果和质量。加固方案的合理选用，应充分了解各种加固技术的原理和适用范围，根据具体工程具体分析，在整体计算和构件截面承载力验算的基础上，考虑新旧结构的连接构造要求和施工技术可实施性。在加固设计中，应充分发挥加固措施综合效益，尽可能地保留和利用原有结构构件，减少不必要的拆除和更换。

（3）主体结构加固施工

施工前，应保证需要拆除和清理的设备、废旧构件等已经清除完毕；施工过程中，应充分做好各项准备工作，做到速战速决，减少因施工带来的一切意外情况，严格按照施工方案和施工组织设计组织施工，并做好各个环节的质量控制和验收工作。

混凝土结构常用加固方法的主要特点、适用范围、施工要点见表4.1。

混凝土结构常用加固方法　　　　　　　　　　　　表 4.1

加固方法	主要特点	适用范围	施工要点
增大截面加固法	1. 施工工艺简单； 2. 适应性强； 3. 现场湿作业时间长； 4. 影响空间	梁、板、柱、墙等一般构件	1. 加固前的卸荷处理； 2. 连接处的表面处理； 3. 新增层施工
置换混凝土加固法	1. 施工工艺简单； 2. 适应性强； 3. 现场湿作业时间长； 4. 不影响空间	受压区混凝土强度偏低或有严重缺陷的梁、柱等构件	1. 加固前的卸荷处理； 2. 去薄弱混凝土层及表面处理； 3. 浇筑新层
外包钢法（干式与湿式）	1. 施工工艺简单； 2. 受力可靠； 3. 现场作业时间短； 4. 对空间影响较小； 5. 用钢量较大	1. 受空间限制的构件且需大幅提高承载力的混凝土构件； 2. 无防护的情况下，环境温度不宜高于 60℃	1. 加固前的卸荷处理； 2. 安装型钢构件； 3. 填缝处理
预应力法	1. 施工工艺简便； 2. 能有效降低构件的应力； 3. 提高结构整体承载力、刚度及抗裂性； 4. 对空间的影响较小	1. 大跨度或重型结构的加固； 2. 处于高应力、高应变状态下的混凝土构件的加固； 3. 无防护的情况下，环境温度不宜高于 60℃； 4. 不宜用于混凝土收缩徐变大的结构	1. 在需加固的受拉区段外面补加附应力筋； 2. 张拉预应力筋，并将其锚固在梁（板）的两端
增设支点加固法	通过增设支撑体系或剪力墙增加结构的刚度，改变结构的刚度比值，调整原结构的内力，改善结构构件的受力状况	用于增强单层厂房或多层框架的空间刚度，提高抗震能力	通过力学分析，增设相应构件，改变结构的刚度，调整内力，从而起到加固作用
粘钢（碳纤维）法	1. 施工工艺简便，快速； 2. 现场无湿作业或仅有抹灰等少量湿作业； 3. 对空间无影响	承受静力作用且处于正常湿度环境中的受弯或受拉构件的加固	1. 被粘混凝土和钢板表面的处理； 2. 卸载、涂胶粘剂、粘贴及固化
改变结构传力途径法等方法	1. 施工工艺简便； 2. 能有效降低构件的应力； 3. 能减少构件变形	净空不受限的梁、板、桁架等构件	1. 确定有效传力途径； 2. 增设支承或托

砌体结构常用加固方法的主要特点、适用范围、施工要点见表 4.2。

砌体结构常用加固方法　　　　　　　　　　　　表 4.2

加固方法	主要特点	适用范围	施工要点
扶壁柱加固法	1. 工艺简单； 2. 适应性强； 3. 提高的承载力有限； 4. 影响使用空间； 5. 现场湿作业时间较长	非抗震地区的柱、带壁墙	1. 加固前卸载； 2. 在加固部位增设混凝土柱，并与原构件可靠连接

续表

加固方法	主要特点	适用范围	施工要点
钢筋水泥砂浆（或钢筋网砂浆）加固法	1. 工艺简单； 2. 适应性强； 3. 提高的承载力有限； 4. 影响使用空间； 5. 现场湿作业时间较长	墙体承载力、刚度及抗剪强度不够	1. 加固前卸载； 2. 剔除砖墙表面层； 3. 铺设钢筋网； 4. 喷射混凝土砂浆或细石混凝土
加大截面加固法（混凝土层加固和外包钢加固）	1. 工艺简单； 2. 适应性强； 3. 有效提高承载力； 4. 影响使用空间； 5. 现场湿作业时间较长	受弯较大的柱、带壁墙	砌体表面处理—将砌体角部每隔5皮打掉一块； 采用加固措施保证两者协同作用
注浆、注结构胶法	1. 显著提高砖柱承载力； 2. 工艺简单	砖柱	表面处理→安装灌浆嘴排气口→封缝→密封检查→配制胶料→压力灌注→封口→检验

钢结构常用加固方法的主要特点、适用范围、施工要点见表4.3。

钢结构常用加固方法　　　　　　　　　　　　　表4.3

加固方法	主要特点	适用范围	施工要点
改变结构计算简图的加固	1. 增设杆件和支撑，改变荷载分布状况、传力途径、节点性质和边界条件； 2. 考虑空间协同工作； 3. 影响使用空间； 4. 用钢量增加	钢柱、钢梁	严格按加固设计要求进行施工
增大构件截面的加固	1. 施工方便； 2. 适用性较好； 3. 可负荷状态下加固	钢梁、钢柱、桁架杆件	直接将加强部分焊于原有构件上即可，但需注意构件是否具备可焊性，同时对受拉杆件不宜采用焊接
加强连接的加固	1. 直接提高连接承载力； 2. 间接结构承载力	1. 原有承载力不足的连接； 2. 加固件与原构件间的连接节点加固	综合考虑各种结构受力特性与连接的特点，采用合理的连接方式，当采用复合连接时注意施工顺序

4.2 混凝土结构加固技术

此类加固方法适用范围广，在旧工业建筑再生利用项目中得到了广泛应用。如天津棉三创意街区再生利用项目（见图4.4）、上海市红坊文化创意产业园再生利用项目（见图4.5）等，均采用此类方法，并取得了良好处理效果。

图 4.4　天津棉三创意街区再生利用项目
（碳纤维加固梁）

图 4.5　上海市红坊文创园再生利用项目
（外包钢加固牛腿柱）

4.2.1　直接加固

1. 增大截面加固法

（1）方法概述

增大截面加固法，又称为外包混凝土加固法，是通过在原混凝土构件外叠浇新的钢筋混凝土，增大构件的截面面积和配筋，达到提高构件的承载力和刚度、降低柱子长细比等目的，如图 4.6 所示。

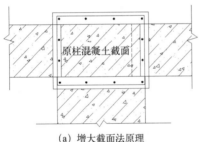

（a）增大截面法原理　　　　　　　（b）增大截面法施工

图 4.6　增大截面加固法

增大截面加固法的优点是工艺简单，适用面广；缺点是施工繁杂，工序多，现场湿作业工作量大，养护期较长，减少了使用空间，影响房屋美观，增加结构自重。

增大截面加固法适用于钢筋混凝土受弯和受压构件梁、板、柱等的加固，根据构件的受力特点、薄弱环节、几何尺寸及方便施工等，加固可以设计为单侧、双侧、三侧或四面增大截面。例如，轴心受压柱常采用四面加固，如图 4.7（a）所示；偏心受压柱受压边薄弱时，可仅对受压边加固，如图 4.7（b）所示，反之，可仅对受拉边加固，如图 4.7（c）所示；梁、板等受弯构件，有以增大截面为主的受压区加固，如图 4.7（d）所示，也有以增加配筋为主的受拉区加固，如图 4.7（e）所示，或两者兼备。以增大截面为主的加固，为了保证补加混凝土的正常工作，需配置构造钢筋；以加配钢筋为主的加固，为了保证补加钢筋的正常工作，需按钢筋保护层等要求，适当增大截面。按现场检测结果确定的原构件混凝土强度等级不应低于 C10。

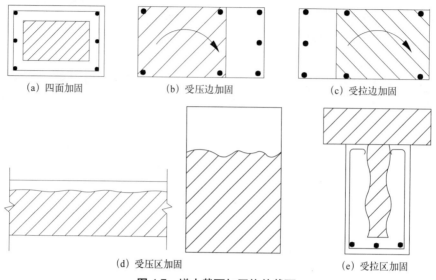

(a) 四面加固   (b) 受压边加固   (c) 受拉边加固

(d) 受压区加固   (e) 受拉区加固

图 4.7　增大截面加固构件截面

(2) 施工工艺

混凝土构件增大截面加固法施工工艺流程如图 4.8 所示。

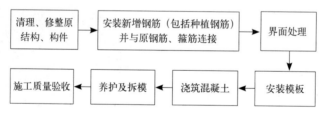

图 4.8　混凝土构件增大截面施工工艺流程

1) 界面处理

①原构件混凝土界面（粘合面）经修整露出骨料新面后，还应采用花锤、砂轮机或高压水射流进行打毛，除去浮渣；有条件时在混凝土面刷界面剂；必要时，也可凿成沟槽。具体方法如下：a. 花锤打毛：宜用 1.5kg ~ 2.5kg 的尖头錾石花锤，在混凝土粘合面上錾出麻点，形成点深约 3mm、点数为 600 点 /m² ~ 800 点 /m² 的均匀分布；也可錾成点深 4mm ~ 5mm、间距约 30mm 的梅花形分布。b. 砂轮机或高压水射流打毛：宜采用输出功率不小于 300W 的粗砂轮或压力符合规范要求的水射流，在混凝土粘合面上打出方向垂直于构件轴线、纹深为 3mm ~ 4mm、间距为 50mm 的横向纹路。c. 人工凿沟槽：宜用尖锐、锋利凿子，在坚实混凝土粘合面上凿出方向垂直于构件轴线、槽深约 6mm、间距为 100mm ~ 150mm 的横向沟槽。

②当三面或四面新浇混凝土层外包梁、柱时，还应在打毛同时，凿除截面的棱角。

③在完成上述加工后，应用钢丝刷等工具清除原构件混凝土表面松动的骨料、砂砾、浮渣和粉尘，并用清洁的压力水冲洗干净；若采用喷射混凝土加固，宜用压缩空气和水交替洗干净。

④涂刷结构界面胶（剂）前，应对原构件表面界面处理质量进行复查，剔除松动石子、浮砂以及漏补的裂缝和清除污垢等。

2）锚固销钉

对板类原构件，除涂刷界面胶（剂）外，还应锚入直径不小于 6mm 的 T 形剪切销钉；锚钉的锚固深度应取板厚的 2/3，其间距应不大于 300mm，边距应不小于 70mm。

3）浇筑混凝土与养护

①新增混凝土的强度等级必须符合设计要求。一般采用强度等级 C35 的碎石混凝土，取样与留置试块应符合下列规定：a. 每拌制 50 盘（不足 50 盘，按 50 盘计）同一配合比的混凝土，取样不得少于一次。b. 每次取样应至少留置一组标准养护试块；同条件养护试验的留置组数应根据混凝土工程量及其重要性确定，且不应少于一组。

②混凝土浇筑施工应自下而上进行，封顶混凝土浇筑应通过在上层混凝土楼面开洞解决，开洞时，避免切断楼面内钢筋，若必须切断时，在柱混凝土浇完之后，应恢复原钢筋焊接且焊接搭接长度应满足规范要求。

③混凝土浇筑完毕后，应按施工技术方案及时采取养护措施，并应符合下列规定：a. 在浇筑完毕后应及时对混凝土加以覆盖并在 12h 以内开始浇水养护。b. 混凝土浇水养护的时间：对采用硅酸盐水泥、普通硅酸盐水泥或矿渣硅酸盐水泥拌制的混凝土，不得少于 7d；对掺用缓凝剂或有抗渗要求的混凝土，不得少于 14d。c. 浇水次数应能保持混凝土处于湿润状态；混凝土养护用水的水质应与拌制用水相同。d. 采用塑料布覆盖养护的混凝土，其敞露的全部表面应覆盖严密，并应保持塑料布内表面有凝结水。e. 混凝土强度达到 1.2MPa 前，不得在其上踩踏或安装模板及支架。另外，应注意以下几点：当日平均气温低于 5℃时，不得浇水；当采用其他品种水泥时，混凝土的养护时间应根据所采用水泥或混合料的技术性能确定；混凝土表面不便浇水或使用塑料布覆盖时，应涂刷养护剂。

2. 置换混凝土加固法

（1）方法概述

置换混凝土法主要是针对既有混凝土结构或施工中的混凝土结构，由于结构裂损或混凝土存在蜂窝、孔洞、夹渣、疏松等缺陷，或混凝土强度（主要是压区混凝土强度）偏低，而采用挖补的办法保留钢筋并用优质的混凝土将这部分劣质混凝土置换掉，达到恢复结构基本功能的目的，如图 4.9 所示。

置换混凝土法的优点是结构加固后能恢复原貌，不改变使用空间；缺点是新旧混凝

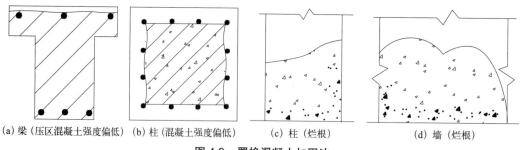

(a) 梁（压区混凝土强度偏低） (b) 柱（混凝土强度偏低） (c) 柱（烂根） (d) 墙（烂根）

图 4.9　置换混凝土加固法

土的粘结能力较差，挖凿易伤及原构件的混凝土及钢筋，湿作业期长。置换混凝土加固法适用于承重构件受压区混凝土强度偏低或有严重缺陷的局部加固。

（2）施工工艺

置换混凝土加固法施工工艺流程如图 4.10 所示。

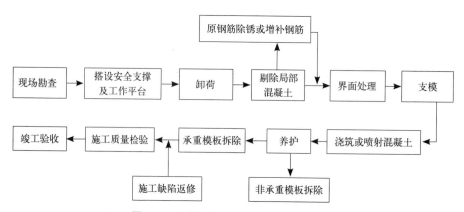

图 4.10　置换混凝土加固施工工艺流程

1）卸载的实时控制

①卸载时的力值测量可用千斤顶配置的压力表经校正后进行测读；卸载所用的压力表、百分表的精度不应低于 1.5 级，标定日期不应超过半年。

②当需将千斤顶压力表的力值转移到支承结构上时，可采用螺旋式杆件和钢楔等进行传递，但应在千斤顶的力值降为零时方可卸下千斤顶。力值过渡时，应用百分表进行卸载点的位移控制。

2）混凝土局部剔除及界面处理

①剔除被置换的混凝土时，应在到达缺陷边缘后，再向边缘外延伸清除一段不小于 50mm 的长度；对缺陷范围较小的构件，应从缺陷中心向四周扩展，逐步进行清除，其长度和宽度均不应小于 200mm。剔除过程中不得损伤钢筋及无需置换的混凝土。

②梁、柱节点核心区和柱节点的处理应将混凝土梁外包尺寸范围内的梁柱节点核心

区混凝土全部清除，再把与梁连接另外一端柱子的梁柱节点 75mm 内混凝土清除。梁在柱外包尺寸投影范围内每边均有 75mm 的搁置长度。利用上述方法处理，不仅解决了新老混凝土粘结面的抗剪问题，而且保证了梁柱节点的刚性连接。清理干净后，与混凝土梁、柱节点一起重新浇筑。

③新老混凝土结合面的处理不凿成沟槽。若用高压水射流打毛，应打磨成垂直于轴线方向的均匀纹路，新老混凝土结合面进行凿毛处理，以增加粘结力。同时在新浇筑的C35 混凝土中掺入适量的减水剂和膨胀剂，以减少混凝土的收缩和增加水分。

④当对原构件混凝土粘合面涂刷结构界面胶（剂）时，其涂刷应均匀，无漏刷。

3）置换混凝土施工

①置换混凝土需补配钢筋或箍筋时，其安装位置及其与原钢筋焊接方法应符合设计规定；其焊接质量应符合现行行业标准《钢筋焊接及验收规程》JGJ 18 的要求。

②置换混凝土的模板及支架拆除时，其混凝土强度应达到设计规定的强度等级。

③混凝土浇筑完毕后，应按施工技术方案及时进行养护。

3. 粘贴钢板加固法

（1）方法概述

粘贴钢板加固法，简称粘钢法，是指用胶粘剂把薄钢板粘贴在混凝土构件表面，使薄钢板与混凝土整体协同工作的一种加固方法，如图 4.11 所示。

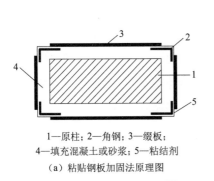

1—原柱；2—角钢；3—缀板；
4—填充混凝土或砂浆；5—粘结剂

（a）粘贴钢板加固法原理图

（b）粘贴钢板加固法施工

图 4.11　粘贴钢板加固法

粘贴钢板加固法主要应用于承受静载的受弯构件、受拉构件和大偏心受压构件；对于承受动载的结构构件，如吊车梁等，尚缺乏全面、充分的疲劳性能试验资料，应慎重采用。粘贴的钢板厚度一般为 2mm～6mm，结构胶厚 1mm～3mm，这是加固所增加的全部厚度，相对于构件的截面尺寸是很薄的，所以该加固方法几乎不增加构件的截面尺寸，基本不影响构件外观。另外，粘贴钢板加固法施工速度快，从清理、修补加固构件表面，将钢板粘贴于构件上，到加压固化，仅需 1d～2d 时间，比其他加固方法大大节省施工时间。粘贴钢板加固法所需钢材，可按计算的需要量粘贴于加固部位，并和原构件整体协同工作，因此，钢材的利用率高、用量少，但却能大幅度提高构件的抗裂性、抑制裂缝的发展，提高承载力。

（2）施工工艺

粘贴钢板加固法施工工艺流程如图4.12所示。

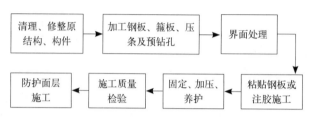

图4.12　粘贴钢板加固法施工工艺流程

1）施工准备工作

①当采用压力注胶法粘钢时，应采用锚栓固定钢板，固定时，应加设钢垫片，使钢板与原构件表画之间留有约2mm的贯通缝隙，以备压注胶液。

②固定钢板的锚栓，应采用化学锚栓，不得采用膨胀锚栓。锚栓直径不应大于M10；锚栓埋深可取为60mm；锚栓边距和间距应分别不小于60mm和250mm。锚栓仅用于施工过程中固定钢板。在任何情况下，均不得考虑锚栓参与胶层的受力。

③施工现场环境温度应符合胶粘剂产品使用说明书的规定；若未作具体规定，应按不低于15℃进行控制。作业场地应无粉尘，且不受日晒、雨淋和化学介质污染。

2）界面处理

①外粘钢板部位的混凝土，其表层含水率不宜大于4%，且不应大于6%。对含水率超限的混凝土梁、柱、墙等，应改用高潮湿面专用的胶粘剂。

②钢板粘结前，应用工业丙酮擦拭钢板和混凝土的粘合面各一道。

3）钢板粘结施工

①拌合胶粘剂，应采用低速搅拌机充分搅拌；拌好的胶液色泽应均匀，无气泡，并应采取措施防止水、油、灰等杂质混入；严禁在室外和尘土飞扬的室内拌合胶液。胶液应在规定的时间内使用完毕；严禁使用超期（可操作时间）的胶液。

②拌好的胶液应同时涂刷在钢板和混凝土粘合面上，经检查无漏刷后即可将钢板与原构件混凝土粘贴；粘贴后的胶层平均厚度应控制在2mm～3mm。覆贴时，胶层宜中间厚、边缘薄；竖贴时，胶层宜上厚下薄；仰贴时，胶液的垂流度不应大于3mm。

③钢板粘贴时表面应平整，段差过渡应平滑，不得有折角；钢板粘贴后应均匀布点加压固定；其加压顺序应从钢板的一端向另一端逐点加压；不得由钢板两端向中间加压。

④加压固定可选用夹具加压法、锚栓（或螺杆）加压法、支顶加压法等。加压点之间的距离不应大于500mm。加压时，应按胶缝厚度控制在2mm～2.5mm进行调整。

⑤外粘钢板中心位置与设计中心线位置的线偏差不应大于 5mm；长度负偏差不应大于 10mm。

⑥混凝土与钢板粘结的养护温度不低于 15℃时，固化 24h 即可卸除加压夹具及支撑；72h 后可进入下一工序。

4.2.2　间接加固

（1）方法概述

间接加固指通过间接的方式改变结构受力以达到加固的目的，例如预应力加固法，采用体外补加预应力拉杆或型钢撑杆，对结构或构件进行加固的方法，如图 4.13 所示。

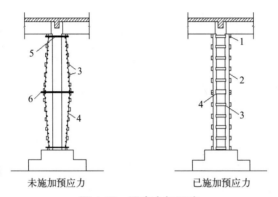

未施加预应力　　　　　　　　已施加预应力

图 4.13　预应力加固法

1—抵承板（传力顶板）；2—撑杆；3—缀板；4—加宽模板；5—安装螺栓；6—拉紧螺栓

此方法施工简便，通过对后加的拉杆或型钢撑杆施加预应力，改变原结构内力分布，消除加固部分的应力滞后现象，使后加部分与原构件能较好地协调工作，提高原结构的承载力，减小挠曲变形，缩小裂缝宽度。预应力加固法具有加固、卸荷及改变原结构内力分布的三重效果。

预应力加固法运用于下列场合的梁、板、柱和桁架的加固：①原构件截面偏小或需要增加其使用荷载；②原构件需要改善其使用性能；③原构件处于高应力、应变状态，且难以直接卸除其结构上的荷载。此方法尤其适合大跨度结构加固。

（2）施工工艺

预应力加固法施工工艺流程如图 4.14 所示。

1）准备工作

①当采用千斤顶张拉时，应定期标定其张拉机具及仪表，标定的有效期限不得超过半年。当千斤顶在使用过程中出现异常现象或经过检修，应重新标定。

②在浇筑防护面层的水泥砂浆或细石混凝土前，应进行预应力隐蔽工程验收，包括：a. 预应力拉杆（或撑杆）的品种、规格、数量、位置等。b. 预应力拉杆（或撑杆）的

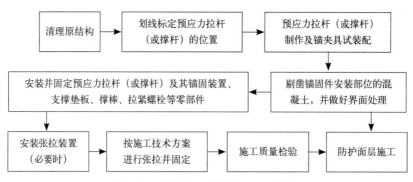

图 4.14　预应力加固法施工工艺流程

锚固件、撑棒、转向棒等的品种、规格、数量、位置等。c. 当采用千斤顶张拉时，应验收锚具、夹具等的品种、规格、数量、位置等。d. 锚固区局部加强构造及焊接或胶粘的质量。

2）制作与安装

①预应力拉杆（或撑杆）制作和安装时，必须复查其品种、级别、规格、数量和安装位置。复查结果必须符合设计要求。

②预应力杆件锚固区的钢托套、传力预埋件、挡板、撑棒以及其他锚具、紧固件等的制作和安装质量必须符合设计要求。

③施工过程中应避免电火花损伤预应力杆件或预应力筋；受损伤的预应力杆件或预应力筋应予以更换。

④预应力拉杆下料应符合下列要求：a. 应采用砂轮锯或切断机下料，不得采用电弧切割。b. 当预应力拉杆采用钢丝束，且以镦头锚具锚固时，同束（或同组）钢丝长度的极差不得大于钢丝长度的 1/5000，且不得大于 3mm。c. 钢丝镦头的强度不得低于钢丝强度标准值的 98%。

⑤钢绞线压花锚成型时，其表面应洁净、无油污；梨形头尺寸及直线段长度尺寸应符合设计要求。

⑥锚固区传力预埋件、挡板、承压板等的安装，其位置和方向应符合设计要求；其安装位置偏差不得大于 5mm。

3）张拉施工

①若构件锚固区填充了混凝土，其同条件养护的立方体试件抗压强度在张拉时，不应低于设计规定的强度等级的 80%。

②采用机张法张拉预应力拉杆时，应注意以下几点：a. 保证张拉施力同步，应力均匀一致。b. 应实时控制张拉量。c. 应防止被张拉构件侧向失稳或发生扭转。

③当采用横向张拉法张拉预应力拉杆时，应遵守下列规定：a. 拉杆应在施工现场调直，然后与钢托套、锚具等部件进行装配。调直和装配的质量应符合设计要求。b. 预应力拉

杆锚具部位的细石混凝土填灌、钢托套与原构件间隙的填塞，拉杆端部与预埋件或钢托套连接的焊缝等的施工质量应检查合格。c. 横向张拉量的控制，可先适当拉紧螺栓，再逐渐放松至拉杆仍基本平直、尚未松弛弯垂时停止放松；记录此时的读数，作为控制横向张拉量 ΔH 的起点。d. 横向张拉分为一点张拉和两点张拉。两点张拉时，应在拉杆中部焊一撑棒，使该处拉杆间距保持不变，并使用两个拉紧螺栓，以同规格的扳手同步拧紧。e. 当横向张拉量达到要求后，宜用点焊将拉紧螺栓的螺母固定，并切除螺杆伸出螺母以外部分。

④当采用横向张拉法张拉预应力撑杆时，应符合下列规定：a. 宜在施工现场附近，先用缀板焊连两个角钢，形成组合杆肢，然后在组合杆肢中点处，将角钢的侧立肢切割出三角形缺口，弯折成所设计的形状；再将补强钢板弯好，焊在角钢的弯折肢面上。b. 撑杆肢端部由抵承板（传力顶板）与承压板（承压角钢）组成传力构造。承压板应采用结构胶加锚栓固定于梁底。传力焊缝的施焊质量应符合现行行业标准《钢结构焊接规范》GB 50661—2011 的要求。经检查合格后，将撑杆两端用螺栓临时固定。c. 预应力撑杆的横向张拉量应按设计值严格进行控制，可通过拉紧螺栓建立预应力（预顶力）。d. 横向张拉完毕，对双侧加固，应用缀板焊连两个组合杆肢；对单侧加固，应用连接板将压杆肢焊连在被加固柱另一侧的短角钢上，以固定组合杆肢的位置。焊接连接板时，应防止预压应力因施焊受热而损失；可采取上下连接板轮流施焊或同一连接板分段施焊等措施以减少预应力损失。焊好连接板后，撑杆与被加固柱之间的缝隙，应用细石混凝土或砂浆填塞密实。

（3）施工要求

1）预应力拉杆加固施工要求。预加应力的施工方法宜根据现场条件和需加预应力的大小选定。预应力较大时，宜用机械张拉或电热法；预应力较小时（150kN 以下），宜用横向张拉法。当采用横向张拉法时，钢套、锚具等部件应在施工现场附近焊接存放，拉杆应在施工现场尽量调直，然后进行装配和横向张拉，拉杆端部的传力结构质量很重要，应检查锚具附近细石混凝土的填灌、钢套与构件之间缝隙的填塞，拉杆端部与预埋件或钢套的焊缝等。控制横向张拉量时，可先适当拉紧螺栓，再逐渐放松，至拉杆仍基本上平直而未松弛弯垂时停止放松，记录此时的有关读数，作为控制张拉量的起点。横向张拉分单点张拉和两点张拉，两点张拉应用两个拉紧螺栓同步旋紧，横向张拉量达到要求后，宜用点焊将拉紧螺栓上的螺母固定，涂防锈漆或防火保护层。

2）预压力撑杆加固施工要求。宜在施工现场附近，先用缀板焊连两个角钢，形成压杆肢。然后在角钢的侧立肢切割出三角形缺口，弯折成设计的形状，再将补强钢板弯好，焊在弯折后角钢的正平肢上。横向张拉完成后，应用连接板焊连双侧加固的两个压杆肢，单侧加固时用连接板焊连在被加固柱另一侧的短角钢上，以固定压杆肢的位置。焊连连接板时应防止预应力因施焊时受热而损失，可采取上下连接板轮流施焊或同一连接板分段施焊等措施来防止，焊完后，撑杆与柱间的缝隙应用砂浆或细石混凝土填塞密实。加固的压杆肢、连接板、缀板和拉紧螺栓等均应涂防护漆或防火保护层。

4.2.3 裂缝修补

（1）表面封闭法修补

1）表面涂抹水泥砂浆。将裂缝附近的混凝土表面凿毛，或沿裂缝（深进的）的凿成深 15mm ～ 20mm、宽 150mm ～ 200mm 的凹槽，扫净并洒水湿润，先刷水泥净浆一遍，然后用 1：（1 ～ 2）水泥砂浆涂抹，总厚控制在 10mm ～ 20mm，并用铁抹压实抹光。有防水要求时，应用水泥净浆（厚 2mm）和 1：2.5 水泥砂浆（厚 4mm ～ 5mm）交替抹压 4 ～ 5 层刚性防水泥，涂抹 3h ～ 4h 后进行覆盖，洒水养护。在水泥砂浆中掺入水泥质量 1% ～ 3% 的氯化铁防水剂，可以起到促凝和提高防水性能的效果。为使砂浆与混凝土表面结合良好，抹光后的砂浆面应覆盖塑料薄膜，并用支撑模板顶紧加压。

2）表面涂抹环氧胶泥或用环氧粘贴玻璃布。涂抹环氧胶泥前，先将裂缝附近 80mm ～ 100mm 宽度范围内的灰尘、浮渣用压缩空气吹净，或用钢丝刷、砂纸、毛刷清除干净并洗净，油污可用二甲苯或丙酮擦洗一遍。若表面潮湿，应用喷灯烘烤干燥、预热，以保证环氧胶泥与混凝土粘结良好；若基层难以干燥，则用环氧煤焦油胶泥（涂料）涂抹。较宽的裂缝应先用刮刀填塞环氧胶泥。涂抹时，用毛刷或刮板均匀蘸取胶泥，并涂刮在裂缝表面。采用环氧粘贴玻璃布方法时，玻璃布使用前应在水中煮沸 30min ～ 60min，再用清水漂净并晾干，以除去油蜡，保证粘结，一般贴 1 ～ 2 层玻璃布。第二层布的周围应比下面一层宽 10mm ～ 15mm 以便压边。

3）表画凿槽嵌补。沿混凝土裂缝凿一条深槽，其中 V 形槽用于一般裂缝的治理，U 形槽用于渗水裂缝的治理。槽内嵌水泥砂浆或环氧胶泥、聚氯乙烯胶泥、沥青油膏等，表面作砂浆保护层，具体构造处理如图 4.15 所示。

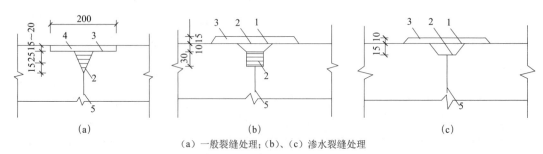

（a）一般裂缝处理；（b）、（c）渗水裂缝处理

图 4.15 表面凿填嵌补裂缝的构造处理

1—水泥净浆（厚 2mm）；2—1：2 水泥砂浆或环氧胶泥；3—1：2.5 水泥砂浆或刚性防水五层做法；
4—聚氯乙烯胶泥或沥青油膏；5—裂缝

槽内混凝土面应修理平整并清洗干净，不平处用水泥砂浆填补。保持槽内干燥，否则应先导渗、烘干，待槽内干燥后再行嵌补。可在潮湿情况下填补环氧煤焦油胶泥，但不能有淌水现象。嵌补前，先用素水泥浆或稀胶泥在基层刷一道，再用抹子或刮刀将砂浆（环氧胶泥、聚氯乙烯胶泥）嵌入槽内压实，最后用 1 : 2.5 水泥砂浆抹平压光。在侧面或顶面嵌填时，应使用封槽托板（做成凸字形表面钉薄钢板）逐段嵌托并压紧，待凝固后再将托板去掉。

（2）压力注浆法修补

1）水泥灌浆。一般用于大体积构筑物裂缝的修补，主要施工程序包括以下各项：

①钻孔。采用风钻或打眼机钻孔，孔距 1m ～ 1.5m 除浅孔采用骑缝孔外，一般钻孔轴线与裂缝呈 30°～ 45°斜角，如图 4.16 所示。

②冲洗。每条裂缝钻孔完毕后，应进行冲洗，其顺序按竖向排列自上而下逐孔进行。

③止浆及堵漏。缝面冲洗干净后，在裂缝表面用 1 : 1 ～ 1 : 2 水泥砂浆，或用环氧胶泥涂抹。

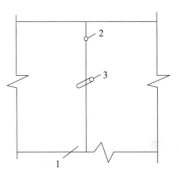

图 4.16　钻孔示意图
1—裂缝；2—骑缝孔；3—斜孔

④埋管。一般用直径 19mm ～ 38mm、长 1.5m 的钢管作灌浆管（钢管上部加工丝扣）。安装前应在外壁裹上旧棉絮并用麻丝缠紧，然后旋入孔中。孔口管壁周围的孔隙可用旧棉絮或其他材料塞紧，并用水泥砂浆或硫磺砂浆封堵，以防冒浆或灌浆管从孔口脱出。

⑤试水。用 0.1MPa ～ 0.2MPa 压力水作渗水试验。采取灌浆孔压水、排气孔排水的方法，检查裂缝和管路畅通情况。然后关闭排气孔，检查止浆堵漏效果，并湿润缝面，以利粘结。

⑥灌浆。应采用普通水泥，细度要求经 6400 孔 /cm² 筛孔，筛余量在 2% 以下。可使用 2 : 1、1 : 1 或 0.5 : 1 等几种水灰比的水泥净浆或 1 : 0.54 : 0.3（水泥 : 粉煤灰 : 水）水泥粉煤灰浆。灌浆压力一般为 0.3MPa ～ 0.5MPa。压完浆孔内应充满灰浆，并填入湿净砂用棒捣实。每条裂缝应按压浆顺序依次进行。若出现大量渗漏情况，应立即停泵堵漏，然后再继续压浆。

2）化学灌浆。化学灌浆与水泥灌浆相比，具有可灌性好，能控制凝结时间，以及有较高的粘结强度和一定的弹性等优点，所以恢复结构整体性的效果较好，适用于各种情况下的堵漏、防渗处理。

灌浆材料应根据裂缝的性质、缝宽和干燥情况选用。常用的灌浆材料有环氧树脂浆液（能修补缝宽 0.2mm 以下的干燥裂缝）、甲凝（能灌 0.03mm ～ 0.1mm 的干燥细微裂缝）、丙凝（用于渗水裂缝的修补、堵水和止漏，能灌 0.1mm 以下的细裂缝）等。环氧树脂浆液具有化学材料较单一，易于购买，施工操作方便，粘结强度高，成本低等优点，所以应用最广，也是当前国内修补裂缝的主要材料。甲凝、丙凝由于材料较复杂，资源困难，且价格昂贵，因此使用较少，其灌浆工艺与环氧树脂浆液基本相同。

环氧树脂浆液系白环氧树脂（胶粘剂）、邻苯二甲酸二丁酯（增塑剂）、乙二胺（固化剂）及粉料（填充料）等配制而成。配制时，先将环氧树脂、邻苯二甲酸二丁酯、二甲苯按比例称量，放置在容器内，于20℃～40℃条件下混合均匀，然后加入乙二胺搅拌均匀即可使用。环氧树脂浆液灌浆工艺流程及设备如图4.17所示。

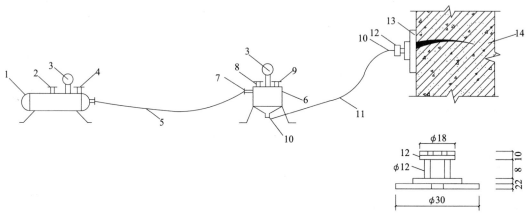

图4.17 环氧树脂浆液灌浆工艺流程及设备
1—空气压缩机或和压泵；2—调压阀；3—压力表；4—送气阀；5—高压风管（氧气带）；6—压浆罐；7—进气嘴；8—进浆罐口；9—出气阀；10—铜活接头；11—高压塑料透明管；12—灌浆嘴；13—环氧封闭带；14—裂缝

灌浆操作主要工序如下：①表面处理。同环氧胶泥表面涂抹。②布置灌浆嘴和试气。一般采取骑缝孔直接用灌浆嘴施灌，而不另钻孔。灌浆嘴用薄钢管制成，一端带有钢丝扣以连接活接头，应选择在裂缝较宽处、纵横裂交错处以及裂缝端部设置，间距为40cm～50cm，灌浆嘴骑在裂缝中间。贯通裂缝应在两面交错设置。灌浆嘴用环氧腻子贴在裂缝压浆部位。腻子厚1mm～2mm，操作时要注意防止堵塞裂缝。裂缝表面可用环氧腻子（或胶泥）或早强砂浆进行封闭。待环氧腻子硬化后，即可进行试气，了解缝面通顺情况。试气时，气压保持0.2MPa～0.4MPa，垂直缝从下往上，水平缝从一端向另一端。在封闭带边上及灌浆嘴四周涂肥皂水检查，若发现泡沫，表示漏气，应再次封闭。

3）灌浆及封孔。将配好的浆液注入压浆罐内，旋紧罐口，先将活头接在第一个灌浆嘴上，随后开动空压机（气压一般为0.3MPa～0.5MPa）进行送气，即将环氧浆液压入裂缝中，经3min～5min，待浆液顺次从邻近灌浆嘴喷出后，即用小木塞将第一个灌浆孔封闭。然后按同样方法依次灌注其他嘴孔。为保持连续灌浆，应预备适量的未加硬化剂的浆液，以便随时加入乙二胺随时使用。灌浆完毕，应及时用压缩空气将压浆罐和注浆管中残留的浆液吹净，并用丙酮冲洗管路及工具。环氧浆液一般在20℃～25℃下，经16h～24h即可硬化。在浆液硬化12h～24h后，可将灌浆嘴取下重复使用。灌浆时，操作人员要戴防毒口罩，以防中毒。配制环氧浆液时，应根据气温控制材料温度和浆液的初凝时间（1h 左右），以免浪费材料。在缺乏灌浆泵时，较宽的平、立面裂缝亦可用手压泵或兽医用注射器进行。

（3）填充密封法修补

填充密封法适合于修补中等宽度的混凝土裂缝，将裂缝表面凿成凹槽，然后用填充材料进行修补。对于稳定性裂缝，通常用普通水泥砂浆、膨胀砂浆或树脂砂浆等刚性材料填充；对于活动性裂缝则用弹性嵌缝材料填充，具体做法如下：

1）刚性材料填充法施工要点。①沿裂缝方向凿槽，缝口宽不小于 6mm。②清除槽口油、污物、石屑、松动石子等，并冲洗干净。③采用水泥砂浆填充（槽口湿水）或采用环氧胶泥、热焦油、聚酯胶、乙烯乳液砂浆充填（槽口应干燥）。

2）弹性材料填充法施工要点。①沿裂缝方向凿一个矩形槽，槽口宽度至少为裂缝预计张开量的 4 ～ 6 倍以上，以免嵌缝料过分挤压而开裂。槽口两侧应凿毛，槽底平整光滑，并设隔离层，使弹性密封材料不直接与混凝土粘结，避免密封材料被撕裂。②冲洗槽口，并使其干燥。③嵌入聚乙烯片、蜡纸、油毡、金属片等类隔离层材料。④填充丙烯酸树脂或硅酸酯、聚硫化物、合成橡胶等弹性密封材料。

3）刚、弹性材料填充法施工要点。刚、弹性材料填充法适于裂缝处有内水压或外水压的情况，如图 4.18 所示。槽口深度等于砂浆填塞料与胶质填塞料厚度之和，胶质填塞料厚度通常为 6mm ～ 40mm，槽口厚度不小于 40mm，槽口宽度为 50mm ～ 80mm，封填槽口时必须清洁干燥。在相应裂缝位置的砂浆层上应做楔形松弛缝，以适应裂缝的张合运动。

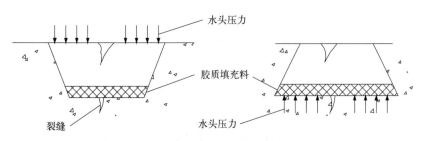

图 4.18　有水压时裂缝的填充

4.3　砌体结构加固技术

此类加固方法适用范围广，在旧工业建筑再生利用项目中得到了广泛采纳。如合肥市香樟 1958 再生利用项目（见图 4.19）、昆明市创库艺术区再生利用项目（见图 4.20）、上海市湖丝栈再生利用项目、西安市大华 1935 再生利用项目等，均采用此类方法，并取得了良好的处理效果。

图 4.19 合肥市香樟 1958 再生利用项目
（裂缝修复）

图 4.20 昆明市创库艺术区再生利用项目
（裂缝修复）

4.3.1 构件加固

（1）水泥砂浆面层和钢筋网砂浆面层加固法

1）方法概述

水泥砂浆面层加固是用一定强度等级的水泥砂浆、混合砂浆、纤维砂浆及树脂水泥砂浆等喷抹于墙体表面，达到提高墙体承载力目的的一种加固方法。其优点是施工简便，适用于砌体承载能力与规范要求相差不多的静力加固和抗震加固。

钢筋网砂浆面层加固是在面层砂浆巾配设一道钢筋网、钢板网或焊接钢丝网，达到提高墙体承载力和变形性能（延性）目的的一种加固方法。其优点是平面抗弯强度有较大幅度提高，平面内抗剪承载力和延性提高较多，墙体抗裂性有较大幅度改善，适用于静力加固和中高烈度的抗震加固。

2）施工工艺

钢筋网水泥砂浆面层加固施工工艺流程如图 4.21 所示。

图 4.21 水泥砂浆面层和钢筋网砂浆面层加固施工工艺流程

①原有墙面清底。加固施工时，应铲除原墙抹灰层，将灰缝剔除至深 5mm ~ 10mm，已松动的勾缝砂浆应剔除。原墙面碱蚀严重时，应先清除松散部分并用 1∶3 水泥砂浆抹面。用钢丝刷刷净残灰，吹净表面灰粉。

②钻孔。按照设计要求，采用电钻在砖缝处钻孔，穿墙孔直径宜比 S 形筋大 2mm，锚筋孔直径宜采用锚筋直径的 1.5 ~ 2.5 倍，其孔深宜为 100mm ~ 120mm，锚筋可采用水泥基灌浆料、水泥砂浆，也可采用结构加固用胶粘剂，锚孔直径需要相应调整。采用

高压空气，清除锚筋孔内粉尘和细小颗粒物，采用干棉丝清理孔壁粉尘、泥浆等异物，采用棉丝浸泡丙酮液对孔底、孔壁擦洗除残留污渍两遍。

③安设锚筋并铺设钢筋网。用棉丝浸泡丙酮液，擦洗锚筋粘结表面，清除油污、粉尘等异物。锚筋插入孔洞后，应采用锚固材料填实。按照不同锚固材料的要求进行固化养护，在固化时间内保护钢筋不受搅动。铺设钢筋网时，竖向钢筋应靠墙面并采用钢筋头支起，其与墙面净距应大于等于 5mm。

④浇水湿润墙面、抹水泥砂浆。浇水湿润墙面，抹水泥砂浆前，应先在墙面刷水泥浆一道再分层抹灰，每层厚度不应超过 15mm。

⑤养护。面层应浇水养护，防止阳光暴晒，冬期应采取防冻措施。

（2）钢绞线网—聚合物砂浆面层加固法

1）方法概述

采用专用预制钢绞线网片及其配件和聚合物砂浆加固结构构件的技术。钢绞线网片为采用钢绞线和钢制卡扣，在工厂使用专门的机械和工艺制作的网片。聚合物砂浆为按一定比例掺有改性环氧乳液或丙烯酸酯乳液的高强度水泥砂浆。聚合物砂浆除了能够改善其自身的物理力学性能外，还具有较高的锚固钢绞线和粘结能力。该加固技术适合于砌体墙的静力及抗震加固。

2）施工工艺

钢绞线网—聚合物砂浆面层加固施工工工艺流程如图 4.22 所示。

| 原有墙面清底 | → | 钻孔 | → | 钢绞线网片锚固固定 | → | 浇水湿润墙面、抹聚合物砂浆 | → | 养护 |

图 4.22　钢绞线—聚合物砂浆面层加固施工工艺流程

①原有墙面清理。应铲除原墙抹灰层，已松动的勾缝砂浆应剔除。原墙面碱蚀严重时，应先清除松散部分并用 1∶3 水泥砂浆抹面。用钢丝刷刷净残灰，吹净表面灰粉。

②钻孔。按照设计要求，采用电钻钻孔，墙面钻孔应位于砖块上，应采用 A6 钻头，钻孔深度应控制在 40mm ～ 45mm。采用高压空气，清除锚筋孔内粉尘和细小颗粒物。

③钢绞线网片锚固固定。钢绞线网片采用专用金属胀栓固定在墙体上，其间距宜为 600mm，且呈梅花状布置。钢绞线网端头应错开锚固，错开距离不小于 50mm。钢绞线网应双层布置并绷紧安装，绷紧的程度为钢绞线平直，用手推压受力钢绞线，这可以恢复紧绷状态的弹性。竖向钢绞线网布置在内侧，水平钢绞线网布置在外侧，分布钢绞线应贴向墙面，受力钢绞线应背离墙面。

④浇水湿润墙面、抹聚合物砂浆。浇水湿润墙面，进行界面处理后，抹聚合物砂浆。

第一遍抹灰厚度以基本覆盖钢绞线网片为宜，后续抹灰应在前次抹灰初凝后进行，后续抹灰的分层厚度控制在 10mm ～ 15mm。

⑤养护。常温下，聚合物砂浆施工完毕 6h 内，应采取可靠保湿养护措施，养护时间不少于 7d，雨期、冬期或遇大风、高温天气时，施工时应采取可靠应对措施。

（3）压力灌浆加固法

1）方法概述

压力灌浆是借助于压缩空气，将复合水泥浆液、砂浆或化学浆液，注入砌体裂缝、欠饱满裂缝、孔洞以及疏松不实砌体，达到恢复结构整体性、提高砌体强度和耐久性、改善结构防水抗渗性能的目的。对于活动裂缝及受力裂缝尚宜辅助钢丝网或纤维片等措施，以承担所产生的拉应力。

2）施工工艺

压力注浆加固施工工工艺流程如图 4.23 所示。

图 4.23　压力注浆加固施工工艺流程

①表面处理。铲除裂缝两侧（100mm ～ 200mm）及灌浆部位的抹灰层，吹净灰粉。

②灌浆嘴位置设定。灌浆嘴应设置在裂缝起点、交叉点及裂缝较大部位，其间距宜满足下述规定。对于需通过压力灌浆提高砌体强度的未裂砌体，灌浆嘴间距应根据灰缝的饱满程度和可灌性通过试灌确定：a.满铺砂浆砌筑时：竖向 200mm ～ 300mm，水平 500mm ～ 600mm；b.非满铺砂浆砌筑时，竖向 400mm ～ 500mm，水平 800mm ～ 1000mm。

③钻孔。按标定的灌浆嘴位置钻孔，孔径稍大于灌浆嘴外径，孔深 30mm ～ 40mm。钻孔后，先以压缩空气吹净孔中灰粉，再用压力水冲洗干净。

④安装灌浆嘴。以聚醋酸乙烯乳胶水泥涂抹于灌浆嘴表面及灌浆孔壁，插入灌浆嘴，抹平顺溢出胶泥，静置固化 1d 以上。

⑤封缝。沿已安装好灌浆嘴的裂缝，用水喷淋 1 ～ 2 次后，以灌浆液涂刷一遍，再抹 1:2 水泥砂浆封闭，宽 200mm。对于清水墙裂缝，可以勾缝处理代替抹面封闭。待封缝达到一定强度后，以 0.2MPa ～ 0.3MPa 的压力灌水试压，检验封缝的牢固、严密性，并保证灌浆液的通畅。

⑥灌浆。灌浆分两次进行，压力控制在 0.2MPa ～ 0.25MPa。第一次由下向上逐孔灌注，间隔约 30min，第二次从上往下补沉灌浆。每次灌浆以不进浆或邻近小嘴子溢浆为止，边灌边用胶塞或木塞堵住灌过的嘴子。如灌浆过程中发现墙体局部冒浆，应停止片刻，并用快硬胶堵塞，然后再进行灌浆。

4.3.2　整体性加固

（1）方法概述

以砌体柱外加预应力撑杆加固法为例进行说明。该方法能较大幅度地提高砌体柱的承载能力，适用于加固处理高应力、高应变状态的砌体结构；其缺点是不能用于温度在600℃以上的环境中。

（2）施工工艺

砌体柱外加预应力撑杆加固施工工工艺流程如图 4.24 所示。

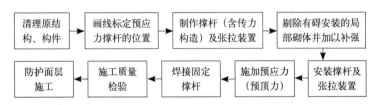

图 4.24　砌体柱外加预应力撑杆加固施工工艺流程

①界面处理。a. 将砌体构件表面打磨平整，截面四个棱还应打磨成圆角，其半径取15mm ～ 25mm，以角钢能贴原构件表面为宜。b. 当原构件的砌体表面平整度很差，且打磨有困难时，在原构件表面清理洁净并剔除勾缝砂浆后，采用 M15 级水泥补强。

②撑杆制作。a. 预应力撑杆及其部件宜在现场就近制作。制作前应在原构件表面画线定位，并按实测尺寸下料、编号。b. 撑杆的每侧杆肢由两根角钢组成，并以钢缀板焊接成槽形截面组合肢（简称组合肢）。c. 在组合肢中点处，应将角钢侧立翼板切割出三角形缺口，并将组合肢整体弯折成设计要求的形状和尺寸。然后在弯折角钢另一完好翼板的该部位，用补强钢板焊上。补强钢板的厚度应符合设计要求。d. 撑杆组合肢的上下端应焊有钢制抵承板（传力顶板），抵承板尺寸和板厚应符合设计要求，且板厚不应小于14mm。抵承板与承压板及撑杆肢的接触面应经刨平。e. 当采用埋头锚栓与上部混凝土构件锚固时，宜采用角钢制成；当采用一般锚栓时，应将承压板做成槽形，套在上部混凝土构件上，从硒侧进行锚固。承压板的厚度应符合设计要求。承压板与抵承板相互顶紧的面,应经刨平。f.预应力撑杆的横向张拉在补强钢板钻孔,穿以螺杆,通过收紧螺杆建立预应力。张拉用的螺杆,其净直径不应小于18mm；其螺母高度不应小于1.5d（d为螺杆公称直径）。

③撑杆安装与张拉。撑杆的安装与张拉应符合下列规定：a. 安装撑杆前，应先安装上下两端承压板。承压板与相连板件（如混凝土梁）的接触面应涂抹快固型结构胶，并用化学螺栓以锚固。b. 安装两侧的撑杆组合肢，应使其抵紧于承压板上，用穿在抵承板中的安装螺杆进行临时固定。c. 按张拉方案，同时收紧安装在补强钢板两侧的螺杆，进行张拉。横向张拉量 ΔH 的控制，应以撑杆开始受力的值作为拉杆的起始点。为此，宜先拧紧螺杆，再逐渐放松，直至撑杆复位，且以还能抵承但无松动感为度；此时的测试

读数值作为横向张拉量 ΔH 的起点。d. 横面张拉结束后，应用缀板焊连两侧撑杆组合肢。焊接方式可采取上下缀板、连接板轮流施焊或同一板分段施焊等措施，以防止预应力受热损失。焊好缀板后，撑杆与被加固柱之间采用螺杆连接，施加预应力值，应使预应力撑杆建立的预应力不大于加固柱的恒载标准值的 90%。

4.3.3 裂缝修补

（1）填缝封闭修补法

砖砌体填缝封闭修补的方法通常用于墙体外观纠修和裂缝较浅的场合。常用材料有水泥、砂浆、聚合水泥砂浆等。这类硬质填缝材料极限拉伸率很低，如砌体裂缝尚未稳定，修补后可能再次开裂。这类填缝封闭修补方法的工序为：先将裂缝清理干净，用勾缝刀、抹子、刮刀等工具将 1:3 的水泥砂浆或比砌筑强度高一级的水泥砂浆或掺有 108 胶的聚合水泥砂浆填入砖缝内。

（2）配筋填缝封闭修补法

当裂缝较宽时，可采用配筋水泥砂浆填缝的修补方法，即在与裂缝相交的灰缝中嵌入细钢筋，然后再用水泥砂浆填缝。这种方法的具体做法是在缝两侧每隔 4 ~ 5 皮砖剔凿一道长 800mm ~ 1000mm，深 30mm ~ 40mm 的砖缝，埋入一根 $\phi 6$ 钢筋，端部弯成直钩并嵌入砖墙竖缝内，然后用强度等级为 M10 的水泥砂浆嵌填碾实，如图 4.25 所示。

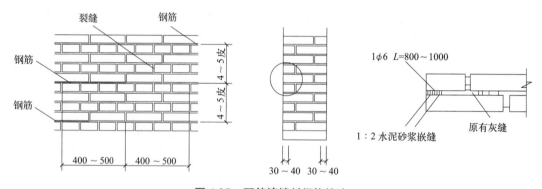

图 4.25　配筋填缝封闭修补法

施工时应注意以下几点：①两面不要剔同一条缝，最好隔两皮砖；②必须处理好一面并等砂浆有一定强度后，再施工另一面；③修补前剔开的砖缝要充分浇水湿润，修补后必须浇水养护。

（3）灌浆修补法

当裂缝较细，裂缝数量较多，发展已基本稳定时，可采用灌浆补强方法。它是工程中最常用的裂缝修补方法。灌浆修补法是利用浆液自身重力或加压设备将含有胶合材料的水泥浆液和化学浆液灌入裂缝内，使裂缝粘合起来的一种修补方法，如图 4.26、图 4.27

所示。这种方法设备简单，施工方便，价格便宜，修补后的砌体可以达到原砌体的承载力，裂缝不会在原来位置重复出现。

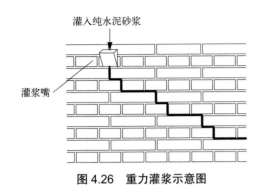

图 4.26　重力灌浆示意图

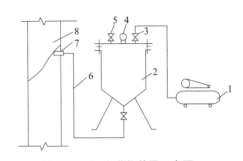

图 4.27　压力灌浆装置示意图

1—空压机；2—压浆罐；3—进气阀；4—压力表；
5—进浆口；6—输送管；7—灌浆嘴；8—墙体

　　灌浆常用的材料有纯水泥浆、水泥砂浆、水玻璃砂浆和水泥灰浆等。在砌体修补中，可用纯水泥浆，因纯水泥浆的可灌性较好，可顺利地灌入贯通外漏的孔隙内，对于宽度为 3mm 左右的裂缝可以灌实。若裂缝宽度大于 5mm 时，可采用水泥砂浆。裂缝细小时，可采用压力灌浆。灌浆浆液配合比见表 4.4。

裂缝灌浆浆液配合比　　　　　　　　　　　　　表 4.4

浆别	水泥	水	胶结料	砂
稀浆	1	0.9	0.2（108 胶）	—
	1	0.9	0.2（二元乳胶）	—
	1	0.9	0.01 ~ 0.02（水玻璃）	—
	1	1.2	0.06（聚醋酸乙烯）	—
稠浆	1	0.6	0.2（108 胶）	—
	1	0.6	0.15（二元乳胶）	—
	1	0.7	0.01 ~ 0.02（水玻璃）	—
	1	0.74	0.055（聚醋酸乙烯）	—
砂浆	1	0.6	0.2（108 胶）	1
	1	0.6 ~ 0.7	0.5（二元乳胶）	1
	1	0.6	0.01 ~ 0.02（水玻璃）	1
	1	0.4 ~ 0.7	0.06（聚醋酸乙烯）	1

注：稀浆用于 0.3mm ~ 1mm 宽的裂缝；稠浆用于 1mm ~ 5mm 的裂缝；砂浆则适用于宽度大于 5mm 的裂缝。

水泥灌浆浆液中需掺入悬浮型外加剂，以提高水泥的悬浮性，延缓水泥沉淀时间，防止灌浆设备及输送系统堵塞。外加剂一般采用聚乙烯醇或水玻璃或 108 胶。掺入外加剂后，水泥浆液的强度略有提高。掺有 108 胶还可以增强黏结力，但掺量过大，会使灌浆材料的强度降低。

灌浆法修补裂缝的工艺流程如下：

1）清理裂缝，使裂缝通道贯通，不堵塞。

2）灌浆嘴布置：在裂缝交叉处和裂缝端部均应设灌浆嘴，布置灌浆嘴间距可按照裂缝宽度大小在 250mm ～ 500mm 之间选取。厚度大于 360mm 的墙体，应在墙体两面均设灌浆嘴。在墙体的设置灌浆嘴处，应预先钻孔，孔径稍大于灌浆嘴外径，孔深 30mm ～ 40mm，孔内应冲洗干净，并先用纯水泥浆涂刷，然后 1:2 水泥砂浆固定灌浆嘴。

3）用加有促凝剂的 1:2 水泥砂浆嵌缝，以避免灌浆时浆液外溢，嵌缝时应注意将混水砖墙裂缝附近的粉刷层剔除，冲洗干净后，用砂浆嵌缝。

4）待封闭层砂浆达到一定强度后，先向每个灌浆嘴中灌入适量的水，使灌浆通过畅通。再用 0.2MPa ～ 0.5MPa 的压缩空气检查通道泄漏程度，如泄漏较大，应进行补漏。然后进行压力灌浆，灌浆顺序自上而下，当附近灌浆嘴溢出或进浆嘴不进浆时方可停止灌浆。灌浆压力控制在 0.2MPa 左右，但不宜超过 0.25MPa。发现墙体局部冒浆时，应停灌浆约 15min 或用快硬水泥砂浆临时堵塞，然后再进行灌浆。当向靠近基础或楼板（多孔板）处灌入大量浆液仍未灌满时，应增大浆液浓度或停 1h ～ 2h 后再灌。

5）全部灌完后，停 30min 再进行二次补灌，以提高灌浆密实度。

6）拆除或切除灌浆嘴，表面清理抹平，冲洗设备。

对于水平的通长裂缝，可沿裂缝钻孔，做成销键，以加强两边砌体的共同作用。销键直径为 25mm，间距为 250mm ～ 300mm，深度可以比墙厚小 20mm ～ 25mm。做完销键后再进行灌浆。灌浆方法同上。

4.4 钢结构加固技术

此类加固方法适用范围广，在旧工业建筑再生利用项目中得到了广泛采纳。如上海红坊文化创意产业园再生利用项目（见图 4.28）、济南市红场·1952 再生利用项目（见图 4.29）等，均采用此类方法，并取得了良好处理效果。

4.4.1 改变结构计算图形法

改变结构计算图形法泛指通过改变荷载分布状况、传力路径、节点性质和边界条件，或增设杆件、支撑、施加预应力、考虑空间协同工作等措施对结构系统进行加固的

图 4.28　上海市红坊文创园再生利用项目
（构件加固加固）

图 4.29　济南市红场·1952 再生利用项目
（裂纹修复）

方法。这些措施的采用主要是通过改变结构的计算图形来调整内力，使结构按要求进行内力重分配，从而达到加固的目的。对结构可采用下列增加结构或构件刚度的方法进行加固：

（1）增加支撑形成空间结构并对空间结构进行验算，如图 4.30 所示。

（2）加设支撑增加结构刚度，或调整结构的自振频率等以提高结构承载力和改善结构动力特性，如图 4.31 所示。

（3）增设支撑或辅助杆件使构件的长细比减少以提高其稳定性，如图 4.32 所示。

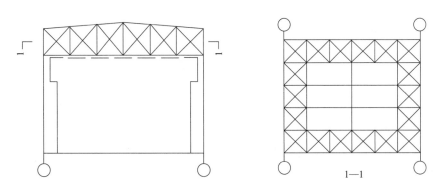

图 4.30　增加支撑形成空间结构

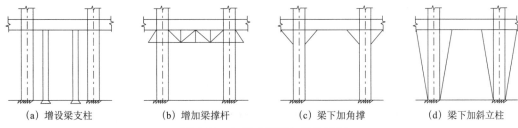

（a）增设梁支柱　　　（b）增加梁撑杆　　　（c）梁下加角撑　　　（d）梁下加斜立柱

图 4.31　加设支撑增加结构刚度

117

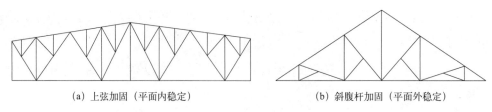

(a) 上弦加固（平面内稳定）　　　　　　　　(b) 斜腹杆加固（平面外稳定）

图 4.32　用再分杆加固桁架

（4）在排架结构中重点加强某一列柱的刚度，使之承受大部分水平力，以减轻其他柱列负荷，如图 4.33 所示。

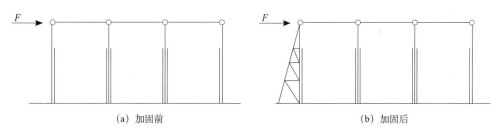

(a) 加固前　　　　　　　　　　　　　　(b) 加固后

图 4.33　加固某一列柱

（5）在塔架等结构中设置拉杆或适度张紧的拉锁以加强结构的刚度，如图 4.34 所示。

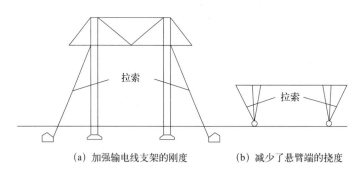

(a) 加强输电线支架的刚度　　　　　　(b) 减少了悬臂端的挠度

图 4.34　设置拉杆加强结构刚度

4.4.2　增大构件截面法

应考虑构件的受力情况及存在的缺陷，在方便施工、连接可靠的前提下，选取最有效的截面增加形式。

（1）钢梁加固

钢梁截面加固可采用图 4.35 的形式或其他形式。构件抗弯及抗剪能力均不足时加固，可采用图 4.35（a）所示的截面；若腹板不必加固，可采用图 4.35（b）所示的截面；焊接组合梁和型钢梁都可在翼缘板上加焊水平板、斜板或型钢进行加固，可采用图 4.35（c）、(f)、(g)、(h)、(i)、(j) 所示的截面，一般宜上、下翼缘均加固，但当有铺板上翼缘加固困难时，亦可如图 4.35（e）所示仅对下翼缘补强，梁腹板抗剪程度不足的加固，可采用图 4.35（m）所示的截面，当梁腹板稳定性不能保证时，往往采用设置加劲肋的方法；图 4.35（d）、（g）、（h）、（i）可以不增加梁的高度，但图 4.35（g）、（h）将翼缘变成封闭截面，对有横向加劲肋和翼缘上需要用螺栓连接的梁，构造复杂，施工麻烦；图 4.35（i）可在原位置施工，但加固效果较差且对原有横向加劲肋的梁需加设短加劲肋来代替；图 4.35（k）、（l）主要用于加固简支梁弯矩较大的区段，加固件不伸到支座；图 4.35（a）、（b）、（i）、（k）、（l）、（m）也可用高强度螺栓连接新老部件。

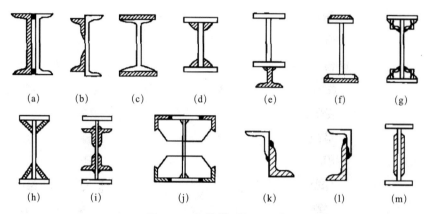

图 4.35　钢梁截面加固形式

（2）钢柱加固

钢柱截面加固可采用图 4.36 的形式或其他形式。图 4.36（b）、（c）、（e）用于轴心受力或弯矩较小的钢柱；图 4.36（d）、（h）、（i）、（j）能同时提高弯矩作用平面内外的承载能力；图 4.36（d）、（f）、（h）、（i）、（j）用于左右两方向作用弯矩不等的压弯柱，也可在原截面两侧采用相同的加固件，用于两方向作用弯矩相等或相差不大的压弯柱。

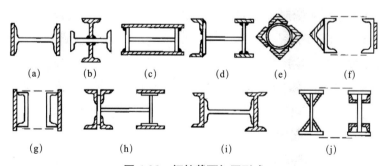

图 4.36　钢柱截面加固形式

（3）桁架杆件加固

截面加固可采用图 4.37 的形式或其他形式。图 4.37（a）用于杆件上有拼接角钢或扭曲变形不大的杆件；图 4.37（b）可增大杆件平面外的回转半径，减少长细比，而且可以调整杆件因旁弯而产生的偏心；图 4.37 (d) 适用于拉杆；图 4.37 (f) 用于单角钢腹杆加固；图 4.37 (d)、(k) 适用于下弦截面加固。

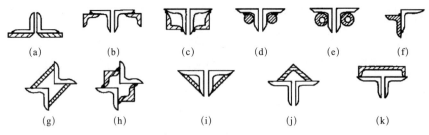

（a）　　　（b）　　　（c）　　　（d）　　　（e）　　　（f）

（g）　　　（h）　　　（i）　　　（j）　　　（k）

图 4.37　桁架杆件截面加固形式

以上构件截面的增大都是采用增补钢材的方法，除此以外还可对原构件外包混凝土进行加固，如在钢柱周围外包混凝土形成劲性混凝土柱，可大幅度提高柱的承载能力，同时混凝土对钢材起到保护作用，当然混凝土中应配置纵向钢筋和箍筋。

4.4.3　裂纹的修复

结构因荷载反复作用及材料选择、构件、制造、施工安装不当等产生具有扩展性或脆断倾向性裂纹损伤时，应设法修补。在裂纹修复前，必须分析产生裂纹的原因及其影响的严重性，有针对性地采取改善结构实际工作或进行加固的措施。对不宜采用修复加固的构件，应予拆除更换。在对裂纹构件修复加固设计时，对承受动力作用结构还需进行疲劳验算，必要时应专门进行研究，进行抗脆断计算。

为提高结构的脆性断裂和疲劳破坏的性能，在结构加固的构造设计和制造工艺方面应遵循以下原则：降低应力集中程度，避免和减少各类加工缺陷，选择不产生较大残留拉应力的制作工艺和构造形式，采用厚度尽可能小的轧制板件等。

在结构构件上发现裂纹时，作为临时应急措施之一，可于板件裂纹端外 $0.5t \sim 1.0t$（t 为板厚）处钻孔，以防止其进一步急剧扩展，并及时根据裂纹性质及扩展倾向再采取恰当措施修复加固，如图 4.38 所示。

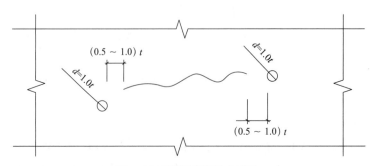

图 4.38　裂纹两端钻止裂孔

（1）焊接法

修复裂纹时应优先采用焊接方法，如图 4.39 所示。

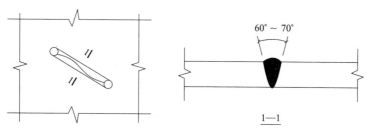

图 4.39　裂纹的堵焊

一般按下述顺序进行：1）清洗裂纹两边 80mm 以上范围内板面油污至露出洁净的金属面。2）用碳弧气刨、风铲或砂轮将裂纹边缘加工出坡口，直达纹端的钻孔。3）将裂纹两侧及端部金属预热至 100℃ ~ 150℃，并在焊接过程中保持此温度。4）用与钢材相匹配的低氢型焊条或超低氢型焊条施焊；尽可能用小直径焊条逆向施焊，焊接顺序如图 4.40 所示，每一道焊完后宜进行锤击。5）按设计检查焊缝质量。6）对承受动力荷载的构件，堵焊后其表面应磨光，使之原构件表面齐平，磨削痕迹线应大体与裂纹切线方向垂直。7）对重要结构或厚板构件，堵焊后应立即进行退火处理。

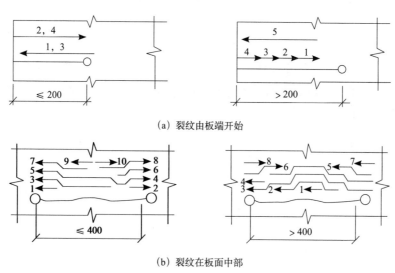

（a）裂纹由板端开始

（b）裂纹在板面中部

图 4.40　堵焊焊道

（2）嵌板修补法

对网状、分叉裂纹区和有破裂、过烧或烧穿等缺陷的梁、柱、腹板部位，宜采用嵌板修补，修补顺序为：①检查确定缺陷的范围，将缺陷部位切除，宜切带圆角的矩形孔，切除部分的尺寸应比缺陷范围尺寸大 100mm，如图 4.41（a）所示。②用等厚同材质的嵌板嵌入切除部位，嵌入板的长宽边缘与切除孔间两个边应留有 2mm ～ 4mm 间隙，并将其边缘加工成对接焊缝要求的坡口形式。③嵌板定位后，将孔口四角区域预热至100℃ ～ 150℃，并按图 4.41（b）所示顺序采用分段分层逆向焊法施焊。④检查焊缝质量，打磨焊缝余高，使之与原构件表面齐平。

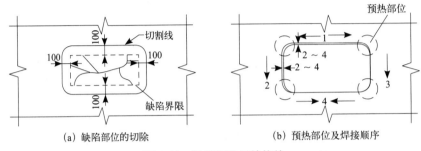

（a）缺陷部位的切除　　　　　　（b）预热部位及焊接顺序

图 4.41　缺陷切除后的修补

（3）附加盖板修补法

用附加盖板修补裂纹时，一般宜采用双层盖板，此时裂纹两端仍须钻孔。当盖板用焊接连接时，应设加固盖板压紧，其厚度与原板等厚，焊接尺寸等于板厚，盖板的尺寸和焊接顺序可参照嵌板修补法执行。当用摩擦型高强度螺栓连接时，在裂纹的每侧用双排螺栓，盖板宽度以能布置螺栓为宜，盖板长度每边应超出 150mm。

（4）吊车梁腹板裂纹修复

当吊车梁腹板上部出现裂纹时，应检查和采取必要措施，如调整轨道偏心等，再按焊接法修补裂纹。此外，尚应根据裂纹的严重程度和吊车工作制类别，合理选用加固措施，如图 4.42 所示。

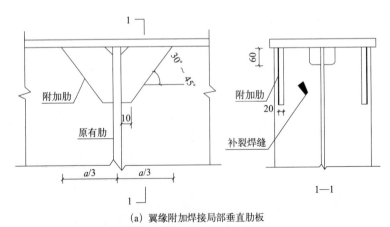

（a）翼缘附加焊接局部垂直肋板

图 4.42　吊车梁加固方案（图中 *a* 表示加劲肋间距）（一）

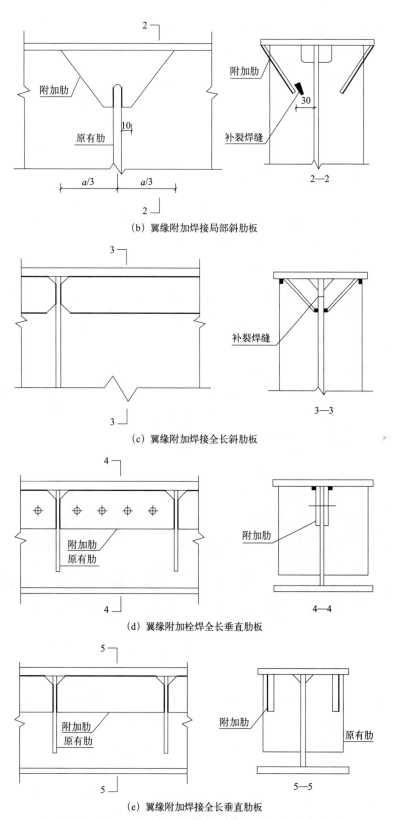

（b）翼缘附加焊接局部斜肋板

（c）翼缘附加焊接全长斜肋板

（d）翼缘附加栓焊全长垂直肋板

（e）翼缘附加焊接全长垂直肋板

图 4.42　吊车梁加固方案（图中 a 表示加劲肋间距）（二）

第5章 主体结构改建施工技术

5.1 主体结构改建施工概述

旧工业建筑再生利用是解决大量闲置旧工业建筑的最佳方式，能够优化资源配置，节能环保。一方面要求保证结构安全，另一方面要求满足使用要求。旧工业建筑再生利用，往往会改变工业建筑原有的生产功能并赋予其新的使用功能。因此，不仅需要对旧工业建筑的主体结构进行加固，而且需要进行一系列的改建工程，将原有旧工业建筑的大空间形式，转变为适合用户需求，满足全新使用功能的建筑。

5.1.1 主体结构改建施工相关概念

"改建"，是在原有的基础上进行改造建设，如将一建筑物变为另一建筑物，可以指改变外形、特点、性质或作用。它的本意是对原有体系进行修改或变更，重新构建满足新的功能需求的新体系，如图 5.1 所示。

(a) 上部增层施工 　　　　　　　　　(b) 非独立外接施工

图 5.1 主体结构改建施工

旧工业建筑再生利用主体结构改建，是指在旧工业建筑自身具有存在价值的前提下，由于其原有的生产功能或外观形态已不能满足社会经济发展的需要，对废弃的或即将废弃的工业建筑通过建筑外观装饰修复，改变其内部布局而满足其他功能的建造活动，从根本上说就是为了使其满足当前的新需求和新形态，通过新技术、新材料对其建筑的外部形态和内部空间进行调整、更新，将工业建筑原有的生产功能载体转变为其他使用功能的载体，是延长建筑生命周期的一种应对策略。

5.1.2　主体结构改建施工主要内容

（1）主体结构改建形式

旧工业建筑再生利用主体结构改建的基本形式包括外接 [图 5.2(a)、(b)]、增层 [图 5.2 (c)、(d)、(e)]、内嵌 [图 5.2（f）]、下挖 [图 5.2（g）]，其中外接又分为独立外接和非独立外接，增层又分为内部增层、上部增层和外套增层等情况主体结构改建施工内容如图 5.3 所示。

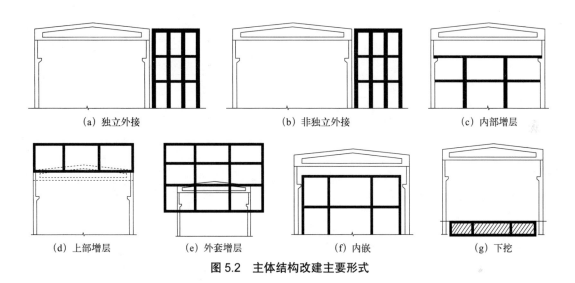

（a）独立外接　　　　　　（b）非独立外接　　　　　　（c）内部增层

（d）上部增层　　（e）外套增层　　（f）内嵌　　（g）下挖

图 5.2　主体结构改建主要形式

对旧工业建筑以何种形式进行改建，应由其建造年代、破损程度、结构情况、抗震设防烈度、场地地质情况、检测评定定结果及使用要求等作出判断。一般来说，结构改建形式的确定，不仅需要从扩大使用面积、节省用地和投资方面出发，并应对旧工业建筑进行可行性研究，分析其经济效益、社会效益、环境效益等多方面因素。

1）外接

外接，即为原建筑结构的局部扩建，在原建筑结构周边进行加建一定数量的局部建筑、构筑物或附属设施。主要包括独立外接和非独立外接两种形式，前者与原结构相互分离，没有连接或搭接；后者与原结构有部分的连接或搭接。

2）增层

增层，是主体结构最常见的一种改建方式，是在原建筑结构上部或内部进行加层，包括上部增层和内部增层两种形式。

上部增层，即在原建筑的主体结构上直接加层，充分利用了原建筑结构及地基的承载力，加层后的新增荷载会通过原有承重结构传至基础或地基。

内部增层，即在原建筑内部增加楼层或加层，将新增的承重结构与原有结构连在一起共同承担建筑增层后的总竖向荷载及水平荷载。

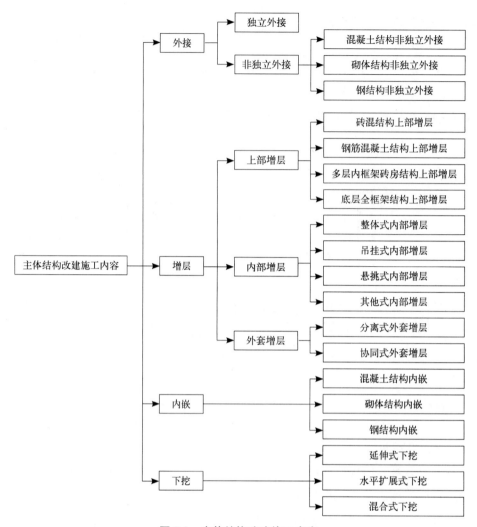

图 5.3　主体结构改建施工内容

3）内嵌

内嵌，即在原建筑内部进行加建或加层，与内部增层不同的是，其与原建筑主体结构无连接，与周围建筑完全脱开，设置了独立的承重结构体系。

4）下挖

下挖，即在原建筑内部进行下挖，形成部分地下空间，以满足一定的使用功能需求。

当主体结构改建采用内嵌和独立外接形式时，新增结构应依据现行国家标准按新建建筑结构进行施工，且应考虑对原结构的影响；

当主体结构改建采用非独立外接和增层形式时，新增部分应与原结构作为整体进行设计施工，当原结构局部或整体不满足相应结构设计规范要求时，应对其进行加固。

（2）主体结构改建特点

旧工业建筑再生利用中，为了能够继续安全使用并满足全新的使用需求，主体结构的改建工程具有下列特点：

1) 对旧工业建筑进行结构改建，需根据重要程度、使用年限和破损情况来决定是否进行改建，以及以何种方式进行改建。改建方案的选择和确定，关系到可行性、安全可靠性和经济合理性。

2) 主体结构改建是在对原有旧工业建筑结构进行检测评定的基础上，明确结构传力体系，对于不能利用的结构构件予以拆除，对于存在缺陷的结构构件予以补强加固，在保证原有结构安全的情况下进行结构改建工程。

3) 对旧工业建筑进行主体结构改建，以满足更多的功能需求，需结合业主需求及再生利用后的整体设想，进行整体的改建设计，形成有特色的新型建筑使用模式。

4) 旧工业建筑再生利用的初衷是为了资源再利用，主体结构改建需尽量利用原有结构构件，选择合理的改建方式，一方面节约资源、降低造价，提高经济效益；另一方面保护生态环境，提高生态效益。

5) 旧工业建筑主体结构改建，宜保留和发挥具有旧工业建筑特色的建筑风格，使新旧部分相协调。在满足使用要求和技术经济条件的前提下，适当运用建筑设计的手法，形成有特色的建筑新类型。

(3) 主体结构改建原则

1) 先检测评定，后改建原则

主体结构改建在改变使用功能的同时，也会对原有旧工业建筑的主体结构造成一定的影响，在改建之前必须进行结构可靠性检测与评定，明确原有结构体系，以检测与评定的结果作为结构改建设计的依据，再根据结构实际情况，对原有结构构件的薄弱部位进行补强加固，在保证原结构安全的前提下，选择合适的改建方案，进行主体结构的改建。

2) 安全可靠为主原则

旧工业建筑主体结构改建的结构设计应严格执行现行国家建筑结构设计规范和规程，计算简图的确定必须符合实际，传力路线明确，计算方法可靠，构造措施严密，应尽量减少由于改建给原有旧工业建筑的承重结构造成的附加应力和变形，协调新旧结构，使其共同工作，避免发生两者冲突，对于原承重结构要进行加固之后，再进行整体的结构改建，确保结构改建的安全可靠。施工时，应采取避免或减少损伤原结构的措施。替换构件、拆改结构时，当可能出现倾斜、开裂或倒塌等不安全因素时，施工前应采取安全措施。

3) 利于抗震的原则

主体结构的改建设计必须遵守现行国家标准《建筑抗震设计规范》GB 50011—2010(2016 年版) 的要求，具有合理的地震作用传递路线，必要的强度，良好的适应变形能力和吸能耗能能力，具有合理的刚度和承载力分布，防止竖向刚度突变、上刚下柔，造成柔性底层，产生过大的应力集中和塑性变形。对薄弱部位，应采取措施提高其抗震能力；宜设置多道抗震防线，避免因部分结构或构件破坏而导致整个建筑物的倒塌或破坏。

4）新旧建筑协同工作原则

主体结构改建是为了更好地满足使用要求，因而必须确保新旧建筑的协同安全工作，尽量消除由于新旧材料在使用寿命中的差异，从各方面采取有效措施来延长建筑物的使用年限，并且正确合理设计新增部分与旧工业建筑之间的连接构造，需要可靠连接的时候采取适当方式进行新旧结构的可靠锚固，保证新旧建筑结构的整体安全和使用。改建施工前，应对原结构、构件进行清理、修整和支护；施工时，应采取措施保证加固层与原构件牢固结合和共同工作。

5）方便施工的原则

主体结构改建中，要充分发挥原有旧工业建筑主体结构的承载潜力，通过外接、增层和内嵌等改建方式相结合，完善旧工业建筑的功能、设施，提高其使用标准；结构改建工程的施工工作场地有限，需选择方便施工的仪器、设备，施工方法应力求简单，尽量做到工期短、效率高，便于施工过程及后期使用中的管理和维护。

6）经济合理、美观实用的原则

主体结构改建方案的选择，应进行多方案的经济技术比较，选择经济合理的方案，优先采用轻质高强材料，以减少改建部分的重量，并且作好废弃物的回收利用，减少废弃物的处理量，做到节能减排；与此同时，尽量因地制宜，利用建筑设计，改进立面造型，适度装修与原有风貌相结合，重视环境处理，使之协调舒适。

（4）主体结构改建注意事项

1）改建施工测量放线时应首先找到原旧工业建筑施工的坐标控制网进行复测，然后与实物的位置、间距、标高进行复校，两者相符合后方可施工。

2）对原旧工业建筑结构进行局部拆除或开设洞口时，宜采用静力拆除方法或采用人工和小型机械进行凿除，应避免损伤原结构。

3）开挖基槽时应注意对原旧工业建筑的影响，对其主要承重结构应进行临时支撑，必要时尚应采取卸荷措施。

4）新旧混凝土构件结合部位应采取下列施工措施：

①原构件的连接部位应进行凿毛，除去浮渣、尘土，冲洗干净后，涂刷水灰比为0.4～0.45的水泥浆或界画处理剂一层；

②对需进行钢筋焊接的部位，应将原构件保护层凿掉，主筋外露，满足钢筋施焊的要求；新旧钢筋均应除锈处理，在受力钢筋上施焊，应采取卸荷或支顶措施，逐根分段、分层焊接。

（5）主体结构改建施工安全及防护措施

1）改建施工前应根据设计要求，对改建施工中涉及的危险构件、受力大的构件进行的改造加固，应编制专项安全施工方案，并应得到监理总工程师的批准。

2）改建施工前，应熟悉旧工业建筑周边情况，了解主体结构改建后结构受力和传力路径的可能变化。对结构构件的变形、裂缝情况应设专人进行检测,并做好观测记录备查。

3)改建施工涉及对原建筑物进行局部拆除,应按现行国家标准《建筑拆除工程安全技术规范》JGJ 147—2016 的规定进行。

4)改建施工中搭设的安全支护体系和工作平台,应定时进行安全检查并确认其牢固性。

5)在改建施工过程中,若发现结构、构件突然发生变形增大、裂缝扩展或条数增多等异常情况,应立即停工、支顶并及时向安全管理单位或安全负责人发出书面通知。

6)改建施工时除搭设必要的水平防护棚、防护围墙外,当施工现场或周边环境有影响施工人员健康的粉尘、噪声、有害气体时,应采取有效的防护措施,还应尽量减少噪声,控制尘土飞扬。

7)当使用化学浆液(如胶液和注浆料等)时,尚应施工现场保持通风良好。化学材料及其产品应按危险化学品存放要求,放入远离火源、通风良好的储藏室内,并应密封存放。

8)工作场地严禁烟火,并必须配备消防器材;现场若需动火应事先申请,经批准后按规定用火。

5.1.3　主体结构改建施工一般流程

主体结构改建施工的一般流程如图 5.4 所示。

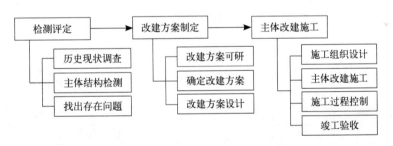

图 5.4　主体结构改建施工一般流程

(1)主体结构检测评定

检测与评定的对象是原有结构,目的是明确原有结构的传力体系、结构构件的受力性能等。对于严重损坏且不能再利用的结构构件,予以拆除;对于存在缺陷但能继续发挥作用的结构构件,予以补强加固。在对原有地基基础及主要承重结构进行检测评定乃至加固工作完成后,保证原有结构安全可靠的前提下,方可进行主体结构的改建工作。

(2)主体结构改建方案

旧工业建筑再生利用是一个大的范畴,主体结构改建是其中关键性的一大步。主体结构改建方案的优劣直接关系到旧工业建筑再生利用的成败。一个好的结构改建方案,应同时具备"适用、经济、安全、美观"等基本要求,对于工程本身还应具备适当的安全度。因此,主体结构改建方案的选择是至关重要的。结构改建项目的确定,应根据建设单位改建的要求、建筑物本身的实际状况，在符合当地城市规划要求的前提下，进行综合技术分析及可行性研究后确定改建项目。

（3）主体结构改建施工

再生利用主体结构改建施工过程同新建建筑施工类似，是指从签订工程承包合同、接受施工任务开始，到竣工验收交付生产或使用为止的时间范围。施工全过程包括签订工程承包合同、接受施工任务、施工准备、全面施工、工程竣工验收、交付生产或使用。其中施工准备可分全场性施工准备、单位工程施工条件准备和分部分项工程作业条件的准备等，具体包括技术、物资、劳动组织、现场内外准备等内容。

5.2 外接施工技术

旧工业建筑再生利用中外接的改建形式，其实质是在原有旧工业建筑周边一定范围内加建一定数量局部的建筑、构筑物或附属设施，加建建筑与原旧工业建筑作为一个旧工业建筑再生利用整体。根据外接部分结构与原旧工业建筑结构的受力情况，可分为独立外接（分离式结构体系）和非独立外接（协同式结构体系）。

一般来说，与原旧工业建筑整体相比，外接部分相对较小，例如天津市意库创意园再生利用项目（见图 5.5）、昆明 871 创意工厂再生利用项目（见图 5.6）、天津市 M60 秘境再生利用项目、厦门市集美集文创园图再生利用项目。

图 5.5　天津市意库创意园再生利用项目
（非独立外接形式）

图 5.6　昆明 871 创意工厂再生利用项目
（独立外接形式）

5.2.1 独立外接施工

独立外接结构，即为分离式结构体系，是指原旧工业建筑结构与新增结构完全脱开，独立承担各自的竖向荷载和水平荷载。

外接部分体量相对较小，但由于独立外接部分与原旧工业建筑相互分离，一般常见于采用砌体结构和钢结构等形式。对于独立外接的形式，外接部分应依据现行国家标准按新建建筑结构进行施工。具体施工技术此处不再赘述。

5.2.2　非独立外接施工

非独立外接结构，即为协同式受力体系，是原旧工业建筑结构与新增结构相互连接。

（1）非独立外接施工技术特点

非独立外接结构的特点主要包括：

1）非独立外接部分的荷载通过新增结构直接传至新设置的基础，再传至地基。

2）非独立外接部分的施工期间不影响原旧工业建筑的施工、使用和维护，即原旧工业建筑部分可不停产、不搬迁。

3）非独立外接部分与原旧工业建筑部分相比，体量较小，仅作为原旧工业建筑部分的补充，以完善和方便旧工业建筑再生利用后的运营和使用。

4）非独立外接的部分是完全新建的建筑，其建筑立面、装修风格等可与周围建筑物相协调。

（2）非独立外接施工工艺流程

对于旧工业建筑再生利用外接的改建形式来说，非独立外接形式比较多，包括混凝土结构、砌体结构和钢结构。每种结构类型的施工工艺不尽相同。

1）外接部分为混凝土结构

当外接部分为混凝土结构时，其施工工艺流程如图 5.7 所示。

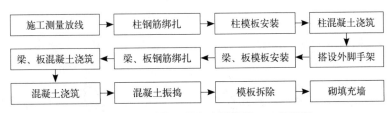

图 5.7　独立外接—混凝土结构施工工艺流程

2）外接部分为砌体结构

当外接部分为砌体结构时，其施工工艺流程如图 5.8 所示。

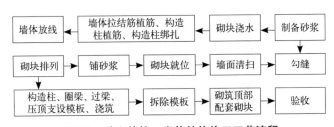

图 5.8　独立外接—砌体结构施工工艺流程

3）外接部分为钢结构

当外接部分为钢结构时，其施工工艺流程如图 5.9 所示。

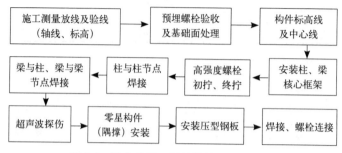

图 5.9　独立外接—钢结构施工工艺流程

（3）非独立外接施工节点连接

1）节点连接分类

非独立外接部分与原旧工业建筑部分相互连接，根据连接节点的构造，可分为铰接连接和刚接连接。

①铰接连接。若连接节点只传递水平力，不传递竖向力，即原建筑结构、新增部分结构承担各自的竖向荷载，但在水平荷载下两者协同工作，此连接为铰接，如图 5.10（a）所示。如《建筑物移位纠倾增层改造技术规范》CECS 225：2007 所述："新老结构均为混凝土结构，新结构的竖向承重体系与老结构的竖向承重体系相互独立，新结构利用老结构的水平抗侧力刚度抵抗水平力"。

②刚接连接。若连接节点传递水平力，也传递竖向力，即原建筑结构与新外套增层结构共同承担竖向荷载和水平荷载，此连接为刚接，如图 5.10（b）所示。

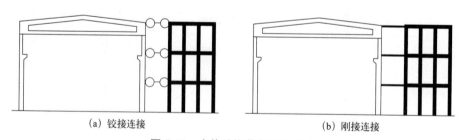

（a）铰接连接　　　　　　　　　　　（b）刚接连接

图 5.10　主体结构节点连接形式

2）关键节点处理

对于旧工业建筑再生利用非独立外接的改建形式，在施工过程中的关键部分是新老建筑之间的节点处理。目前常用的几种类型包括钢结构与混凝土结构的连接，钢结构与钢结构连接等。

①钢梁与钢筋混凝土柱连接。在新增钢结构时，难免会遇到新增钢结构与既有的混凝土柱连接。在二者连接后，混凝土柱的受荷面积增大。由于原有旧工业建筑建造年代久远，所以并不能准确确定混凝土柱的强度承载力。对于这种情况，对梁柱连接应进行特别的处理。在既有混凝土柱的跟前紧靠着工字型钢柱，钢梁与钢柱的连接方式为铰接，这样钢柱就只承受钢梁传递的轴力，并不承担弯矩。在沿着混凝土柱的长度方向，每隔一定距离就植入钢筋，使其与既有混凝土柱连成一体。钢柱可以通过柱脚栓与原有钢筋混凝土柱的承台相连接。

②钢梁与钢筋混凝土梁连接。在对这两者进行连接的时候，复合钢筋混凝土的承载力是首先要考虑并且解决的问题。二者的连接方式主要采用的也是铰接的方式，通过使用钢梁的连接螺栓和钢筋混凝土的锚栓，使其联系起来。

③钢构件与钢构件连接。一般来说，钢结构之间的连接方法包括焊接、普通螺栓连接、高强度螺栓连接和铆接。由于是新老钢结构直接的连接，因此比较常用螺栓连接。

5.3　增层施工技术

旧工业建筑再生利用中增层的改建形式，其实质是在原有旧工业建筑内部、上部或外部进行增层。根据增层部分与原旧工业建筑结构的位置关系，可分为上部增层、内部增层和外套增层，其中内部增层较为常见。例如济南 JN150 创意文化产业园再生利用项目（见图 5.11）、北京首钢老工业区再生利用项目（见图 5.12）。南京国家领军人才创业园再生利用项目、天津棉三创意街区再生利用项目。

图 5.11　济南市 JN150 文创园再生利用项目　　　图 5.12　北京市首钢老工业区再生利用项目
　　　　　（外套增层形式）　　　　　　　　　　　　　　（上部增层形式）

5.3.1　上部增层施工

旧工业建筑再生利用上部增层是指在原有旧工业建筑主体结构上部直接增层，充分利用了原建筑物结构及地基的承载力，通过上部增层的方式满足新的功能需求。因此，首先要求原有旧工业建筑承重结构有一定承载潜力。直接在旧工业建筑的主体结构上加高，增层荷载全部或部分由原有旧工业建筑的基础、墙、柱来承担，这项技术的关键在于将现代结构技术适当地应用于工程中，使得在原有旧工业建筑中向上增加的部分与原有部分良好结合，融为一体。增层部分建筑风貌与外形，需尽量使分格与原有旧工业建筑的结构体系一致，使房间的隔墙尽量落在原有旧工业建筑梁柱位置，房屋中的设备设施及上下水管、煤气、暖气、电器设备的布局要考虑原有系统的布局和走向，尽量做到统一，减少管线的敷设，避免不必要的渗漏。

（1）上部增层技术分类

上部增层的改建形式，根据原旧工业建筑结构类型的不同，主要分为砖混结构上部增层、钢筋混凝土结构上部增层、多层内框架砖房结构上部增层和底层全框架结构上部增层四种类型。

1）砖混结构上部增层

旧工业建筑砖混结构通常建造年代久远，且层数不高。此类旧工业建筑就其墙体自身承载力而言，在原高度上增加 1～3 层，总层数控制在 5 或 6 层以下，困难不会很大。因此，当原结构为小开间砖混结构而对加层无大开间要求的工程，在对地基基础和墙体承载力进行复核验算后，确认原承重构件的承载力及刚度能满足增层设计和抗震设防要求时，

图 5.13　砖混结构上部增层

可不改变原结构的承重体系和平面布置，尽可能在原来的墙体上直接砌筑砌体材料（见图 5.13），然后铺设楼板和屋面板。

砖混结构上部增层时，若原旧工业建筑承重墙体和基础的承载力与变形不能满足增层后的要求时，可增加新承重墙或柱，也可采用改变荷载传递路线的方法进行增层。例如，原房屋为横墙承重、纵墙自承重，则增层后可改为纵横墙同时承重。此时，墙或柱承重能力应重新进行验算，并满足规范要求。

当原旧工业建筑为平屋顶时，应核算其承载能力，当跨度较大或板厚较小时，尚应核算板的挠度和裂缝宽度，满足要求即可将屋面板作为增层后的楼板使用，不满足要求则拆除重新进行楼板施工；当原旧工业建筑为坡屋顶时，则需将原有屋面拆除重新进行楼板施工。

2）钢筋混凝土结构上部增层

当原旧工业建筑为框架或框架—剪力墙结构时，其进行上部增层时一般采用框架结构、框架—剪力墙结构或钢框架结构。

框架结构增层时，常遇须加剪力墙才能通过抗震计算，当加剪力墙有困难时，可采用防屈曲约束消能支撑，以减小结构的地震反应。直接在钢筋混凝土结构顶部增层，增层结构与既有混凝土结构顶层梁柱、剪力墙节点的连接处理是关键。采用钢结构增层时，则增层后的结构沿竖向质量、刚度有较大突变，应能保证新老结构整体协同工作以利于

抗震。采用其他增层方式时，尚应注意因增层带来结构刚度突变等不利影响，进行验算，必要时对原结构采取加固措施。

3）多层内框架砖房结构上部增层

当原旧工业建筑为多层内框架结构，上部增层不改变原结构体系，其结构与下部结构相同。内框架钢筋混凝土中柱、梁、砖壁柱设置至顶，如图 5.14 所示。这种类型的上部增层，抗震横墙的最大间距应符合《建筑抗震设计规范》GB 50011—2010 的要求。新增层的抗震纵横墙可采用普通砖或砌体。根据抗震要求，层层设置钢筋混凝土圈梁，房屋四个边角设抗震构造柱。此种类型上部增层的可行性取决于原钢筋混凝土内柱和带壁柱砖砌体的承载能力及其补强加固的可能性。

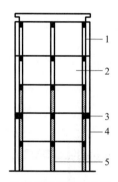

图 5.14　多层内框架砖房结构上部增层
1—新加纵横墙用砖或小砌块，框架填充用加筋砌块或加气混凝土块；2—原屋面坡用加筋砌块或加气混凝土块找平；3—第 2 层采用外加圈梁；4—四边角抗震构造柱；5—原内框架中柱，砖壁柱

多层内框架砖房结构的上部增层，可根据需要在外墙设钢筋混凝土外加柱，外加柱与梁的连接宜视构造情况采用铰接或刚接。在地震区，原框架的配筋及梁、柱节点必须满足抗震规范的要求，当不能满足要求时应在加固后进行加层。

4）底层全框架结构上部增层

当原旧工业建筑为底层框架结构，上部增层部分一般采用刚性砖混结构。由于上部加层而增加了底层框架的垂直和水平荷载，对经过复算可以满足增层要求的底框结构，一般应设置抗震纵、横墙。其抗震横墙的最大间距应符合《建筑抗震设计规范》GB 50011—2010 的要求。新增的抗震墙应沿纵横两个方向均匀对称布置，其第 2 层与底层侧移刚度的比值，在地震烈度为 7 度时不宜大于 3，地震烈度为 8 度和 9 度时不应大于 2，新增的抗震墙应采用钢筋混凝土墙，并与原框架可靠连接。

对经过复核验算不能满足增层承载力或抗震要求的底层框架结构，也可采用"□"形刚架与原框架形成组合梁柱进行加固增层，如图 5.15 所示。

值得注意的是：底层框架、上部砖混的结构形式只适用于非地震区；在地震区底层应采用框架—剪力墙，上部为砖房的结构形式。

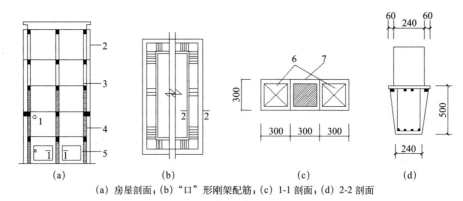

（a）房屋剖面；（b）"口"形刚架配筋；（c）1-1 剖面；（d）2-2 剖面

图 5.15 底层框架结构上部增层

1—抗震柱；2—新加二层墙体用砖或小砌块；3—原旧房屋面坡（分段找平）；
4—原底层框架、梁柱砖墙；5—"口"形刚架加固（代抗震墙）；6—现加柱；7—原柱

（2）上部增层施工工艺流程

主体结构上部增层施工工艺流程如图 5.16 所示。

图 5.16 主体结构上部增层施工工艺流程

（3）上部增层施工相关要求

1）砖混结构上部增层

①砖混结构上部增层后的总高度、层数限值和最大高宽比应符合现行国家标准《建筑抗震设计规范》GB 50011—2010 的要求。考虑到原旧工业建筑虽已经过加固后能够满足规范要求，但总不如新建结构更加合理，因此可根据原旧工业建筑实际状况适当降低。

根据大量的统计分析，在满足抗震和地基要求的前提下，给出砖混结构增层的合理层数计算的经验公式和参考表，见表 5.1。

砖混结构上部增层的合理层数 表 5.1

	80	100	120	140	160	180	200
1 层	1/2	2/3	3/4	3/4	—	—	—
2 层	1/3	1/3	2/4	3/5	3/5	—	—
3 层	—	1/4	1/4	2/5	2/5	3/6	3/6
4 层	—	—	—	1/5	1/5	2/6	2/6
5 层	—	—	—	1/6	1/6	2/7
6 层	—	—	—	—	1/7	1/7

注：表中分子是增层数，分母是总层数。

表中的计算公式是：

$$f = \frac{(N+n)35}{b}$$

(5-1)

式中　　N——原有建筑物的层数；

　　　　n——新增建筑物的层数；

　　　　b——原设计的基础底面宽度；

　　　　f——地基的承载力。

②在砖混结构的顶部增加一层轻型钢结构。由于轻型钢框架结构有较好的抗变形能力，抗震性能好。所以，顶部增加的一层轻钢框架可不计入房屋总高度和层数的限制范围之内，但应考虑地震作用效应，按突出屋面的屋顶间计算地震作用力。

当采用底部剪力法时，宜乘以增大系数 2，此增大部分不应往下传递。由于轻型钢结构的刚度和质量都比下部主体结构小得多，因而产生非常显著的鞭梢效应，为确保轻型钢结构房屋的整体性和稳定性以及力的传递，顶层轻型钢框架部分应设置可靠的支撑系统，框架柱顶部节点应采用刚接，框架柱与圈梁的连接可采用铰接，顶层圈梁的高度不得小于 300mm，宽度同墙厚，顶层屋盖宜为现浇钢筋混凝土屋盖；当采用预制屋盖时，应设置厚度不小于 40mm 的刚性面层。

2）钢筋混凝土结构上部增层

①在地震高烈度区（8 度及以上），对于既要改变使用功能，又要上部增层的钢筋混凝土框架结构而言，仅对改造部位加固进行加强是远远不够的，应从结构整体出发，避免部分构件加固后薄弱部位的转移。

②增层后抗震等级提高的钢筋混凝土框架结构，应从抗震构造角度鉴定原有框架往、框架梁能否满足提高抗震等级后的要求。

③对原结构截断框架梁、楼板开大洞，抽去原有框架柱使小柱网改成大空间等的建筑改造，也要从概念设计出发，考虑新增构件的设置或原有构件的加强、去除对整个建筑扭转效应的影响，尽可能使加固后结构的重量和刚度分布比较均匀对称。

④改造增层后的钢筋混凝土结构层间弹性位移角、弹塑性位移角值能否满足规范要求。

3）多层内框架砖房结构和底层全框架结构上部增层

多层内框架砖房结构和底层全框架结构，进行上部增层后的房屋总高度和层数的限值不应超过表 5.2 的规定。

5.3.2　内部增层施工

旧工业建筑再生利用内部增层，是指在旧工业建筑室内增加楼层或夹层的一种改建方式。它的特点是：可充分利用旧工业建筑室内的空间，只需在室内增加承重构件，可利用原有旧工业建筑屋盖及外墙等部分结构，保持原建筑立面。因此，它是一种更为经济合理的增层方式，如图 5.17 所示。

总高度与层数的限值　　　　　　　　　　　　表 5.2

上部增层类型	烈度 6		烈度 7		烈度 8	
	高度（m）	层数	高度（m）	层数	高度（m）	层数
底层框架砖房	19	6	19	6	16	5
多排柱内框架砖房	16	5	16	5	14	4
单排柱内框架砖房	14	4	14	4	11	3

注：总高度指室外地面到建筑檐口的高度，半地下室从室内地面算起，全地下室从室外地面算起。

（a）哈尔滨红场美术馆　　　　　　　　　（b）长沙万科紫台售楼部

图 5.17　内部增层形式

对于原有旧工业建筑为大空间的车间，仓库等空旷的砖混结构的单层或多层房屋，增层荷载可直接通过原结构传至原基础；也可新设结构传至新基础，即采用加承重横墙或承重纵墙的方案；也可采用增设钢筋混凝土内框架或承重内柱的方案。室内增层还可以采取局部悬挑式或悬挂式来达到增层的目的。这就要求设计者根据原房屋的结构情况、抗震要求、使用要求等而定。当然，这类结构的横向刚度较差，绝大多数旧墙体承受不了增层后的全部荷载，特别是横向水平荷载。因此在平面功能容许的条件下，应适当增设承重墙体和柱子，合理地传递增层荷载，使新老结构协同工作。在建筑底部一层采用室内增层时，室内增层结构可以与原建筑物完全脱开，并形成独立的结构体系，新旧结构间尚应留有足够的缝隙，最小缝宽宜为 100mm。

（1）内部增层技术分类

内部增层的改建形式，基本的结构形式有整体式、吊挂式、悬挑式等三种。

1）整体式内部增层

在内部增层时将原旧工业建筑内部新增的承重结构与旧房结构连在一起共同承担房屋增层后的总竖向荷载及水平荷载。它的优点是：可利用原旧工业建筑墙体、基础潜力，整体性好，有利于抗震；缺点是有时需对旧工业建筑进行加固。

因使用功能要求，需将原旧工业建筑内部大空间改为多层，通过利用原结构柱直接增设楼层梁的增层方法。该种增层方法的技术一般用于局部增层，增层荷载传给原结构柱及其基础，大多需要加固处理。

如图 5.18 所示为某框架结构，原中间部分为采光天井，后因使用需要，将中间部分局部加层，加层梁直接与原框架柱连接。

2）吊挂式内部增层

当原旧工业建筑内部净空较大，增层荷载较小，且在增层楼板平面内不方便新旧结构连接时，可以通过吊杆将增层荷载传递给上部的原结构梁、柱，也称为吊挂增层。吊挂增层中的吊杆只承受轴向拉力，与原结构梁、柱的连接要求可靠，并应具备一定的转动能力。由于吊杆属于弹性支座，加层楼板与原建筑之间应留有一定的间隙，使加层结构能够上下自由移动。吊挂增层一般只能小范围增加一层，如图 5.19 所示。

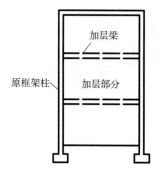

图 5.18　利用原柱体设梁加层示意图

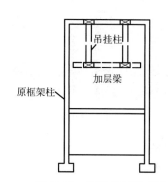

图 5.19　吊挂增层示意图

3）悬挑式内部增层

当原旧工业建筑内部增层不允许立柱、立墙，又不宜采用悬吊结构时，可采用悬挑式内部增层。此方法主要应用于在大空间内部增加局部楼层面积，且该增层面积上使用荷载也不宜太大。通常做法是利用内部原有周边的柱和剪力墙做悬挑梁，确保悬挑梁—柱和剪力墙有可靠连接且为刚性连接。此时，悬挑的跨度也不宜太大。由于悬挑楼层的所有附加荷载全都作用在原结构的柱和墙上，通常需要验算原有结构的基础及柱、墙的承载力，必要时采取加强和加固措施。

4）其他内部增层

除了上述三种内部增层方式外，旧工业建筑内部增层还有以下几种情况：①因生产工艺改变要求，在内部增设各种操作平台。②因使用功能改变，需在内部增加设备层。

（2）内部增层施工工艺流程

主体结构内部增层施工工艺流程如图 5.20 所示。

（3）内部增层施工相关要求

由于内部增层方式都与原有结构发生关系，新增结构和原有结构相连，因此，对原

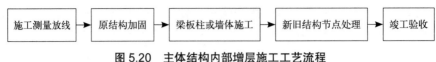

图 5.20 主体结构内部增层施工工艺流程

结构的受力和变形都有影响。应考虑新旧结构在荷载作用下的协调工作，设计者应根据增层设计方案，选择合理的计算简图及计算方法，采取可靠的连接构造措施。

1）根据房屋增层鉴定的要求，应按现行国家有关标准规范，对增层后相连接并对其产生影响的地基基础、墙体结构、混凝土构件等，进行承载力和正常使用极限状态的验算。

2）内部增层后的房屋应避免荷载差异过大，尽量减小地基不均匀沉降。

3）内部增层部分采用钢筋混凝土加大基础时，应满足现行国家规范《建筑地基基础设计规范》GB 50007—2011、《混凝土结构设计规范》GB 50010—2010 中有关规定的要求；在承载力验算时，混凝土和钢筋的强度设计值乘以 0.8 的折减系数。

4）内部增层建筑抗震设计首先应对不符合抗震要求的原房屋进行抗震加固设计；其次对增层部分构件进行抗震设计；最后对增层后的整体房屋进行抗震验算。

5）对于地震区采用悬挑式内部增层。增层部分构件设计中除考虑一般荷载作用下强度和变形验算，跨度较大的悬挑还应考虑竖向地震作用效应的影响，相应转到原结构柱、墙上的荷载也应考虑竖向地震作用。

6）对于内部增层的结构而言，仅对改造加固部位进行加强是不够的，还应从结构整体出发，考虑结构的抗震性能，避免部分构件加固后薄弱部位的转移。

7）内部增层后结构层间弹性位移角、弹塑性位移角值仍应满足规范要求。

8）当内部增层结构与原旧工业建筑相连时，应保证新旧结构有可靠的连接，并应符合下列规定：

①单层砖房结构内部增层时，室内纵、横墙与原房屋墙体连接处应设构造柱，并用锚栓与旧墙体连接，在新增楼板处加设圈梁。

②钢筋混凝土单层厂房或钢结构单层厂房室内增层时，新增结构梁与原有结构柱的连接，宜采用铰接；当新增结构柱与原有结构房柱的刚度比 $N_p \leqslant 1/20$ 时，可不考虑新增结构柱对原有结构柱的作用。

③新增结构的基础设置，应考虑对原有旧工业建筑结构基础及设备基础的不利影响。

9）吊挂式内部增层和悬挑式内部增层应尽量降低增层部分的结构重量，一般建议采用钢结构。

5.3.3 外套增层施工

旧工业建筑再生利用外套增层是指在原旧工业建筑上外设外套结构进行增层，使增层的荷载基本上通过在原旧工业建筑外新增设的外套结构构件直接传给新设置地基和基础的增层方法。当在原旧工业建筑上要求增加层数较多，需改变建筑平面和立面布置，原承重结构及地基基础难以承受过大的增层荷载，增层施工过程中无法停止使用等情况，不能采用上部增层时，一般可以采用外套增层。外套结构增层，不仅可使原有土地上建筑容积率增大几倍到几十倍，达到有效利用国土资源的目的，而且可使建筑造型与周围新建建筑相协调，达到对旧工业建筑进行现代化改造和更新的目的，能够提升城市现代化的整体水平，但进行增层的费用较高。

（1）外套增层技术分类

外套增层的改建形式，根据与原旧工业建筑的连接情况，可分为分离式外套增层和协同式外套增层。

1）分离式外套增层

分离式外套增层结构形式主要有 11 种，如图 5.21 所示。

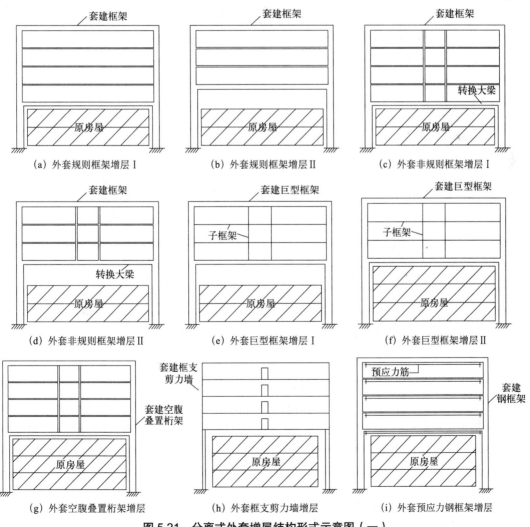

（a）外套规则框架增层Ⅰ　　（b）外套规则框架增层Ⅱ　　（c）外套非规则框架增层Ⅰ

（d）外套非规则框架增层Ⅱ　　（e）外套巨型框架增层Ⅰ　　（f）外套巨型框架增层Ⅱ

（g）外套空腹叠置桁架增层　　（h）外套框支剪力墙增层　　（i）外套预应力钢框架增层

图 5.21　分离式外套增层结构形式示意图（一）

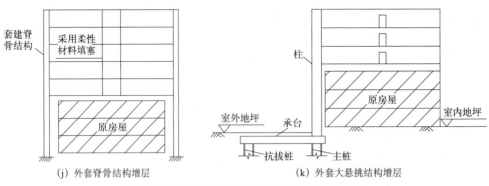

(j) 外套脊骨结构增层　　　　　　　(k) 外套大悬挑结构增层

图 5.21　分离式外套增层结构形式示意图（二）

2）协同式外套增层

协同式外套增层结构形式主要有 4 种，如图 5.22 所示。

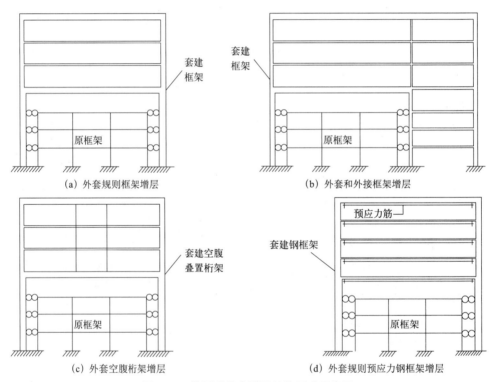

（a）外套规则框架增层　　　　　　（b）外套和外接框架增层

（c）外套空腹桁架增层　　　　　　（d）外套规则预应力钢框架增层

图 5.22　协同式外套增层结构形式示意图

外套增层根据原有结构的特点、新增层数、抗震要求等因素，采用框架结构、框架—剪力墙结构或带筒体的框架—剪力墙结构等形式。一般来说，当原旧工业建筑为砌体结构时，多以分离式增层为主；当原旧工业建筑为钢筋混凝土结构时，多采用协同式外套增层。

（2）外套增层施工工艺流程

主体结构外套增层施工工艺流程如图 5.23 所示。

图 5.23　主体结构外套增层施工工艺流程

（3）外套增层施工相关要求

由于外套增层的荷载通过外套结构直接传至新设置的基础，再传至地基。在外套增层施工中应满足下列相关要求。

1）外套增层结构横跨原建筑的大梁，一般跨度均较大，有的可达十几米，甚至更大。因此，大梁的结构形式应采用比较先进的技术，如预应力结构、钢筋混凝土组合结构、桁架结构、空腹桁架结构、钢结构等。这样可减小大梁的断面，相应也会减小新外套增层的层高和总高。

2）一般情况下，外套增层一般采用的结构体系包括：①底层框剪上部砖混结构，即在原旧工业建筑外套"底层框架—剪力墙，上部各层为砖混结构"；②底层框剪上部框架结构，在原旧工业建筑外套"底层框架—剪力墙，上部各层为框架结构"；③底层框剪上部框剪结构，即在原旧工业建筑外套"底层及上部各层均为框架—剪力墙结构"；④底层框架上部砖混结构，即在原旧工业建筑外套"底层框架，上部各层均为砖混结构"；⑤底层框架上部框架结构，即在原旧工业建筑外套"底层及上部各层均为框架结构"。

3）外套增层的层数根据具体情况和需要可达几层至十几层，甚至更多。这将使建筑场地的容积率加大几倍至十几倍，更有效地利用了国土资源。外套增层结构的建筑总高度和总层数，应根据地震设防烈度、场地类别、使用要求、经济效益等综合确定，一般不宜超过表 5.3 所示。

外套结构总高度和总层数限值　　　　　　　　　　　　　　　　　表 5.3

外套增层类型	非抗震设防区		烈度 6		烈度 7		烈度 8	
	高度 (m)	层数	高度 (m)	层数	高度 (m)	层数	高度 (m)	层数
底层框剪上部砖混	21	7	19	6	19	6	19	5
底层框剪上部框架	24	8	24	8	21	7	19	6
底层框剪上部框剪	30	10	27	9	24	8	21	7
底层框架上部砖混	19	6	—	—	—	—	—	—
底层框架上部框架	21	7	19	6		6	—	—

当采用原旧工业建筑每侧均增设单排柱的外套框架增层方案时，原旧工业建筑高度不宜超过 15m，跨度不宜大于 15m，增层后的建筑总高度不宜超过 24m，其综合效应较好。

外套结构建筑总层数为 7 层或 7 层以下时，宜选用普通框架体系、带过渡层的框架体系或框架—剪力墙体系。总层数为 8 层及 8 层以上时，宜选用巨型框架体系或框架—剪力墙体系。巨型框架或带过渡层的框架，宜采用部分预应力混凝土框架结构。

4）外套增层结构的底层层高，不宜超过表 5.4 的规定。

外套增层结构底层层高的限值 表 5.4

外套增层类型	非抗震设防区	6 度	7 度	8 度
底层框剪上部砖混	12	12	9	9
底层框剪上部框架	15	15	12	12
底层框剪上部框剪	18	18	15	15
底层框架上部砖混	9	—	—	—
底层框架上部框架	12	12	8	

5）外套增层结构的剪力墙间距，不应超过表 5.5 的规定。

外套增层结构剪力横墙（抗震横墙）最大间距（m） 表 5.5

外套增层类型	非抗震设防区		烈度 6		烈度 7		烈度 8	
	底层	上部各层	底层	上部各层	底层	上部各层	底层	上部各层
底层框剪上部砖混	25	15	25	15	21	15	18	11
底层框剪上部框架	4B	—	4B	—	4B	—	4B	—
底层框剪上部框剪	4B	4B	4B	4B	4B	4B（3B）	4B	3B（2.5B）
底层框架上部砖混	—	—	—	—	—	—	—	—
底层框架上部框架	—	—	—	—	—	—	—	—

注：1. 表中"B"为外套增层结构总宽度；
2. 表中括号内数字用于装配式楼盖。

6）外套增层结构的建筑高宽比，不应超过表 5.6 的规定。

外套增层建筑高宽比限值 表 5.6

外套增层类型	非抗震设防区	6 度	7 度	8 度
底层框剪上部砖混	3.0	2.5	2.5	2.0
底层框剪上部框架	5.0	4.0	4.0	3.0
底层框剪上部框剪	5.0	4.0	4.0	3.0
底层框架上部砖混	3.0	—	—	—
底层框架上部框架	4.0	4.0	4.0	

7) 外套增层的外套部分和增层部分是完全新建的建筑，其建筑立面、装修风格等可与周围建筑物相协调。特别是在进行旧城改造的规划时，采用外套增层可满足城市规划的外观要求，提高城市现代化整体水平。

8) 外套增层不受原建筑的限制和影响，可选用各种新的建筑材料和先进的结构形式。外套增层与原建筑完全分开时，两者使用年限的差别问题得到解决。原建筑达到使用年限需拆除时，不影响外套增层建筑的继续使用。

9) 外套增层结构的基础应与原旧工业建筑的基础分开，应优先选用在施工中无振动的桩基（如钻孔灌注桩、人工挖孔桩、静压预制钢筋混凝土桩等），其承载力宜通过试验确定；当外套增层结构荷载较小且为Ⅰ、Ⅱ类场地时，也可采用天然地基，但应采取措施，防止对原旧工业建筑及相邻建筑产生不利影响。

5.4　内嵌与下挖施工技术

一般来说，在旧工业建筑再生利用中，内嵌的改建形式较为常见；下挖由于涉及问题较多，现实中使用较少。例如苏州市苏纶厂再生利用项目（见图 5.24）、沈阳市工业展览博物再生利用项目（见图 5.25）。哈尔滨市西城红场再生利用项目、上海市红坊创意园区再生利用项目。

图 5.24　苏州市苏纶厂再生利用项目　　　图 5.25　沈阳市工业展览博物馆再生利用项目
（下挖形式）　　　　　　　　　　　　　（内嵌形式）

5.4.1　内嵌施工

旧工业建筑再生利用内嵌，是指当原旧工业建筑室内净高较大时，可在室内内嵌新的建筑，它和内部增层类似，是在旧建筑室内增加楼层或夹层的一种改建方式。但又与内部增层不同的是，内嵌是在室内设置独立的承重抗震结构体系，新增结构和原有结构完全脱开，如图 5.26 所示。

（1）内嵌施工工艺流程

主体结构内嵌施工工艺流程如图 5.27 所示。

图 5.26　内嵌结构

图 5.27　主体结构内嵌施工工艺流程

（2）内嵌施工相关要求

一般来说，因使用功能要求，需将原房屋大空间改为多层，在大空间内增设框架结构，其荷载通过内增框架直接传给基础，室内内增框架与原建筑物完全脱开。这种建筑结构按照新建建筑进行施工。

采用内嵌的改建形式时，由于新增部分结构与原有旧工业建筑主体结构完全脱开，新增部分与原有结构按各自的结构体系分别进行承载力和变形的计算，无须考虑相互间的影响。

此外，新增结构应有合理的刚度和承载力分布，应自成独立的结构体系，结构应有足够的刚度，防止在水平作用下变形过大与原建筑发生碰撞，或与原建筑保持足够的空隙，确保新、旧建筑的自由变形。因此，内嵌的改建形式，不仅要保证新、旧结构的变形验算满足规范变形规定，而且还应验算两者在各种荷载工况作用下，发生最大变形后不发生碰撞。

5.4.2　下挖施工

旧工业建筑再生利用下挖，是指在不拆除原有旧工业建筑、不破坏原有环境以及保护文物的前提下，将原有旧工业建筑进行地下空间开挖，以建造新的地下空间等，能够合理地解决新老建筑的结合和功能的拓展。

下挖技术是一项非常复杂的技术过程，它包含了对原有旧工业建筑的基础托换、置换、开挖以及室内新构件制作与旧构件连接等一系列的技术问题，但由于受到安全、规划等众多因素影响，目前运用不多。

（1）下挖技术分类

下挖的改建形式，基本的结构形式有延伸式、水平扩展式、混合式三种。

1）延伸式下挖

延伸式下挖，是将建旧工业建筑通过下挖层直接在建筑底下向下延伸。这种改建方式虽然不占用建筑周边地下空间，但这种改建方式受原旧工业建筑的限制，较小占地面积的建筑下挖后使用功能将可能不太完美，而且造价会较高，如图 5.28、图 5.29所示。

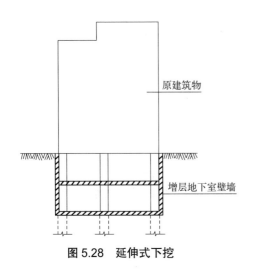

图 5.28　延伸式下挖

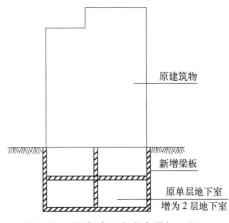

图 5.29　原有地下室室内增加一层

2）水平扩展式下挖

水平扩展式下挖，是充分利用原旧工业建筑的周边空地，将空地增加地下室。这种增层方法需占用建筑周边地下空间，很少受建筑本身原结构条件的制约，下挖空间根据周边环境情况设计，相对延伸式下挖来讲造价要低一些。该方式通常将下挖和增层有机结合，可形成建筑的外扩式建筑结构，如图 5.30 所示。

3）混合式下挖

混合式下挖，是将水平扩展式下挖和延伸式下挖综合运用，既可扩展建筑自身的地下空间，又利用建筑周边地下空间进行下挖。这种改建方式可将建筑的地下空间变得宽敞，充分利用有效的地下空间资源，是较好的下挖方式，如图 5.31 所示。

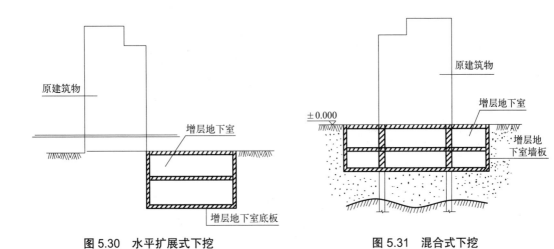

图 5.30　水平扩展式下挖　　　　　　　图 5.31　混合式下挖

（2）下挖施工工艺流程

主体结构下挖施工工艺流程如图 5.32 所示。

图 5.32 下挖施工工艺流程

（3）下挖施工相关要求

下挖施工时，可能会由于土体开挖或抽水引起被下挖建筑和相邻建筑基础产生下沉，或者由于下挖引起荷载改变等，需对被下挖的建筑或相邻建筑进行必要的地基与基础加固。其加固方法有复合地基法即灌浆法、湿喷桩法等，桩式托换法有锚杆静压桩、钻孔桩、嵌岩钢管桩等。具体的方法根据土质情况、开挖影响情况以及建筑物的原基础状况等综合决定。

当采用桩式托换进行下挖施工时，应符合如下施工顺序：

1）当被下挖建筑物基础（或桩承台）埋深小于下挖高度。做托换桩体→在原柱基础（或桩承台）以上做临时托换梁（或托换承台）——将托换结构与上部结构进行临时托换连接→进行土方开挖到地下室的所需标高→在地下室底板标高以下做永久托换梁（或承台）——将托换桩和旧桩体相连形成新的托换体系→在新的托换体系和被增层建筑物的柱子之间做永久托换柱→把永久托换柱与原柱相连→凿除（或切除）临时托换梁（或托换承台）和地下室底板以上多余的桩体以及旧承台或旧基础的宽大部分。

2）当被下挖建筑物基础（或桩承台）埋深大于下挖高度。做托换桩体→在原柱上合适位置做临时托换梁（或托换承台）→进行土体开挖到地下开挖所需的标高→在地下开挖底板标高以下做永久托换梁（或承台）→凿除（或切除）临时托换梁（或承台）以及地下室底板以上多余的桩体。

第6章 围护结构更新施工技术

6.1 围护结构更新施工概述

6.1.1 围护结构更新施工相关概念

围护结构更新是旧工业建筑再生利用新功能风格的直观表现，它和改造后厂区的功能在一定程度上决定着厂区改造的成败。围护结构除了建筑美观功能外，还有具有保温、隔热、隔声、防水防潮、耐火、耐久的性能，因此应选择合适的围护结构再生利用技术。本章围护结构更新施工技术仅考虑满足安全、适用、耐久要求，如图 6.1 所示。围护结构绿色施工改造技术内容在第 9 章详述。

(a) 工业建筑改造前   (b) 工业建筑改造后

图 6.1　工业建筑改造前后对比

（1）建筑围护结构的含义

围护结构分透明和不透明两部分：不透明围护结构有墙、屋顶和楼板；透明围护结构有窗户、天窗和阳台门等。《建筑工程建筑面积计算规范》GB/T 50353—2013 中规定：围护结构是指围合建筑空间四周的墙体、门、窗等，构成建筑空间，抵御环境不利影响的构件（也包括某些配件）。

（2）建筑围护结构的分类

根据在建筑物中的位置，围护结构分为外围护结构和内围护结构。外围护结构包括外墙、屋顶、外窗、外门等，用以抵御风雨、温度变化、太阳辐射等，应具有保温、隔热、隔声、防水、防潮、耐火、耐久等性能。内围护结构包括隔墙、楼板和内门窗等，起分隔室内空间作用，应具有隔声、隔视线以及某些特殊要求的功能。围护结构通常是指外墙和屋顶等外围护结构。

（3）旧工业建筑外围护结构

本书对旧工业建筑围护结构中的外墙、屋顶、门窗结构进行分析。外围护体系主要分为：不透明部分包括屋顶和外墙，透明部分包括屋顶上的天窗和外墙上的门窗。

屋顶是从上部覆盖整个建筑的围护结构，工业建筑的屋面除要经受风吹、雨淋、日晒和霜冻等外部环境的侵袭外，还要承受生产过程中所产生的震动、温湿度、粉尘及腐蚀性烟雾等的作用，因此其屋面的形式和构造与民用建筑有一定的区别。

外墙（墙体和门窗）的围合形式决定了建筑的本质——建筑空间的形成，它的物理技术特性决定了建筑的隔热、保温、隔声、防风雨等性能，直接影响建筑的使用舒适性。同样，外墙对于旧工业建筑也具有无法替代的重要意义。外墙不仅是为人们遮风避雨的重要屏障，还记载着其诞生以来的许多历史信息，蕴含着丰富的历史人文价值。

在屋顶上常设置各种形式天窗。按天窗的作用可分为采光天窗和通风天窗两类，但是实际上只有通风作用或只有采光作用的天窗较少，大多数采光天窗兼作通风作用。旧工业建筑根据不同的使用功能在不同的位置设置门窗，但主要起采光和通风作用，有时兼有美观的装饰作用。

根据调研大量的国内旧工业建筑再生利用项目，对围护结构的再生利用更新方式进行总结，将围护结构的施工方式归为两类：拆除和更新保留。

1）拆除围护结构的旧工业建筑具有以下特点：

①旧工业建筑围护结构历史痕迹保留意义不大，且布置格局和风格完全不符合新功能的使用要求。

②旧工业建筑围护结构损毁严重，材料风化，承载力不足，影响建筑的安全和正常使用。

③旧工业建筑围护结构的热工采光、防水等技术指标不能满足新的要求，在原有基础上进行改造造价较大，周期较长且效果不佳。

2）保留围护结构的旧工业建筑具有以下特点：

①旧工业建筑围护结构蕴含特殊历史价值，富有历史文人精神。

②旧工业建筑围护结构现状较好，基本符合改造后的新的功能要求。

③旧工业建筑围护结构进行简单涂饰即可满足新的外在形象要求，并能与周围环境相协调。

6.1.2　围护结构更新施工主要内容

结合旧工业建筑围护结构的特点，在保留历史文化价值和满足新功能使用要求前提下，对旧工业建筑围护结构更新施工内容如图 6.2 所示。

图 6.2 围护结构更新施工内容

（1）工业建筑屋顶多为木屋架或钢筋混凝土屋架，木屋架因时间太久虫蛀严重则需要更换，一般情况下有两种更换方式，一种是"以旧换旧"继续做成木屋架；另一种是根据新功能要求换成钢筋混凝土屋架或钢屋架。钢筋混凝土屋架多采用涂饰和局部加固的办法继续保留使用。同时，为了满足新功能的采光通风等要求，与原屋面形成鲜明对比，一般采用在屋顶加天窗，运用具有艺术风格的改造更新手法来实现。

（2）原有屋面防水多用油毡防水或屋面瓦，屋面几乎都存在漏水问题，因新功能的热工性能要求的不同，屋面保温层、隔热层、隔汽层、保护层都需要重新处理。

（3）工业建筑多为排架或框架结构，外墙不承重，起围挡作用，多采用砌体结构建造，施工内容包括：1）拆掉后采用"以旧换旧"继续用砖砌体或砌块在原位置重新砌筑。2）拆掉后满足新功能要求并增加现代时尚感换成玻璃幕墙结构。3）保留原有外墙，只进行简单的涂饰和加固，比如山墙，需要进行多方位的结构检测再决定是否拆除或加固使用。4）采用特殊前卫大胆的现代化造型与原有外墙形成鲜明对比，体现"新与旧"的对比。

（4）旧工业建筑外墙上的门窗和屋面上的天窗，几乎都采取了更换的改造方式。一种是采用"以旧换旧"在原位置做成和原来一模一样的门窗，另一种则是用热工性能良好、采用绿色环保满足新功能要求的塑钢门窗、铝合金门窗和钢门窗等替换。

6.1.3 围护结构更新施工一般流程

围护结构更新施工的一般流程如下图 6.3 所示。

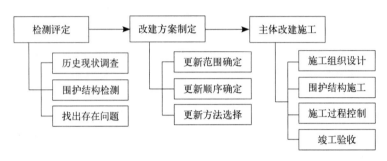

图 6.3 围护结构更新施工一般流程

（1）围护结构检测分析

应进行现场实地调研，收集相关资料，进行结构检测。将建筑的安全状态与价值进行评估，对结构更新的必要性和可行性作出评估。同时将之前得到资料汇总，并将检测评估、利用价值与直观评估相结合，对围护结构安全性和保存情况作出鉴定诊断。

（2）围护结构更新方案

通过各方对比选择合适的施工改造方案。围护结构更新流程与普通建筑围护结构改造的流程有所区别，围护结构改造与旧工业建筑的保护与修复有着密切联系，故应以普遍的保护流程分步，把围护结构的改造流程与建筑整体保护流程相结合进行再利用。

（3）围护结构更新施工

进行围护结构更新施工，应注意施工质量和施工方案对整体更新最终效果的影响。通过严格的更新施工，使其满足工程竣工验收的要求，并能够满足新的使用功能需求。

6.2 外墙再利用技术

结合旧工业建筑外墙再利用方式，本节从"以旧换旧"角度介绍砖墙施工和砌块施工，从引入现代化元素角度介绍玻璃幕墙施工，并对保留的旧工业外墙常采用的装饰方式施工方式介绍，如抹灰工程、涂饰工程、饰面工程。外墙再生利用技术广泛应用于旧工业建筑再生利用项目中，如：厦门市龙山文创园再生利用项目（见图 6.4）、上海市越界世博园再生利用项目（见图 6.5）、南京市金陵美术馆再生利用项目、哈尔滨市西城红场再生利用项目，并取得了良好的效果。

图 6.4　厦门市龙山文创园再生利用项目
（玻璃幕墙）

图 6.5　上海市越界世博园再生利用项目
（砌筑外墙）

6.2.1　砌筑工程施工

（1）砖砌体施工方法

1）砖墙的组砌形式

根据砖砌体应相互搭砌及无通缝的要求，砖墙砌筑方式有一顺一丁、梅花丁和三顺一丁三种，如图 6.6 所示。

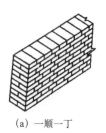　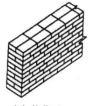　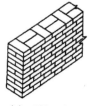

（a）一顺一丁　　　　　（b）梅花丁　　　　　（c）三顺一丁

图 6.6　砖墙砌体的组砌形式

①一顺一丁组砌方式是丁砌层与顺砌层相互交替组砌，相邻两皮竖缝均互相交错四分之一块砖长，故砌体中无任何通缝，而且丁砖数量多，能增强横向拉结力。但顺砌层在拐角和丁字墙处必须使用四分之三长的砖。此种组砌方法效率较高，但当砖的规格参差不齐时，竖缝就难以整齐。

②梅花丁组砌方式是每层中丁砖与顺砖相隔，上皮丁砖坐中于下皮顺砖，上下层砖竖缝相互错开四分之一砖长。这种组砌方式的砌体不仅整体性好，而且灰缝整齐、美观，但砌筑效率较低。

③三顺一丁组砌方式是三皮全顺砖层与一皮全部丁砖层间隔砌成，上下层顺砖层间竖缝错开二分之一砖长，上下皮顺砖与丁砖间的竖缝错开四分之一砖长。这种组砌方式由于顺砖较多，不仅砌筑效率较高，而且砌体沿齿缝截面的抗拉和抗弯强度，较一顺一丁和梅花丁组砌方式好。

由于一顺一丁与梅花丁组砌方式整体性较好,应在抗震设防地区使用。对于一般地区,三种组砌方式都可以使用。

2）砖砌体施工工艺

砖砌体施工通常包括抄平—放线—摆砖—立皮数杆—盘角—挂线—砌砖—清理。清水墙还要进行勾缝及清扫墙面等。

①抄平。砌筑前在基础 ±0.000 标高或楼面上超平,并用 1∶3 的水泥砂浆或 C10 号细石混凝土做出标志,使楼层的标高符合设计要求。

②放线。在底层,从龙门板上引出纵横墙的轴线和边线,定出门窗洞口位置。在楼层上则可用经纬仪将轴线由底层红线引上,以免偏差积累,并弹出各墙边线和画出门窗位置。各楼层外墙窗口位置应在同一垂直线上。

③摆底（摆干砖）。在弹好线的基面上按选定的组砌方式摆底,以调整竖向灰缝均匀一致,并应使门窗洞口,窗间墙长度符合砖的标准模数,以免砍砖。

④立皮数杆。皮数杆是木制或铝合金方杆,砌筑墙体时,用以控制墙体及门窗口、过梁、圈梁等部位的标高。皮数杆上标出砖块皮数及灰缝厚度。各标高之间应以调整灰缝的方法定成皮数。在基础皮数杆还应标出基础的退台、管道、洞口、防潮层、窗台、过梁等的标高。皮数杆应按基础和楼层分别画制设立。设置时均应抄平,使层间皮数杆标高一致,其相隔距离不宜大于 15m,一般设在墙的拐角和楼梯间等处,如图 6.7 所示。

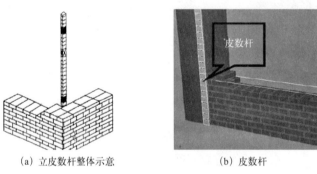

(a) 立皮数杆整体示意　　　　(b) 皮数杆

图 6.7　立皮数杆

⑤盘角、挂线。盘角是指在砌墙时先砌墙角,然后从墙角处拉准线,再按准线砌中间的墙。砌筑过程中应三皮一吊、五皮一靠,保证墙面垂直平整。

⑥砌砖。砌筑方法宜采用"三一"砌法,即一块砖、一铲灰、一挤揉,并随手将挤出的砂浆刮去的砌筑方法。当采用铺浆法砌筑时,铺浆长度不得超过 750mm,施工期间气温超过 30℃时,铺浆长度不得超过 500mm。

现场施工时,砖墙每天砌筑的高度不宜超过 1.8m,雨期施工时,每天砌筑高度不宜超过 1.2m。

3）砖砌体的砌筑要求

①横平竖直。砖砌体结构主要承受垂直力（砌体自重及楼板支座处传来的垂直力），因此，要求砖块平面与主要受力方向相垂直，以便更好地使砖承受压力，减少砌体所受的水平力。因此，砌筑砌体应横平竖直，这也为以后装饰工程施工创造有利条件。为了保证全墙砌砖层层水平，砌砖时除用皮数杆控制外，每楼层砌完后须校正一次水平、轴线和标高尺寸，在允许的偏差范围内方可。其偏差值应在基础或楼板顶面调整。

②砂浆饱满。砂浆的饱满度对砌体强度影响很大。上面砌体的重量主要通过砌体之间的水平灰缝传递到下面，水平灰缝砂浆不饱满会引起砖块局部受弯、受剪而折断。为此，要求水平灰缝的砂浆饱满度不得低于 80%。竖向灰缝的饱满度虽然对一般以承压为主的砌体的强度影响不大，但对砌体抗剪强度有明显影响，而且竖向灰缝不饱满会影响砌体的抗风和抗渗水性能，所以竖缝应采用挤浆或加浆方法，不得出现透明缝，严禁用水冲浆灌缝。此外，水平与竖直灰缝厚度介于 8mm ～ 12mm，过厚的水平灰缝容易使砖浮滑，墙身侧倾；灰缝过薄则会影响砖块间的粘结力和均匀受力。

③错缝搭接。砖砌体上下两皮砖的竖缝应当错开，以免上下通缝，当上下两皮砖搭接长度小于 25mm 时，即为通缝。在垂直载荷作用下，砌体会因通缝丧失整体性，影响砌体强度。

④接槎可靠。接槎是指先砌的砌体和后砌的砌体之间的接合方式，接槎方式合理与否，对砌体质量和建筑物的整体性有极大的影响，特别在地震区将会影响到建筑物的抗震能力。砖墙转角处和交接处应同时砌筑。对不能同时砌筑而又必须留置的临时间断处，应尽可能砌成斜槎，斜槎长度不应小于高度的 2/3。这种留槎方法操作方便，接槎时砂浆饱满，易于保证工程质量。对留斜槎确有困难时，除转角处 12cm 可留直槎，但必须留阳槎，不得留阴槎，并设拉结筋。拉结筋的数量为每 12cm 墙厚放置 1 根直径 6mm 的钢筋，间距沿墙高不得超过 500mm；伸入两侧墙中每边均不应小于 50mm。埋入长度从墙的留槎处算起，每边不小于 500mm，末端应有 90° 弯钩。接槎方式如图 6.8 所示。

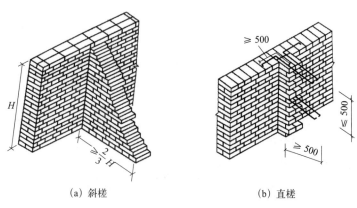

（a）斜槎　　　　　　　　（b）直槎

图 6.8　接槎

（2）砌块砌体施工方法

1）砌块排列图

砌块的单块体积与烧结普通砖相比要大得多，且不像砖块可以随意移动，因此砌块在砌筑前要先绘制"砌块排列图"，以便指导砌筑施工。即根据拟建房屋的立面、平面、门窗洞口大小、楼层标高、构造要求等条件，绘制排列图的比例为1：30或1：50，以主砌块为主，其他各种型号砌块为辅，较少吊装次数，提高台班产量。

2）砌块砌体施工工艺

砌块砌体施工通常包括砌筑前准备—立皮数杆—铺设砂浆—砌块就位—灌缝—镶砖。

①砌筑前准备。砌块施工时所用砌块的产品龄期不小于28d，砌块砌墙时应控制砌块上墙前的湿度，混凝土砌块和黏土砖的显著差别是前者不能浸水或浇水，以免砌块吸水膨胀。在天气特别干热的情况下，因砂浆水分蒸发过快，不便施工时，可在砌筑前稍加喷水润湿。

②立皮数杆。在房屋四角设立皮数杆，杆间距不得超过15m，皮数杆上应标出各皮砌块的高度及灰缝厚度，在砌块上边线拉准线，砌块依准线砌筑。

③铺设砂浆。对于通孔小砌块，应在砌块的壁肋上铺设砂浆，通孔小砌块有铺浆面与坐浆面之分，其铺浆面上的壁肋较坐浆面上的壁肋厚，所以为了便于铺设砂浆，通孔小砌块应把铺浆面朝上反砌于墙上；如果砌块为盲孔小砌块，则应把封底面（铺浆面）朝上砌筑，并在砌块的盲孔面上满铺砂浆。铺浆应均匀平整，其长度一般不超过两块主规格块体的长度。

④砌块就位。一般采用摩擦式夹具，夹砌块时应避免偏心，按砌块排列图将所需砌块吊装就位，注意光面放置在同侧；放置时应对准位置徐徐下落于砂浆层上，待砌块安放稳定后，方可松开夹具。

⑤灌缝。灌注竖缝时，用木板夹夹住竖缝两侧，一般采用砂浆或细石混凝土灌缝，并用竹片或者钢筋条插捣密实，收水后，用刮缝板把竖缝和水平缝挂齐，此后，不允许再撬动砌块，以防损坏砂浆粘结力。

⑥镶砖。

3）砌块砌体的砌筑要求

①灰浆饱满。砌块砌体的水平和竖向灰缝砂浆应饱满，砌块砌体水平灰缝和竖向灰缝的砂浆饱满度，按净面积计算不得低于90%。小砌块砌体的水平灰缝厚度和竖向灰缝宽度一般为10mm，且不应小于8mm，也不应大于12mm。加气混凝土砌块砌体的水平灰缝厚度要求不得大于15mm，竖向灰缝宽度不得大于20mm。

②错缝搭接。砌块砌体的砌筑应错缝搭砌，对单排孔小砌块还应对齐孔洞。砌筑承重墙时，小砌块的搭接长度不应小于120mm。砌筑框架结构填充墙时，小砌块的搭接长度不应小于90mm；加气混凝土砌块的搭接长度不应小于砌块长度的1/3，且不应小于

150 mm。如搭接长度不满足要求，应在水平灰缝中加设 $2\phi6$ 钢筋或 $\phi4$ 钢筋网片。

③接槎可靠。墙体转角处的纵、横墙交接处应同时砌筑，临时间断处应砌成斜槎，斜槎水平投影长度不小于斜槎高度，施工洞口可预留直槎，但在洞口砌筑和补砌时，应在直槎上下搭砌的小砌块孔洞内用强度等级不低于 C20 的混凝土灌实，如图 6.9 所示。

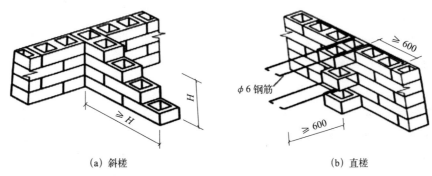

（a）斜槎　　　　　　　　　　（b）直槎

图 6.9　空心砌块墙留槎

④芯柱设置。小砌块砌体的芯柱混凝土不得漏灌。由于振捣芯柱时的震动力会对墙体的整体性带来不利影响，为此规定浇灌芯柱混凝土时，砌筑砂浆强度必须大于 1MPa。对于素混凝土芯柱，可在砌砌块的同时浇灌芯柱混凝土。在芯柱部位，每层楼的第一皮砌块，应采用开口小砌块或 U 形小砌块砌筑，以形成清理口，为便于施工操作，开口一般应朝向室内，以便清理杂物、绑扎和固定钢筋。浇筑混凝土前，从清理口掏出孔洞内的落地灰等杂物，校正钢筋位置；并用水冲洗孔洞内壁，将积水排出，用混凝土预制块封闭清理口。为了保证混凝土密实，应分层浇灌混凝土，并分层用插入式混凝土振动器加以捣实。浇捣后的芯柱混凝土上表面，应低于最上一皮砌块表面（上口）50mm ～ 80mm，以使圈梁与芯柱交接处形成一个暗键或上下层混凝土得以结合密实，加强抗震能力。

（3）砌体墙与原承重结构的连接

因单层旧工业建筑多为排架结构，多层旧工业建筑多为框架结构，外墙只起围挡作用而不承重，在重新砌筑砌体墙后，特别需要注意砌体墙与原承重结构的连接构造。

墙体与柱的连接为使支承在基础梁上的自承重砖（砌块）墙与排架柱保持一定的整体性与稳定性，防止由于风力等使墙体倾倒，建筑外墙要用各种方式与柱子相连接，其中最简单常用的做法是沿柱子高度上疏下密的每隔 0.5m ～ 1.0m 伸出两根直径 6mm 的钢筋段，砌墙时把它锚砌在墙体中。这种连接方案属于柔性结构，它既保证了墙体不离开柱子，同时又使自承重墙的重量不传给柱子，从而维持墙与柱的相对整体关系。

连系梁、圈梁的设置及与墙体的连接为保证厂房建筑排架的纵向刚度和在水平风荷载下的稳定性，以及为了支撑上部墙体重量，通常设置连系梁。连系梁多采用预制装配式或装配整体式的，支承在排架柱外伸的牛腿上，并通过螺栓或焊接与柱子相连接，其上承担墙体的重量。梁的形式一般为矩形，当墙厚 ≥ 370mm 时常做成 L 形，以减少连系梁外露所造成的"冷桥"现象。连系梁在高度方向的间距一般为 6m ~ 8m，其位置往往与门窗过梁一致，使一梁多用并无碍于窗的设置。其在同一水平上能浇圈封闭时，也可视作圈梁。自承重砖（砌块）墙中的圈梁设置与做法和承重砖墙的基本相同，常见的有现浇或采用预制装配式的。现浇圈梁一般是先在柱子上预留四根直径 14mm ~ 16mm 的外伸锚拉钢筋，当墙体砌至梁底标高时，先支侧模，绑扎钢筋并和锚筋连牢。然后浇灌混凝土，经养护后拆模即成。预制装配式圈梁两端留筋，吊装就位后把接头钢筋与柱上的预留锚拉钢筋共同连牢，再补浇混凝土使之成为一体。

6.2.2　玻璃幕墙施工

建筑幕墙是指由金属构件与各种板材组成的悬挂在主体结构上，不承担主体结构荷载与作用的建筑物外围护结构。幕墙按其面板种类可分为玻璃幕墙、金属幕墙、石材幕墙、混凝土幕墙及组合幕墙等。在旧工业建筑再生利用过程中，采用幕墙作围护结构不仅为了加入现代化时尚元素，体现现代建筑风貌，使建筑物显得明亮与原有外墙形成鲜明的对照，凸显旧工业建筑的古典美；同时原有厂房因功能不同，采光性能区别很大，采用玻璃幕墙可大大增强采光效果，满足新功能的需求。因此玻璃幕墙在外墙再利用过程中被广泛采用。本节主要介绍玻璃幕墙的施工技术。

（1）玻璃幕墙介绍

玻璃幕墙按其构造方式分为有框玻璃幕墙和无框全玻璃幕墙。而有框玻璃幕墙又分为明框、隐框和半隐框玻璃幕墙三种。半隐框玻璃幕墙可以是横明竖隐，也可以是竖明横隐。无框全玻璃幕墙分底座式全玻璃幕墙、吊挂式玻璃幕墙和点式连接式玻璃幕墙等多种。玻璃幕墙主要材料有骨架材料、面板材料、密封填缝材料、粘结材料等。幕墙经常受自然环境不利因素的影响，因此，要求幕墙材料要有足够的耐候性和耐久性，具备防风暴、防日晒、防盗、防撞击保温隔热等功能。

（2）玻璃幕墙的安装

玻璃幕墙现场安装施工有构件式和单元式两种方式。

1）构件式玻璃幕墙安装施工

指将工厂加工完成的立柱、横梁、玻璃面板等构件分别运至施工现场，在现场逐件安装到建筑结构上，最终完成幕墙的安装，其施工顺序为：测量放线定位—检查预埋件—安装骨架—安装玻璃面板—密封处理及清洗维护。

①测量放线定位。放线定位是根据土建单位提供的中心线及标高控制点，在主体结构上放出骨架的位置线。对于由横梁、立柱组成的幕墙臂架，一般先在结构上放出立柱的位置线，然后确定立柱的锚固点。待立柱通长布置完毕，再将横梁弹到立柱上，如果是全玻璃安装，则应该首先将玻璃的位置弹到地面上，再根据外缘尺寸确定锚固点。

②预埋件检查。为保证幕墙与主体结构连接可靠，预埋件应在主体结构施工时，按设计要求的数量、位置和方法进行埋设。幕墙骨架施工安装前，应检查各连接位置预埋件是否齐全，位置是否符合设计要求。预埋件遗漏、位置偏差过大、倾斜时，要会同设计单位采取补救措施。

③骨架安装施工。依据放线位置安装骨架。常用连接件将骨架与主体结构相连，连接件与主体结构可以通过预埋件或后埋锚栓固定，但当采用后埋锚栓固定时，应通过试验确定其承载力。骨架安装一般先安装立柱，再安装横梁。横梁与立柱的连接依据其材料的不同，可采用焊接、螺栓连接、穿插件连接或角铝连接等方法。

④安装玻璃面板。a. 明框玻璃幕墙的玻璃面板安装时不得与框构件直接接触，玻璃四周与构件凹槽底部保持一定的空隙。每块玻璃下部应至少放置两块宽度与槽口相同、长度不小于 100 mm 的弹性定位垫块。玻璃四周嵌入橡胶条，橡胶条镶嵌应平整、密实。b. 半隐框、隐框玻璃幕墙的玻璃板块应在工厂制作（即将玻璃面板与铝框之间注胶黏结），并经过抽样剥离试验和质量检验合格后，方可运至现场。c. 固定半隐框、隐框玻璃幕墙的玻璃板块应采用压块或勾块，其规格和间距应符合设计要求，固定点的间距不宜大于 300 mm。不得采用自攻螺钉固定玻璃板块。d. 隐框和横向半隐框玻璃幕墙的玻璃板块完全依靠结构胶承受玻璃自重，所以在安装时，应在每块玻璃板块下端设置两个铝合金或不锈钢托条，以保证安全，托条上应设置衬垫。

⑤密封处理及清洗维护。玻璃面板安装完毕后，须及时用硅酮耐候密封胶嵌缝密封，以保证玻璃幕墙的气密性、水密性等性能。嵌缝前应将板缝清洁干净，并保持干燥。密封胶注满后应检查胶缝，如有气泡、空心、断裂、夹杂等缺陷，应及时处理。幕墙工程安装完成后，应选择无腐蚀性的清洁剂对幕墙表面及外露构件进行清洗维护。

2）单元式玻璃幕墙安装施工

单元式安装施工是指将立柱、横梁和玻璃面板在工厂拼装为一个安装单元（一般为一层楼高度），运至施工现场后整体安装在主体结构上，其可进行工业化生产，提高加工精度、保证幕墙质量，安装方便，缩短施工工期。

玻璃幕墙工程的主要质量要求是：玻璃幕墙结构胶和密封胶的打注应饱满、密实、连续、均匀、无气泡，宽度和厚度应符合设计要求和技术标准的规定；幕墙表面应平整、洁净。整幅玻璃的色泽应均匀一致，不得有沾污或镀膜损坏；明框玻璃幕墙的外露框或压条应横平竖直，颜色、规格应符合设计要求，压条安装应牢固；单元玻璃幕墙的单元拼缝或隐框玻璃幕墙的分格玻璃拼缝应横平竖直、均匀一致；幕墙的密封胶缝应横平竖直、深浅一致、宽窄均匀、光滑顺直。

6.2.3　外墙装饰施工

在旧工业建筑再利用过程中，对结构安全检测评级良好、具有历史文化保存意义且可以继续使用的外墙，往往需要进行装饰以适应改造后的厂区风貌，符合厂区新功能和现代人审美的要求。目前外墙装饰工程主要包括抹灰工程、涂饰工程、饰面板工程。

（1）抹灰工程施工

抹灰工程主要有两大功能，一是防护功能，保护墙体不受风、雨、雪的侵蚀，增加墙面防潮、防风化、隔热的能力，提高墙身的耐久性能、热工性能；二是美化功能，改善室内卫生条件、净化空气、美化环境、提高居民舒适度。

抹灰工程分为一般抹灰和装饰抹灰，一般抹灰是指采用水泥砂浆、石灰砂浆、水泥石灰混合砂浆、聚合物水泥砂浆、麻刀灰、纸筋灰石膏灰等抹灰材料进行涂抹施工。装饰抹灰与一般抹灰的区别在于两者具有不同的装饰面层，按装饰面层的不同，装饰抹灰的种类有干粘石、水刷石、斩假石、假面砖等。

1）一般抹灰施工

①一般抹灰施工的施工工艺流程，如图 6.10 所示。抹灰构造如图 6.11 所示。

图 6.10　一般抹灰施工的施工工艺流程

②抹灰工程施工要点

a. 基层处理。砖墙面将砖缝、墙面残留的灰浆、污垢、灰尘等杂物清理干净，用水浇墙使其湿润。混凝土墙面用笤帚扫刷内掺水重 20% 的环保类建筑界面胶的 1:1 水泥砂浆一道，进行"毛化"处理，凝结并牢固粘结在基层表面后，才能抹找平底灰。

b. 找规矩、抹灰饼、冲筋。用一面墙做基准，吊垂直、套方、找规矩，抹灰饼确定抹灰厚度，操作时应先抹上灰饼，再抹下灰饼。根据抹灰要求确定灰饼的正确位置，再用靠尺板找好垂直与平整。灰饼宜用 1:3 水泥砂浆抹成 50mm 见方形状，如图 6.12 所示。

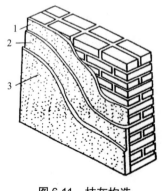

图 6.11　抹灰构造

1—底层灰；2—中层灰；3—面层灰

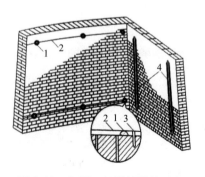

图 6.12　灰饼、标筋的做法示意

1—灰饼；2—引线；3—钉子；4—标筋

当灰饼砂浆达到七八成干时，即可用与抹灰层相同的砂浆冲筋，冲筋根数应根据房间宽度和高度确定，一般标筋宽度为 50mm，两筋间距不大于 1.5m，当墙面高度小于 3.5m 时宜做立筋，大于 3.5m 时宜做横筋，做横向冲筋时灰饼的间距不宜大于 2m。

c. 底层抹灰。一般情况下冲筋完 2 h 左右就可以抹底灰。抹灰要根据基层偏差情况分层进行。抹灰遍数：普通抹灰最少两遍成活，每层抹灰厚度 7mm ～ 9 mm 较适宜；高级抹灰最少三遍成活，每层抹灰厚度 5mm ～ 7 mm 较适宜，每层抹灰应等前一道的抹灰层初凝收浆后才能进行。

抹灰结束后要全面检查底子灰是否平整，阴阳角是否方正，管道处是否密实，墙与顶（板）交接是否光滑平顺。墙面的垂直与平整情况要用托线板及时检查。

d. 抹中层、面层砂浆。在分格条粘贴后当天或第二天便可抹中层或面层砂浆。外墙的抹灰层要求有一定的防水性能，一般采用水泥砂浆或水泥混合砂浆。具体做法是：先用水湿润底层刮糙，然后薄薄地刮一层素水泥浆，使粉刷层与底灰粘牢，接着抹罩面灰，并要求与分格条抹平；罩面灰应搓实、搓毛，然后用铁抹子溜光、压实；在抹、搓、溜、压等过程中，应根据粉面干湿情况，用软毛刷蘸水，以保证面层灰的颜色一致，避免和减少收缩裂缝。

e. 起分格条、勾缝。分格条应在罩面灰压光即可取出，然后用水泥砂浆勾缝。对于不是罩面灰的分格条，应在粉刷砂浆达到强度后方能取出；对于难起的分格条，不能硬起，应待灰层干透后再取，以防止分格缝棱角损坏，待灰缝干后，用素水泥膏勾缝。

f. 保护成品。各种砂浆抹灰层，在凝结前应防止快干、水冲、撞击、振动和受冻。在凝结后应采取措施防止粘污和损坏。水泥砂浆抹灰层应在湿润条件下养护，一般应在抹灰 24h 后进行。

2）装饰抹灰工程施工

旧工业建筑再利用外墙多采用"以旧换旧"理念，对原有外墙按原材料进行翻新，原有旧工业建筑多采用水刷石墙面，下面将介绍水刷石的施工方法。

①水刷石施工工艺流程。如图 6.13 所示。

图 6.13　水刷石施工工艺流程

②水刷石施工要点。a. 基层处理、找规矩、抹灰饼、冲筋与一般抹灰施工方法相同。b. 底、中层抹灰。用 1∶3 水泥砂浆应分层分遍进行抹灰，总厚度约为 12mm，抹灰后用木杠刮平，木抹子搓毛或划毛抹灰表面，底层灰完成 24h 后应浇水养护。c. 抹石渣浆。底层灰六七成干时首先将墙面润湿涂刷一层胶黏性素水泥浆，然后开始用钢抹子抹面层

石渣浆，自下而上分两遍与分格条抹平，并及时用靠尺或木杠检查平整度，有坑凹处要及时填补，边抹边拍打揉平。将已抹好的石渣面拍平压石，将其内水泥浆挤出，用水泥蘸水将水泥浆刷去，重新压实溜光，反复进行 3～4 遍，修整需待面层开始初凝方可进行，以指摁无痕、用水刷子刷不掉石粒为度。d. 压实喷刷。喷刷分两遍进行，第一遍先用毛刷蘸水刷掉面层水泥浆，露出石粒；第二遍紧随其后，用喷雾器将四周相邻部位喷湿，然后自上而下顺序喷水冲洗，喷头一般距墙面 100mm～200mm，喷刷要均匀，使石子露出表面 1mm～2mm 为宜；最后，用水壶从上往下将石渣表面冲洗干净，冲洗时不宜过快，以避免造成墙面污染，在最后喷刷时，可用草酸稀释液冲洗一遍，再用清水洗一遍，墙面更显洁净、美观。冲刷完毕即可取出分格条，整修并用水泥浆勾缝。

（2）涂饰工程施工

涂饰工程是指将涂料施涂于基层表面上以形成装饰保护层的一种饰面工程。涂料是指涂敷于物体表面并能与表面基体材料很好粘结形成完整而坚韧保护膜的材料，所形成的这层保护膜又称涂层。

1）涂饰工程施工工艺流程，如图 6.14 所示。

2）涂饰工程施工要点

①基层处理。木材表面应清除钉子、油污

图 6.14　涂饰工程施工工艺流程

等，除去松动节疤及脂囊，裂缝和凹陷均应用腻子填补。金属表面应清除一切鳞皮、锈斑和油渍等。基体如为混凝土表面和抹灰层，含水率均不大于 8%。新抹灰的灰层表面应仔细除去粉质浮粒。为了增强墙面的附着力常涂抹界面剂。

②刮腻子及磨平。一般涂饰工程应满刮两遍腻子。第一遍用胶皮刮板满刮，要求横向刮抹平整、均匀、光滑、密实，线角及边棱整齐。刮得要尽量薄，不得漏刮。待第一遍腻子干透后，用粗砂纸打磨平整。第二遍方法同第一遍，但刮抹方向与第一遍垂直，待其干透后用细砂纸打磨平整。一般规定涂料在施涂前及施涂过程中，必须充分搅拌均匀，用于同一表面的涂料，应注意保证颜色一致、光滑。

③涂刷施工。涂料稠度应调整合适，使其在施涂时不流坠、不显刷纹，如需稀释应用该种涂料所规定的稀释剂稀释。

涂料的施涂遍数应根据涂料工程的质量等级而定。施涂溶剂型涂料时，后一遍涂料必须在前一遍涂料干燥后进行；施涂乳液型和水溶性涂料时，后一遍涂料必须在前一遍涂料表干后进行。每一遍涂料不宜施涂过厚，应施涂均匀，各层必须结合牢固。涂刷方式有喷涂、刷涂、滚涂、弹涂。

a. 喷涂。喷涂是利用压力或压缩空气将涂料涂布于墙面的机械化施工方法，其特点为外观质量好、工效高，适用于大面积施工，并可通过调整涂料黏度、喷嘴大小及排气获得不同质感的装饰效果。

b. 刷涂。刷涂是用毛刷、排笔等将涂料涂饰在物体表面上的一种施工方法。刷涂顺序一般是先左后右、先上后下、先边后面、先难后易。刷涂时，其刷涂方向和行程长短均应一致，接槎最好在分格缝处。刷涂一般不少于两遍，较好的饰面为三遍。第一遍浆的稠度要小些，前一遍涂层表干后才能进行后一遍刷涂，前后两遍间隔时间与施工现场的温度、湿度有密切关系，通常不少于 2h ～ 4h。

c.滚涂（或称辊涂）。滚涂是利用滚筒（或称辊筒、涂料辊）蘸取涂料并将其涂布到物体表面上的一种施工方法。滚筒表面有的粘贴合成纤维长毛绒，也有的粘贴橡胶（称之为橡胶压辊），当绒面压花滚筒或橡胶压花压辊表面为凸出的花纹图案时，即可在涂层上滚压出相应的花纹。

d.弹涂。弹涂是指用弹涂器将涂料弹射到基层表面的施涂方法。施工时先在基层刷涂 1 或 2 道底涂层，待其干燥后通过弹涂器将色浆均匀地弹在墙面上，形成 1mm ～ 3mm 的圆状色点。梢涂时，弹涂器的喷出口应垂直正对被饰面，距离 300mm ～ 500 mm，按一定速度自上而下，从左至右操作。选用压花型弹涂时，应适时将彩点压平。

（3）饰面板（砖）施工

饰面工程是指块料面层粘贴或安装在基层表面上的一种装饰方法，块料面层主要有饰面砖和饰面板两大类。饰面砖有釉面瓷砖、外墙面砖、陶瓷锦砖等。饰面板包括天然石饰面板、人造石饰面板、金属饰面板。

1）饰面砖镶贴施工工艺

饰面砖镶贴一般指外墙釉面砖和无釉面砖、陶瓷锦砖以及玻璃锦砖的镶贴。镶贴釉面砖和外墙面砖的施工工艺流程如图 6.15 所示。

图 6.15　镶贴釉面砖和外墙面砖的施工工艺流程

饰面砖应镶贴在湿润、干净的基层上。对砖墙基体，先用水浇湿透后，用 1：3 水泥砂浆打底，木抹子搓平，隔天浇水养护。对混凝土基体，可将混凝土表面凿毛（或用界面处理剂处理）后，刷一道聚合物水泥砂浆，抹 1：3 水泥砂浆打底，木抹子搓平，隔天浇水养护。饰面砖镶贴前应选砖预排，以使拼缝均匀。釉面砖和外墙面砖在镶贴前应浸水 2h 以上，冬期施工宜在掺入 2% 盐的温水中浸泡 2h，待表面晾干后方可使用。饰面砖镶贴时，分段自下而上进行，立皮数杆，用水平拉通线作为镶贴面砖的基准线，用木分格条控制面砖间水平缝的宽度。面砖采用 1：2 水泥砂浆镶贴，砂浆厚度为 6mm ～ 10mm。勾缝采用 1：1 水泥砂浆，先勾横缝，后勾竖缝，缝深宜凹进面砖 2mm ～ 3mm。勾缝完成后，用棉丝蘸 10% 稀盐酸擦洗表面，并随即用清水冲洗干净。

镶贴陶瓷锦砖（马赛克）和玻璃锦砖的施工工艺流程如图 6.16 所示。

图 6.16　镶贴陶瓷锦砖（马赛克）和玻璃锦砖的施工工艺流程

与镶贴面砖不同，陶瓷和玻璃锦砖采用水泥浆或聚合物水泥浆镶贴。镶贴自上而下进行，每段施工自下而上进行。镶贴时应位置正确，仔细拍实，使其表面平整，待稳固后，用软毛刷蘸水刷纸面，将纸面湿润，揭净。揭纸后检查小块锦砖间的缝隙，在水泥浆初凝前调整缝隙宽度，适当拨正。嵌缝采用橡皮刮板将水泥浆在锦砖上刮一遍，接着用干水泥擦缝，并清洗面层残存的水泥浆。

饰面砖镶贴质量要求饰面板（砖）镶贴牢固，无歪斜、缺棱角和裂缝等缺陷；表面应平整、洁净、色泽协调；接缝应填嵌密实、平直，宽窄均匀，颜色一致。阴阳角的板（砖）搭接方向正确，非整砖的使用部位适宜。

2）饰面板的施工方法

饰面板主要有石材饰面板、木质饰面板、金属饰面板、玻璃饰面板等，墙面常用石材饰面。下面介绍石材饰面的施工方法。

石材饰面板的施工，主要是天然石材和人工石材的施工。一般情况下，小规格板材采用镶贴法；大规格板材（边长＞400mm）或镶嵌高度超过1m时采用安装法，安装的工艺有湿法工艺、干法工艺和GPC工艺。

①小规格板材的施工。先用1∶3水泥砂浆打底划毛，待底层灰凝固后，找规矩，厚约12mm，弹出分格线，按粘贴顺序，将已湿润的板材背面抹7mm～8mm厚水泥砂浆或2mm～3mm聚合物素浆粘贴，然后用木槌轻轻敲，并随时用靠尺找平找直。

②大规格板材的施工。安装施工工艺如下：

a.湿法工艺。湿法工艺是按照设计要求在基层上先绑扎钢筋网，与结构预埋件连接牢固，并用钻头在饰面板上打出圆孔，以便与钢筋骨架连接。板材安装前，应对基层抄平，安装时用铜丝或不锈钢丝把板块与结构表面的钢筋骨架绑扎固定，防止移动，且随时用托线板靠直靠平，保证板与板交接处四角平整。板块与基层间的缝隙（即灌浆厚度）一般为30mm～50mm，用1∶2.5水泥砂浆分层灌注，待下层初凝后再继续上层灌浆，直到距上口50mm～100mm停止。安装固定后的饰面板，须将饰面清理干净，如饰面层光泽受到影响，可以重新打蜡出光，但要采取临时措施保护棱角。这种工艺仅可用于高度较小的部位，如图6.17所示。

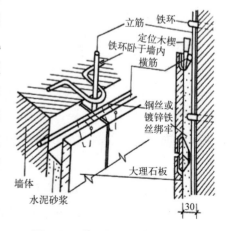

图 6.17　饰面板湿法安装示意图

　　b. 干法工艺。干法工艺是直接在板上打孔，然后用不锈钢连接器与埋在混凝土墙体内的膨胀螺栓相连，板与墙体间形成 80mm ～ 90mm 空气层。此种工艺常用于 30m 以下的钢筋混凝土结构，不适用砖墙或加气混凝土基层，如图 6.18 所示。

　　c. GPC 工艺。GPC（Granite Pre-Cast）是干法工艺的发展，由在岗岩薄板与钢筋混凝土作加强衬板制成的磨光花岗岩复合板作为吊挂件，通过连接器悬挂到结构骨架上成为一体，并且在复合板与结构之间组成一个空腔的安装工艺。这种工艺形成柔性节点，常用于超高层建筑并满足抗震要求。如图 6.19 所示。

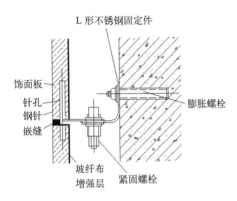

图 6.18　干挂安装构造详图

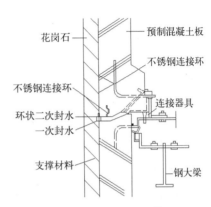

图 6.19　GPC 工艺

6.3　屋顶再利用施工技术

　　屋顶再利用施工技术广泛应用于旧工业建筑再生利用项目中，如：济南 JN150 创意文化产业园再生利用项目（见图 6.20）、青岛市啤酒博物馆再生利用项目、哈尔滨市玖禧花园再生利用项目（见图 6.21）、沈阳市奉天记忆文化创意产业园再生利用项目，并取得了良好的效果。

图 6.20　济南 JN150 创意文化产业园再生利用项目
（钢筋混凝土结构屋顶）

图 6.21　哈尔滨市玖禧花园再生利用项目
（钢屋顶）

6.3.1 钢屋顶施工

（1）钢屋架的制作

以屋架制作为代表介绍钢屋架、支撑、檩条等的制作方法，屋架包括支撑等部件，这里以屋架制作方法举例叙述。施工现场要有足够的场地，屋架拟安排在施工现场制作，每榀屋架分两段制作，安装前在现场进行拼装，拼装方式采用屋脊节点拼装，拼装完成经检查合格后进行吊装及安装工作。钢屋架下弦应起拱，以三角形钢屋架制造工艺为例：加工准备及下料→喷砂除锈、油漆防腐→零件加工→小装配（小拼）→总装配（总拼）→屋架焊接→支撑连接板→檩条支座角钢装配、焊接→成品检验→除锈、油漆、编号。

（2）钢屋盖的安装

1）准备工作

安装施工应严格按施工组织设计或施工方案进行，对特殊构件或施工方法应进行现场试吊，钢屋架的安装应验算屋架的侧向刚度，刚度不足时应该进行加固。加固宜采用木枋或杉杆，安装前应认真核对构件数量、规格、型号，弹好安装对位线。

2）钢屋架安装

①绑扎。钢屋盖绑扎点应设在上弦节点处，并满足设计或标准图规定，当屋架跨度大、拔杆长度受限时，应采用铁扁担，绑扎点应用柔性材料缠绕保护，在吊升前应将校正用的刻有标尺的支架、缆风绳等固定在屋架上。

②吊升就位。屋架吊升时，应用系在屋架上的溜绳控制其空中姿态，防止碰撞，便于就位，屋架在柱顶准确就位后，应及时用螺栓或点焊临时固定，此时吊机应处于受力状态，以便辅助完成校正工作。

③校正。钢屋架校正采用经纬仪校正屋架上弦垂直度的方法，在屋架上弦两端和中央夹三把标尺，待三把标尺的定长刻度在同一直线上，则钢屋架垂直度校正完毕。

④钢屋架校正完毕后，拧紧屋架临时固定支撑两端和屋架两端搁置处的螺栓，随即安装屋架永久支撑系统。

（3）彩钢板屋面的安装

1）放线

① 由于彩板屋面板和墙面板是预制装配结构，故安装前的放线工作对后期安装质量起到保证作用，安装放线前应对安装面上的已有建筑成品进行测量，对达不到安装要求的部分提出修改方案。对施工偏差做出记录，并针对偏差提出相应的安装措施。

②根据排板设计确定排板起始线的位置。屋面施工中，先在檩条上标定出起点，即沿跨度方向在每个檩条上标出排板起点，各个点的连线应与建筑物的纵轴线相垂直，然后在板的宽度方向每隔几块板继续标注一次，以限制和检查板的宽度安装偏差积累。同样，墙板安装也应用类似的方法放线，除此之外还应标定其支承面的垂直度，以保证形成墙面的垂直平面。

③屋面板及墙面板安装完毕后，应对配件的安装进行二次放线，以保证檐口线、屋脊线、门窗口和转角线等的水平度和垂直度。

2）板材吊装

彩板吊装方法很多，如自行式起重机吊升、塔式起重机吊升、卷扬机吊升和人工提升等。自行式起重机吊升、塔式起重机吊升多采用横吊梁多点提升的方法，这种吊装方法一次可提升多块砖，提升方便，被提升板材不易损坏，但往往在大面积施工中，提升的板材不易送到安装点，增大了屋面的长距离人工搬运，屋面上行走困难，易破坏已装好的彩板。

3）板材安装

①实测安装板材的实际长度，按实测长度核对对应板号的板材长度，需要时可对板材进行剪裁。

②将提升到屋面的板材按排板起始线放置，使板材的宽度覆盖标志线，对准起始线，并在板长方向两端排出设计的构造长度。

③用紧固件紧固两端后，再安装第二块板，前安装顺序为先左后右，自上而下。

④安装到下一放线标志点处，复查板材安装的偏差，当满足设计要求后进行板材的全面紧固，不能满足要求时，应在下一标志段内调正，当在本标志段内可调正时，可调整标志段后再全面紧固，依次全面展开安装。

⑤安装夹芯板时，应挤密板间缝隙。当就位准确，仍有缝隙时，应用保温材料填充。

⑥安装完后的屋面应及时检查有无遗漏紧固点。对保温屋面，应将屋脊的空隙处用保温材料填满。

⑦在紧固自攻螺栓时应掌握紧固的程度，不可过度，过度会使密封垫圈上翻，甚至将板面压得下凹而积水，紧固不够会使密封不到位而出现漏雨。

⑧板的纵向搭接，应按设计铺设密封条和设密封胶，并在搭接处用自攻螺栓或带密封垫的拉铆钉连接，紧固件应拉在密封条处。

6.3.2　混凝土屋顶施工

（1）钢筋混凝土屋盖的安装

屋架是屋盖系中的主要构件，除屋架之外，还有屋面板、天窗架、支撑天窗挡板及天窗端壁板等构件。屋架的侧向刚度较差，扶直时由于重力作用，容易改变杆件的受力性能，特别是杆件极易扭曲造成屋架损伤，因此，扶直和吊装时必须采取有效的措施才能施工。

1）屋架的扶直和就位

扶直屋架时，由于起重机和屋架的相对位置不同，可分为正向扶直和反向扶直。

①正向扶直：起重机位于屋架下弦一边，以吊钩对准屋架中心，使屋架以下弦为轴缓缓起吊为直立状态。

②反向扶直：起重机位于屋架上弦一边，以吊钩对准屋架中心，使屋架以下弦为轴缓缓吊起转为直立状态。

2）屋架的绑扎

屋架的绑扎点应选在上弦节点处，左右对称，并高于屋架重心，在屋架两端应加溜绳，以控制屋架转动。起吊屋架时，吊点的数目与屋架的形式和跨度有关。当屋架跨度小于或等于 18 m 时，应绑扎两点；当跨度大于 18 m，且小于 30 m 时，应绑扎四点；当跨度大于 30 m 时，为四点绑扎，应考虑用横吊梁；对三角形屋架等刚性较差的屋架，绑扎时也应采用横吊梁。绑扎时绳索与水平面的夹角不宜小于 45°，以免屋架承受过大的横向压力。

屋架的吊升、对位与临时固定地面约 300mm，然后将屋架转至吊装位置下方，再将屋架提升超过柱顶约 300 mm，最后将屋架缓缓降至柱顶进行对位。屋架对位应以建筑物定位轴线为准，因此，在安装前应用经纬仪或其他工具在柱顶放出建筑物的定位轴线。屋架对位正确后，立即进行临时固定，然后使起重机脱钩。

第一榀屋架的临时固定必须十分可靠，因为它只是单榀结构，而且第二榀屋架的临时固定还要以第一榀屋架作为支撑。第一榀屋架固定方法是用四根缆风绳从两边将屋架拉牢，也可将屋架与抗风柱连接作为临时固定。第二档屋架临时固定，是用工具式校正器卡牢于第一榀屋架上。以后各榀屋架用同样方法进行临时固定，每榀屋架至少三个工具式支架支撑，当屋架最后固定并安装了若干大型屋面板后，才可将支撑卡取下。

3）校正、最后固定

屋架的校正主要是校正垂直度，一般用经纬仪或垂球检查，用屋架校正器来纠正偏差。屋架上弦（在跨中）对通过两支座中心垂直面的偏差不得大于 1/250 屋架高。用经纬仪检查是在屋架上安装三个卡尺，一个安装在上弦中点附近，另两个安装在屋架两端，距屋架几何中线向外量出一定距离（0.5m ~ 1m），在卡尺上做出标志。然后在屋架定位轴线同样距离处设置经纬仪，观察三个标志是否在同一垂直平面上，然后观测屋架中间腹杆上的中心线（吊装前已弹好），如偏差超过规定数值，可转动工具式支撑上的螺栓加以纠正，并在屋架端部支撑面垫入薄钢板，校正无误后，立即将其两端支撑与柱子顶预埋钢板焊牢。作为最后固定，应对角施焊，以免焊缝收缩导致屋架倾斜。

（2）屋面板的安装

屋面板四角一般都埋有吊环，用带钩的吊索钩吊环即可吊升。起吊时，应使四根吊索拉力相等，屋面板保持水平。

屋面板的安装顺序，应自两边檐口左右对称地逐步向屋脊安装，避免屋架承受半边荷载。屋面板就位后，立即与屋架电焊固定，每块屋面板应至少有三个角与屋架焊牢。

6.3.3 屋面防水施工

屋面防水工程主要是防止雨雪对屋面的间歇性浸透，保证建筑物的寿命并使其各种功能正常使用的一项重要工程，因旧工业建筑屋面防水材料老化渗漏，再生利用时屋面都会重新进行防水处理。防水屋面的种类包括：卷材防水屋面、涂膜防水屋面、刚性防水屋面、金属板材屋面、瓦屋面等。下面介绍旧工业建筑再生利用过程中几种常用的屋面防水的施工工艺。

（1）卷材防水屋面

卷材防水屋面是指采用粘结胶粘贴卷材或采用带底面粘结胶的卷材进行热熔或冷粘贴于屋面基层进行防水的屋面。卷材防水是屋面的主要防水做法，其构造如图 6.22 所示。

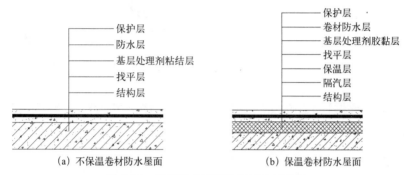

(a) 不保温卷材防水屋面　　　(b) 保温卷材防水屋面

图 6.22　卷材防水屋面构造层次示意图

1）找平层

屋面防水层要求基层有较好的结构整体性和刚度，可采用水泥砂浆、细石混凝土或沥青砂浆找平。沥青砂浆找平层适合于冬期、雨期、采用水泥砂浆有困难和抢工期时采用。水泥砂浆找平层中宜掺膨胀剂，以提高找平层密实性，避免或减小因其裂缝而拉裂防水层。细石混凝土找平层尤其适用于松散保温层上，以增强找平层的刚度和强度。

为了避免或减少找平层开裂，找平层宜留设分格缝，缝宽为 20mm 并嵌填密封材料或空铺卷材条。分格缝兼作排汽屋面的排汽道时可适当加宽，并应与保温层连通。

找平层坡度应符合表 6.1 的规定要求。

找平层厚度和技术要求　　　　　　　　　　　　　　　　表 6.1

项目	基层种类	厚度（mm）	技术要求
水泥砂浆找平层	整体现浇混凝土	15～20	1 : 2.5～1 : 3（水泥 : 砂）体积比，宜掺抗裂纤维
	整体或板状材料保温层	20～25	
	装配式混凝土板	20～30	
细石混凝土找平层	板状材料保温层	30～35	混凝土强度等级为 C20
混凝土随浇随抹找平层	整体现浇混凝土	—	原浆表面抹平、压光

2）保温层

保温层材料分为板状材料、纤维材料、整体材料三种类型。

①板状材料保温层施工。板状材料保温层施工应符合下列规定：a.基层应平整、干燥、干净。b.相邻板块应错缝拼接，分层敷设的板块上下层接缝应相互错开，板间缝隙应采用同类材料嵌填密实。c.采用干铺法施工时，板状保温材料应紧靠在基层表面上，并应铺平垫稳。d.采用黏结法施工时，胶粘剂应与保温材料相容，板状保温材料应贴严、粘牢，在胶粘剂固化前不得上人踩踏。e.采用机械固定法施工时，固定件应固定在结构层上，固定件的间距应符合设计要求。

②纤维材料保温层施工。纤维材料保温层施工应符合下列规定：a.基层应平整、干燥、干净。b.纤维保温材料在施工时，应避免重压，并应采取防潮措施。c.纤维保温材料敷设时，平面拼接缝应贴紧，上下层拼接缝应相互错开。d.屋面坡度较大时，纤维保温材料宜采用机械固定法施工。e.在敷设纤维保温材料时，应做好劳动保护工作。

3）隔汽层

对于常年处于高湿状态下的保温屋面设置该层，隔汽层应设置在结构层上，保温层下，隔汽层应选用气密性、水密性好的材料；隔汽层应沿周边墙面向上连续铺设，高出保温层上表面不得小于150mm，隔汽层不得有破损现象。

卷材防水屋面的施工工艺流程如图6.23所示，具体要求如下：

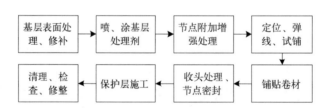

图6.23　卷材防水屋面的施工工艺流程

①基层处理剂。喷涂基层处理剂前要检查找平层的质量和干燥程度并加以清扫，符合要求后才可进行，在大面积喷涂前，应用毛刷对屋面节点、周边、拐角等部位先行处理。

②铺贴卷材。

a.卷材铺设方向。卷材的铺设方向应根据屋面坡度和屋面是否有振动来确定：屋面坡度小于3%时，宜平行于屋脊铺贴；屋面坡度为3%～15%时，卷材可平行或垂直于屋脊铺贴；屋面坡度大于15%或受振动时，沥青防水卷材应垂直屋脊铺贴，高聚物改性沥青卷材和合成高分子卷材可平行或垂直屋脊铺贴；上、下层卷材不得相互垂直铺贴。

b.卷材铺贴顺序。平行于屋脊铺贴时，从檐口开始向屋脊进行；垂直于屋脊铺贴时，则应从屋脊开始向檐口进行，屋脊处不能留设搭接缝，必须使卷材相互跨越屋脊交错搭接，以增强屋脊的防水性和耐久性。

c.卷材铺贴方法。卷材与基层的粘结方法包括满粘法、条粘法、点粘法、空铺法和机械固定法等形式。满粘法即铺贴防水卷材时，卷材与基层采用全部粘结的施工方法，该法较为常用；条粘法即卷材与基层采用条状粘结的施工方法，一般卷材与基层粘结面不少于两条，点粘法即卷材或打孔卷材与基层以点状粘结的施工方法。每平方米粘结不少于 5 点，每点面积为 100mm×100mm。无论采用空铺、条粘还是点粘法，施工时都必须注意：距屋面周边 800 mm 内的防水层应满粘，保证防水层四周与基层粘结牢固；卷材与卷材之间应满粘，保证搭接严密。

d.卷材搭接及宽度要求。铺贴卷材应采用搭接法，上下层及相邻两幅卷材的搭接缝应错开。平行于屋脊铺设时，由檐口开始，两幅卷材的长边的搭接缝应顺流水方向搭接；垂直于屋脊铺设时，由屋脊开始向檐口进行，搭接缝应顺年最大频率风向（主导风向）搭接。各种卷材搭接宽度应符合表 6.2 的要求。

卷材搭接宽度要求　　　　　　　　　　　　　　　　　　　　　　　表 6.2

搭接方向		短边搭接宽度（mm）		长边搭接宽度（mm）	
铺贴方法		满粘法	空铺法 点粘法 条粘法	满粘法	空铺法 点粘法 条粘法
卷材种类	沥青防水卷材	100	150	70	100
	高聚物改性沥青防水卷材	80	100	80	100
	合成高分子防水卷材 粘结法	80	100	80	100
	合成高分子防水卷材 焊接法	50			

③节点附加增强处理。在大面积铺贴卷材防水层前，应先对节点、细部构造，如檐口、天沟、雨水口、屋面与立墙交接处、变形缝等进行防水处理，如嵌填密封材料、铺设附加增强层等。附加增强层材料可采用与防水层相同的材料多做一层或数层，也可采用其他防水卷材或涂料予以增强。这有利于大面积防水层施工质量和整体质量的提高，对提高节点防水密封性、防水层的适应变形能力是非常有利的。

④卷材的铺贴方法

a.热熔法。热熔法主要铺贴 SBS 防水卷材，但对厚度小于 3mm 的高聚物改性沥青防水卷材，严禁用热熔法施工。热熔法施工工艺流程如图 6.24 所示。

图 6.24　热熔法施工工艺流程

热熔法铺贴卷材的施工要点:火焰加热器的喷嘴距卷材面保持 50mm ～ 100mm 距离,与基层呈 30°～ 45°角,将火焰对准卷材与基层交接处,同时加热卷材底面热熔胶面和基层,以卷材表面熔融至光亮黑色为度,不可过分加热卷材;幅宽内加热应均匀;卷材表面热熔后应立即滚铺卷材,滚铺时应排除卷材下面的空气,使之平展并粘贴牢固;搭接缝部位宜以溢出热熔的改性沥青为度,溢出的改性沥青宽度以 2mm 左右并均匀顺直为宜;当接缝处的卷材有铝箔或矿物粒(片)料时,应清除干净后,再进行热熔和接缝处理;铺贴卷材时应平整、顺直,搭接尺寸准确,不得扭曲。

b. 冷粘法。合成高分子卷材一般只能采用冷粘法铺贴,而高聚物改性沥青卷材除热熔法铺贴外,也可采用冷粘法铺贴。冷粘法施工工艺流程如图 6.25 所示。

图 6.25 冷粘法施工工艺流程

冷粘法铺贴卷材施工要点如下:胶粘剂涂刷应均匀,不露底、不堆积;卷材空铺、点粘、条粘时,应按规定的位置及面积涂刷胶粘剂;根据胶粘剂的性能,应控制胶粘剂涂刷与卷材铺贴的间隔时间,通常为 10min ～ 30 min;施工时可凭经验确定,手触摸不粘手即可。铺贴卷材时应排除卷材下面的空气,并辊压粘贴牢固。铺贴合成高分子卷材时,不得皱折,也不得用力拉伸卷材;铺贴卷材时应平整顺直,搭接尺寸须准确,不得扭曲、皱折,搭接部位的接缝应满涂胶粘剂,辊压粘贴牢固;合成高分子卷材可采用与卷材配套的接缝专用胶粘剂粘贴。

⑤蓄水试验。蓄水的高度根据工程而定,在屋面重量不超过荷载的情况下,应尽可能使水没过屋面,蓄水 24h 以上,屋面无渗漏为合格。屋面卷材防水层施工完毕,经蓄水试验合格后应立即进行保护层施工。

⑥保护层施工。经过蓄水试验,符合设计和规范要求后,便可进行保护层的施工。

a. 上人屋面。按设计要求做各种刚性保护层(细石混凝土、水泥砂浆、贴地砖等)。保护层施工前,必须做隔离层;刚性保护层的分隔缝留置应符合要求,当设计无要求时,水泥砂浆保护层的分格面积为 $1m^2$,缝宽、深度均为 10mm,块材保护层的分格面积 $18m^2$,缝宽、深度均为 15mm,细石混凝土保护层分格面积不大于 $36m^2$,缝宽 20mm,分格缝均用沥青砂浆填嵌,保护层分格缝必须与找平层及保温层分格缝上下对齐。

b. 不上人屋面。豆石保护层:防水层表面涂刷氯丁橡胶沥青胶粘剂,随刷随撒豆石,要求铺洒均匀,粘结牢固。浅色涂料保护层:防水层上面涂刷浅色涂料两遍,如设计有要求按设计要求施工。

（2）涂膜防水屋面

涂膜防水屋面是指在屋面基层上涂刷防水涂料，经固化后形成一层有一定厚度和弹性的整体涂膜，从而起到防水作用的屋面。

1）涂膜防水屋面的构造

卷材防水是屋面的主要防水做法，其构造如图 6.26 所示。

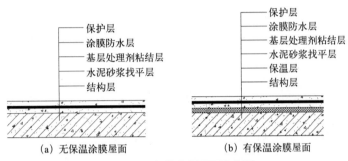

（a）无保温涂膜屋面　　　　（b）有保温涂膜屋面

图 6.26　涂膜防水屋面构造图

2）涂膜防水屋面的施工工艺流程如图 6.27 所示，具体要求如下：

图 6.27　涂膜防水屋面的施工工艺流程

①基层处理。基层处理应平整，阴阳角处应做成圆弧形，局部孔洞、蜂窝、裂缝应用 1∶3 水泥砂浆修补密实，表面应干净，无起砂、脱皮现象，并保持表面干燥。

②涂喷基层处理剂。用刷子用力薄涂，使涂料尽量刷入基层表面毛细孔内，并将基层可能留下的少量灰尘等无机杂质，像填充料一样混入基层处理剂中，使之与基层牢固结合。

③涂布附加层。涂料施工前，应对阴阳角、预埋件、穿墙管等部位进行加强处理，增加一层胎体增强材料，并增涂 2～4 遍防水涂料。

④涂布防水涂料及铺贴胎体增强材料。防水涂料可采用手工抹压、涂刷和喷涂分层施工。当采用刮涂施工时，每遍刮涂的推进方向宜与前一遍垂直。刮涂厚度应均匀一致，表面平整。铺贴胎体增强材料应边涂刷边铺设，并刮平粘牢，排出气泡，涂刮最上层的涂层不应小于两遍。在涂膜实干前，不得在上面进行其他作业或堆放物品。多组分涂料应按配合比例准确计量，搅拌均匀，及时使用。配料时可加入适量的缓凝剂或促凝剂调节固化时间，但不得混入已固化的涂料。

在两涂料之间也可铺贴胎体增强材料（玻纤布），同层相邻的玻纤布搭接宽度应大于

100mm，上下层接缝应错开 1/3 幅宽。

⑤保护层施工，涂膜防水屋面应设置保护层。保护层材料可使用细砂、云母、蛭石、浅色涂料、水泥砂浆或块材等。采用水泥砂浆或块材时，应在涂膜与保护层之间设置隔离层，水泥砂浆保护层厚度不宜小于 20mm。当用细砂、云母或蛭石等撒布材料做保护层时，应筛去粉料，在刮涂最后一遍涂料时，边刮涂边撒布均匀，不得露底。涂料干燥后，将多余的撒布料清除，以避免雨水刷堵塞水落口。涂料属水乳型高聚物改性沥青防水涂料，采用撒布材料做保护层时，撒布后应进行辊压粘牢。当合成高分子防水涂膜采用浅色涂料保护层时，应在涂膜固化后进行。在涂膜实干前，不得在防水层上进行其他施工作业，涂膜防水层上不得直接堆放物品。

（3）瓦屋面

瓦屋面防水是我国传统的屋面防水技术，它采取以排为主的防水手段，在 10%～50% 的屋面坡度下将雨水迅速排走，并采用具有一定防水能力的瓦片搭接进行防水。常用的有平瓦屋面、油毡瓦屋面和金属板材屋面三种。本节介绍平瓦屋面的施工方法。

1）瓦屋面的构造

①平瓦可铺设在钢筋混凝土或木基层上，坡度大于 50% 应固定加强。

②在基层上面应铺设一层卷材，卷材的搭接宽度、顺水条压钉卷材的间距、挂瓦条的距离等要符合规范要求。

③在基层上设置泥背的方法铺设平瓦。

④天沟、檐沟的防水层，可采用防水卷材或防水涂膜，也可采用金属板材，山墙及突出屋面结构的交接处，均应做泛水处理。

⑤保温层可设置在钢筋混凝土结构基层的上部，当设置有卷材或涂膜防水层时，防水层应铺设在找平层上，当有保温层时，保温层应铺设在防水层上。

2）平瓦屋面的施工工艺如图 6.28 所示，具体要求如下：

图 6.28　平瓦屋面施工工艺

①钉顺水条。先将顺水条（一般为 25mm×25mm）用 7cm 钢钉钉在防水层上，钢钉间距一般 300mm，顺水条的间距不大于 500mm。顺水条固定后，在顺水条侧面、水平面满刷聚氨酯，自顺水条侧面每边 5cm 范围均刷聚氨酯。

②挂瓦条安装。a. 檐口第一根挂瓦条，要保证瓦头出檐（或出封檐板）外 50mm～70mm，上下排平瓦的瓦头和瓦屋的搭扣长度 50mm～70mm，要保证屋脊处的两个坡面上最上两根挂瓦条挂瓦后，两个瓦屋的间距在搭盖脊瓦时，脊瓦搭接瓦尾的宽

度每边不小于 40mm。b. 挂瓦条断面为 30mm×25mm，挂瓦条间距一般为 200mm，长度一般不小于檩条间距，挂瓦条必须平直（特别要保证挂瓦条上边口的平直），钉挂瓦条时，要随时校核挂瓦条间距尺寸的一致，为保证尺寸准确，可在一个坡面两端，准确量出瓦条间距，通长拉线钉挂瓦条。

③铺屋面、檐口瓦。挂瓦次序从檐口由下到上，自左向右方向进行，檐口瓦要挑出檐口 50mm ～ 70mm，瓦后爪均应挂在挂瓦条上，与左边、下边两块瓦落槽密合，随时注意瓦面、瓦楞垂直，不符合质量要求的瓦不能铺挂。为保证瓦的平整顺直，应从屋脊拉一斜线到檐口，即斜线对准屋脊第一张瓦的右下角，顺次与第二排的第二张瓦，第三排的第三张瓦，直到檐口瓦的右下角，都在一直线上，然后由下到上依次逐张铺挂，可以达到瓦沟顺直，整齐美观。平瓦用 3cm 不锈钢木螺丝固定在挂瓦条上。瓦的搭接应顺主导风向，以防漏水。檐口瓦应铺成一条直线，天沟处的瓦要根据宽度及斜度弹线锯料。整坡瓦要平整，排列横平竖直，无翘角和张口现象。上部第一排瓦与下部第一排瓦，安装时为使施工质量更安全可靠，分别用水泥砂浆粘贴。

④铺斜脊、斜沟瓦。先将整瓦（或选择可用的缺边瓦）挂上，沟边要求搭盖宽度不小于 150mm，弹出墨线，编好号码，将多余的瓦面砍去（最好用钢锯锯掉，保证锯边平直），然后按号码次序挂上，斜脊处的平瓦边按上述方法挂上，保证脊瓦搭接平瓦每边不小于 40mm。斜脊、斜沟处地平瓦要保证使用部分的瓦面器具。

⑤挂脊瓦。挂平脊、斜脊瓦时，应拉通长线，铺平挂直，扣脊瓦时用 1：2.5 水泥砂浆铺座平实，脊瓦接口和脊瓦与平瓦间的缝隙处，要用抗裂纤维的灰浆嵌严刮平，脊瓦与平瓦的搭接每边不少于 40mm；平瓦的接头口要顺主导风向；斜脊的接头口向下，即由下向上铺设，平瓦与斜脊的交界处要用麻刀灰封严。铺好的平脊和斜脊平直，无起伏现象。

6.4　门窗工程施工技术

旧工业建筑因建造年代久远，门窗几乎都严重破损，同时为满足新功能的热工性能、绿色节能环保要求，旧工业建筑再利用时门窗都进行了更换，常见的有铝合金门窗、塑钢门窗和钢门窗。本节主要介绍三种门窗施工方法，门窗的绿色节能措施在第十章介绍。

该技术广泛应用于旧工业建筑再生利用项目中，如：广州市信义会馆再生利用项目（见图 6.29）、北京首钢老工业区再生利用项目（见图 6.30）、青岛市 M6 虚拟现实产业园再生利用项目、沈阳市奉天记忆文化创意产业园再生利用项目等，并取得了良好的效果。

图 6.29　广州市信义会馆再生利用项目
（塑钢窗）

图 6.30　北京首钢老工业区再生利用项目
（钢门窗）

6.4.1　钢门窗施工

钢门窗具有强度高、刚度大、不易变形、稳定性好、耐久等特点。钢门窗在安装时可按以下工序进行：弹控制线—立钢门窗—校正—门窗框固定—安装五金零件—安装纱门窗。钢门窗安装前应仔细检查，如发现有翘曲、启闭不灵活现象，要将其调整至符合要求。下面是安装的具体做法。

（1）弹控制线

门窗安装前应弹出离楼地面 500mm 高的水平控制线，按门窗安装标高、尺寸和开启方向，在墙体预留洞口四周弹出门窗就位线。

（2）立钢门窗、校正

钢门窗采用后塞框法施工，安装时先用木楔块临时固定，木楔块应塞在四角和中挺处；然后用水平尺、对角线尺、线锤校正其垂直度与水平度。双层钢窗的安装距离必须符合设计要求，以便开启、关闭、擦洗及更换零件方便，两窗之间距离如设计无规定时，可取 100mm ~ 150mm。

（3）门窗框固定

钢门窗与墙体连接方法视墙体材料而定。门窗位置确定后，将铁脚埋入预留墙洞内或与预埋件焊接。埋铁脚时，用 1 : 2 水泥砂浆或细石混凝土将洞口缝隙填实，养护 3d 后取出木楔；然后将门窗框与墙之间缝隙嵌填饱满，并用密封胶密封。

当墙体为钢筋混凝土墙时，先在连接位置处设预埋件（由钢板与钢筋焊成）。钢门窗入洞口并校正后，将燕尾铁脚焊于预埋件并用螺栓将门窗框与燕尾铁脚拴牢，最后用 1 : 2 水泥砂浆将门窗框与墙体间缝隙填满。

（4）安装五金零件

钢门窗零附件安装前，应检查门窗开启是否灵活，关闭后是否严密，否则应做适当调整。安装零附件宜在墙面装饰完成后进行。安装时按生产厂家提供的零附件安装示意图及说明，试装无误后，方可进行正式安装。安装零附件时，位置应正确。各类五金零件的转动和滑动配合处应灵活，无卡阻现象；装配螺钉拧紧后不得松动，埋头螺钉不得高于零件表面；密封条应在门窗最后一遍涂料干燥后再进行安装，以免涂料中溶剂引起密封条溶胀或溶解，使密封条黏结不牢甚至损坏。钢门窗和铝合金门窗安装密封条时，密封条长度应比实测裁口长 10mm ~ 20mm，并须压实粘牢；在转弯处，应将密封条成斜坡断开并拼严压实粘牢。

（5）安装纱门窗

安装纱门窗前，先检查压纱条和扇配套后，将纱裁成比实际尺寸宽 50mm 的纱布，绷纱时先用螺丝拧入上下压纱条再装两侧压纱条，切除多余纱头，金属纱装完后集中刷油漆，交工前再将门窗扇安在钢门窗框上。如果安装高度或宽度大于 1400mm 的纱窗，装纱前应在纱扇中部用木条临时支撑。

6.4.2　塑钢门窗施工

塑钢门窗是以聚氯乙烯树脂、改性聚氯乙烯或其他树脂为主要原料，添加适量助剂和改性剂，经挤压机挤成各种截面的空腹门窗异形材组装而成。一般在成形的塑料门窗型材空内嵌装轻钢或铝合金型材进行加强，从而增加塑钢门窗的刚度，提高塑料门窗的牢固性和抗风能力。

（1）塑钢门窗施工工艺流程

门窗位置弹线—安装门窗框—塞缝—安装五金件—清洁打胶。

（2）塑钢门窗施工要点

1）门窗安装位置弹线

门窗洞口周边的抹灰层或面层达到强度后，按照技术交底文件弹出门窗安装位置线，并在门窗安装线上弹出膨胀螺栓的钻孔参考位置，钻孔位置应与窗框连接件位置相对应。

2）门窗框装固定片

①固定片的安装位置是从门窗框宽和高度两端向内各标出 150mm，作为第一个固定片的安装点，中间安装点间距应小于或等于 600mm，并不得将固定片直接安装在中横框、中竖框的挡头上。如有中横框或中竖框，固定片的安装位置是从中横框或中竖框向两边各标出 150mm，作为第一个固定片的安装点，中间安装点间距应小于或等于 600mm。

②固定片安装。先把固定片与门窗框成 45°角放入框背面燕尾槽口内，顺时针方向把固定片扳成直角，然后手动旋进 M4.2×16mm 自攻螺钉固定，严禁用锤子敲打门窗框。

③门窗框安装。a. 把门窗框放进洞口安装线上就位，用对拔木楔临时固定。校正正、侧面垂直度，对角线和水平度合格后，将木楔固定牢靠。防止门窗框受木楔挤压变形，木楔应塞在门窗角、中竖框、中横框等能受力的部位。门窗框固定后，应开启门窗扇，检查反复开关灵活度，如有问题及时调整。b. 塑钢门窗边框连接件与洞口墙体固定应符合设计要求。c. 塑钢门窗底框、上框连接件与洞口基体固定同边框固定方法。d. 门窗与

墙体固定时，应先固定上框，然后固定边框，最后固定底框。e. 塞缝。门窗洞口面层粉刷前，应首先在底框用于拌料填嵌密实，除去安装时临时固定的木楔，在其他门窗周围缝隙内塞入发泡轻质材料（聚氨酯泡沫等）或其他柔性塞缝料，使之形成柔性连接，以适应热胀冷缩。严禁用水泥砂浆或麻刀灰填塞，以免门窗框架变形。f. 安装五金件。塑钢门窗安装五金配件时，必须先在框架上钻孔，然后用自攻螺钉拧入，严禁直接锤击打入。g. 清洁打胶。门窗安装完毕，应在规定时间内撕掉 PVC 型材的保护膜，在门窗框四周嵌入防水密封胶。

6.4.3　铝合金门窗施工

铝合金门窗是由铝合金型材经过配料、裁料、打孔、攻丝后，与连接件、密封件、配件及玻璃组装而成的。铝合金门窗与普通的钢木门窗相比，具有质量轻、密闭性好、装饰效果好、坚固耐用，可成批定型生产等优点，因而在建筑工程中得到了广泛的应用。

（1）铝合金门窗施工工艺流程

放线—门窗框固定—填缝—铝合金门、窗扇安装。

（2）铝合金门窗施工要点

1）放线。在最高层找出门窗口边线，用线锤将门窗口边线下引，并在每层门窗口处划线标记，对个别偏移的洞口边应剔凿处理。

2）门窗框固定。按照在门窗洞口上弹出的门窗位置线及设计要求，将门窗框立于墙的中心线部位或内侧，吊直找平后用木楔临时固定。经检查符合要求后，再将镀锌锚固件固定在门窗洞口内。锚固件是铝合金门窗框与墙体固定的连接件，锚固件与墙体的固定方法有射钉固定法、预留铁脚连接法以及膨胀螺钉固定法等，锚固件应固定牢固且不得松动，其间距不大于 500 mm。

3）填缝。铝合金门窗安装固定后，门窗与洞口的间隙，应采用矿棉条或玻璃丝毡条分层填塞，缝隙表面留 5mm ~ 8 mm 深的槽口，填嵌密封材料。在施工中注意不得损坏门窗上面的保护膜，如表面沾污了水泥砂浆，应随时擦净，以免腐蚀铝合金，影响外表美观。

4）铝合金门、窗扇安装。安装推拉门、窗扇时，将配好的门、窗扇分内扇和外扇，先将外扇插入上滑道的外槽内，自然下落于对应的下滑道的外滑道内，然后再用同样的方法安装内扇。对于可调导向轮，应在门窗扇安装后调整导向轮，调节门、窗在滑道上的高度，并使门、窗与边框间平行。安装平开门窗扇时，应先把合页按要求位置固定在铝合金门、窗框上，然后将门、窗扇嵌入框内临时固定，调整合适后，再将门、窗固定在合页上，必须保证上、下两个转动部分在同一轴线上。

第7章 地下管网修复施工技术

7.1 地下管网修复施工概述

7.1.1 地下管网修复施工相关概念

建（构）筑物是工业企业的"骨架"，而工业厂区地下的给排水管道、燃气管道、供热管道等组成的庞大的地下管网则是工业企业的"神经"和"血管"。各类地下管网是旧工业建筑的重要基础设施，地下管网在投运15～20年后，由于受到连续或间断性的物理、化学、生物化学作用以及生物力的侵蚀，往往会产生不同程度的缺陷。地下管网缺陷的类型主要包括：管道渗漏、管道阻塞、管位偏移、机械磨损、管道腐蚀、管道变形、管道裂纹、管道破裂和管道坍塌等。特别是对于早期防腐措施不完善的埋地管道，穿孔或泄露的事故时常发生。损坏后的地下管网需要进行修复施工，如图7.1所示。

地下管道改造修复施工　　　　　　　　　　　地下管道改造修复

图7.1　地下管道修复施工

旧工业建筑的再生利用，长期以来存在着重视地上、忽视地下的问题，造成很大的浪费。利用旧工业厂区原有的地下管网系统，结合再生后的使用功能，重新对地下管网系统进行规划和管理，既能充分利用原有的地下管网，又可以节省地下管网系统的建设投资，实现社会和企业的共赢。对已达到使用寿命的管道和地下故障管道采用何种更新修复技术，是摆在旧工业厂区改造与再生利用人员面前的一个不可回避的问题。

7.1.2　地下管网修复施工主要内容

目前，更换和修复地下管线的施工方法有开挖施工法和非开挖施工法。开挖施工法（挖槽埋管法）主要包括挖槽法和窄开挖法。开挖施工法是最常见的一种施工方法，其主要施工工序是：①地面的准备工作；②使用挖沟机、反铲等设备进行槽沟的开挖，包括排水和支护；③铺设管线；④回填和压实，以及支护桩的拆除；⑤路面的复原。开挖施工法表现出很大的局限性，其主要缺点是：①妨碍交通（堵塞、中断或改线）；②破坏环境；③影响生产和生活；④安全性差；⑤综合施工成本高。

另外，开挖施工使道路质量变差，污染环境。当管网埋设较深、管径较大时，开挖施工极不经济，并且传统的开挖修复方法不适用从建（构）筑物、设备底部穿过的地下管网的改造与修复，由此产生了管道的非开挖修复技术。

非开挖修复技术是利用微开挖或不开挖技术对"地下生命线系统"进行设计、施工、探测、修复和更新、资产评估和管理的一门新技术，被广泛应用于穿越公路、铁路、建筑物、河流以及在闹市区、古迹保护区、农作物和环境保护区等不允许或不便开挖条件下进行燃气、电力、给排水管道、电信、有线电视线路、天然气管道等的铺设、更新、修复以及管理和评价等，被联合国环境规划属批准为地下设施的环境友好技术。

地下管网非开挖修复技术与传统的开挖修复管道或是更换管道相比，其优势主要表现为以下几点：①应用范围广。可用于排水管道、给水管道、工业管道；输油、输气管道；还可以用于管道和干管道接头的修复以及人工井修复；②非开挖施工不会阻断交通，不破坏绿地、植被，不影响地上活动；③施工方便、工期短；④工程成本低。

非开挖管道修复技术可以很好地解决现有管道中老化、腐蚀、渗漏、接口脱节、变形等问题，延长管道使用寿命，减少次生灾害的发生。非开挖管道修复更新工艺主要包括管道更新技术、管道修复技术、管道局部修复技术，具体工艺如图7.2所示。

目前，我国非开挖修复更新工程中，穿插法、折叠内衬法、缩径内衬法占的比重仍是最多，超过了70%。本章将重点讲述管道更新技术中的碎管法、裂管法、吃管法，管道修复技术中的穿插法、原位固化法、折叠内衬法，管道局部修复技术中的不锈钢发泡筒法、点状CIPP修复技术、化学溶液注浆法。

7.1.3　地下管网修复施工一般流程

地下管网改造与修复应按照"探测—检测—评估—修复"的管理模式，基本思想是首先探明地下管网的分布情况，其次按要求对管道进行清洗、检测，查清管道内部的状况，并根据管道评估标准对其状况进行评估，根据评估结果制定处理方案，如图7.3所示。

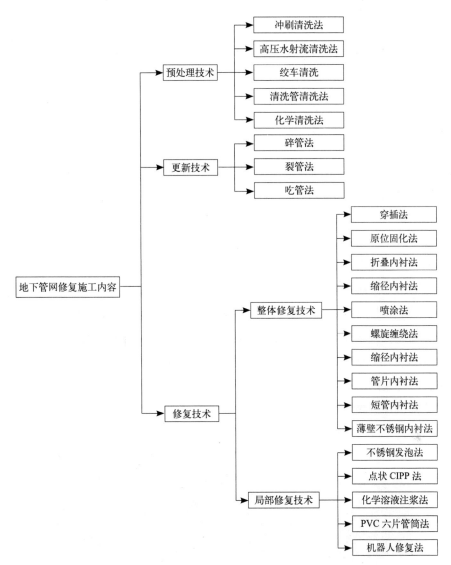

图 7.2　地下管网修复施工内容

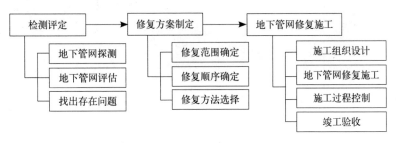

图 7.3　地下管网修复施工一般流程

（1）地下管网的探测

由于历史原因，许多地方存在档案资料、图纸残缺不全的状况，当铺设新管线或者进行管线修复改造时，因为对旧工业厂区和周边的地下管网的分布情况不清楚，造成盲目施工，引起地下管网损坏，停水、停电、停气、通讯中断事故时有发生，从而影响改造的施工进度和人民生活，有时甚至会引发灾害事故。因此，查清地下管网现状，是旧工业厂区地下管网改造与利用首要解决的问题。

埋于地下的工业管网，其类型可分为：①金属管材：主要是各种给水管、循环水管和工艺管线等；②非金属管材：主要是各种排污管、雨水管等。

金属管材其电性特征表现为良导圆柱体，它与周围覆盖层存在明显的电性差异，且表现为二维线性特征，常规的探测方法能较好的识别。非金属管材外壳表现出高阻性质，探测这类高阻管，常规的方法难以识别。另外一些干扰源对管线的探测精度也有较大影响，这些干扰主要来自：水泥路面的钢筋网、路中及路边的铁栅栏、铁质的广告牌、道旁的架空电力线、管线间的相互干扰、正在施工的电器、地表人工填土中的铁质杂物等。

进行地下管网探测后应获取如下信息，为后续的地下管网改造施工提供数据支持。

1）查清所有地下管线特征点坐标，埋深、管径、材质、根数、地面点高程、权属、连接关系等信息。

2）利用最新的探测成果，结合竣工图资料，按照用户要求的格式，录入各种资料，建立地下管网现状的图形数据库。

管道缺陷的主要类型包括：管道渗漏、管道阻塞、管道偏移、机械磨损、管道腐蚀、管道变形、管道裂纹、管道破裂、管道坍塌，如图 7.4 所示。

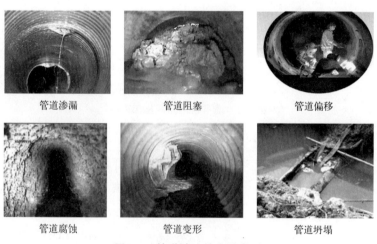

| 管道渗漏 | 管道阻塞 | 管道偏移 |

| 管道腐蚀 | 管道变形 | 管道坍塌 |

图 7.4　管道缺陷的主要类型

（2）地下管网检测与评估

1）地下管网检测

检测单位应按照要求收集待检测管道区域内的相关资料，组织技术人员进行现场踏勘，掌握现场情况，制定检测方案，做好检测准备工作。从事地下管网检测和评估的单位应该具备相应的资质，检测人员应具备相应的资格。管道检测方法应根据现场的具体情况和检测设备的适应性进行选择。目前，管道检测方法主要包括电视检测、声呐检测、管道潜望镜检测和传统的检测方法，每种方法都有其特点和使用范围。

①电视检测。主要适用于管道内水位较低状态下的检测，能够全面检查管道结构性和功能性状况，如图 7.5 所示。

图 7.5　CCTV 设备

图 7.6　管道潜望镜

图 7.7　管道潜望镜工作界面

②声呐检测。只能用于水下物体的检测，可以检测积泥、管内异物，对结构性缺陷检测有局限性，不宜作为缺陷准确判定和修复的依据。

③管道潜望镜检测。主要适用于设备安放在管道口位置进行的快速检测，对于较短的排水管可以得到较为清晰的影像资料，如图 7.6、图 7.7 所示。其优点是速度快、成本低，影像既可以现场观看、分析，也便于计算机储存。管道潜望镜检测宜用于对管道内部状况进行初步判定，管内水位不宜大于管径的 1/2，管段长度不宜大于 50m。

④传统检查方法。传统检查方法有很多，这些方法适用范围窄，局限性大，并且存在作业环境恶劣、劳动强度大、安全性差的缺点，几种传统检查方法见表 7.1。

传统检查方法对比分析　　　　　　　　　　　　　　　　　　　表 7.1

检查方法	适用范围和局限性
人员进入管道检查	管径较大、管内无水、通风良好，优点是直观，且能精确测量；但检测条件较苛刻，安全性差
潜水员进入管道检查	管径较大、管内有水，且要求低流速，优点是直观；但无影像资料、准确性差
量泥杆（斗）法	检测井和管道口处淤积情况，优点是直观、速度快；但无法测量管道内部情况，无法检测管道结构损坏情况
反光镜法	管内无水，仅能检查管道顺直和垃圾堆集情况，优点是直观、快速、安全；但无法检测管道结构损坏情况，有垃圾堆集或障碍物时，则视线受阻

必要时，可采用以上两种或多种方法相互配合使用，例如采用声呐检测和电视检测

相互配合可以同时测得水面以上和水面以下的管道状况。

2）地下管网评估

地下管网缺陷评估的目的是确定现有地下管道状况及是否需要修复，以给业主部门的决策提供参考。下面主要依据《城镇排水管道检测与评估技术规程》CJJ 181—2012，简述一下排水管道的评估方法。

①排水管道缺陷分类。排水管道缺陷分为结构性缺陷和功能性缺陷。其中结构性缺陷按照缺陷程度分为轻微缺陷、中等缺陷、严重缺陷和重大缺陷四个等级；功能性缺陷按照缺陷程度分为轻微缺陷、中等缺陷和严重缺陷三个等级。

②修复指数计算。修复指数（简称 RI）是依据管道结构性缺陷的种类、程度和数量，结合管道所处环境，按一定公式计算得到的数值。数值区间为 0～10，数值越大表明修复紧迫性越大。计算出每段管道的修复指数 RI，然后进行等级确定和结构状况评价，提出地下管道最佳修复方式，如不修复或局部修复、局部或整体修复、整体修复或翻新。

（3）地下管网修复施工

通过对地下管网缺陷进行排查、结构评估确定修复方案后，选择合理的更新修复技术进行施工，若管网全线损毁或已不具备修复价值，亦采用更新修复技术，例如常见的碎管法、裂管法、吃管法。若管网整体损毁或经评估具备修复价值，亦采用管道整体修复技术，例如常见的穿插法、折叠内衬法。若管网局部损毁或经评估具备修复价值，亦采用管道局部修复技术，例如常见的不锈钢发泡筒法、点状 CIPP 修复技术等。

7.2　地下管网预处理施工技术

旧工业厂区原有地下管道常年输送各种物质，管道内部极易受到腐蚀和造成管道内杂物淤积，导致管道堵塞。非开挖管道修复技术主要是从管道内部对原有管道进行修复的技术，因此在进行修复前应对管道内部进行预处理。例如：广州市某地下管网改造项目（见图 7.8）、北京市某地下管网改造项目（见图 7.9）等。

图 7.8　广州市某地下管网改造项目　　　图 7.9　北京市某地下管网改造项目
（基础注浆）　　　　　　　　　　　（高压水射流清洗）

不同的修复工艺对管道的预处理有不同的要求，管道预处理不应对后期的施工造成影响。

（1）对于管道更新工艺，工艺的本质是将原有管道从内部破碎，然后拉入或顶入新的管道。因此其对管道内表面没有过高的要求，但其要求管道内部畅通以便牵引拉杆或钢丝绳能够顺利通过。

（2）对于管道修复工艺，工艺的本质是在原有管道内部形成新的内衬管，根据修复工艺的不同，内衬管的置入方法也不同。因此，首先管道内部不应有影响内衬管置入的障碍物；其次，根据内衬管与原有管道贴合程度的不同，对管道内表面的要求也不同。对于内衬管与原有管道不贴合的修复工艺，内衬管与原有管道之间存在一定的空隙，因此其对管道内表面的要求最低，只要不影响内衬管的置入便可，如穿插法和机械制螺旋缠绕法（内衬管不贴合原有管道）；对于内衬管与原有管道贴合的工艺，原有管道内表面应无明显附着物、尖锐毛刺、凸起现象，且根据内衬管的形态，对原有管道内表面要求从低到高的顺序为：机械制螺旋缠绕法（贴合原有管道）＜管片内衬法＜折叠内衬法＜缩径内衬法＜原位固化法；对于内衬管与原有管道黏合的工艺，对原有管道内表面的要求最高，除上述所需要求外，应保证原有管道表面洁净。

（3）对于局部修复工艺，应确保待修复部位及其前后500mm范围内管道内表面洁净，无附着物、尖锐毛刺和突起。管道预处理后，应确保原有管道内表面没有过大空洞及严重的漏水现象。虽然管道预处理主要针对原有管道内部，但对于由于管道设计、施工不合理造成的管道周围地基存在问题的特殊情况，管道的预处理应包含对管道周围地基的处理，预处理后应保证管道周围地基稳定。

7.2.1　预处理主要方法

（1）冲刷清洗法

冲刷清洗是最古老的下水道清洁方法，如今依然用于某些特殊的场合。冲刷清洗可分为脉冲冲刷清洗和回水冲刷清洗。两种方法都假定污水以一定的速度自由流动，只能用于清除松散的、非硬化的沉积物。

（2）高压水射流清洗法

高压水射流清洗目前是国际上工业及民用管道清洗的主要方法，其应用比例约占80%～90%，主要适用于清除管内松散沉积物或作为管道检测、修复前的准备措施。原理是由高压泵产生的高压水从喷嘴喷出，将其压力能转化成高速流体动能，高速流体正向或切向冲击被清洗件的表面，产生很大的瞬时碰撞动量，并产生强烈脉动，从而使附着在管内壁上的结垢剥离下来。高压水射流一次清洗过程分为两个阶段，如图7.10所示。

第一阶段，通过射流的反作用力喷嘴向射流反方向移动进行清洗；第二阶段，喷嘴到达目标井后，回拉胶管使喷嘴向射流方向移动进行清洗。喷射高压水流松动沉积物，

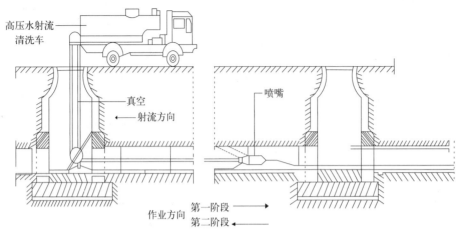

图 7.10 高压水射流清洗工具示意图

并卷走、携带沉积物到目标检查井内,再使用真空抽吸机抽走。高压水射流清洗作业易操作、效率高,超高压可除去硬垢、难溶垢。与化学清洗相比较具有不污染环境,不腐蚀清洗对象,清洗效率高及节能等特点,且能有效去除一些与化学药剂难溶或不溶的特殊污垢,并能保证管道的清洗质量。不足之处是设备投资大,复杂结构的管线需解体清洗,长距离管线需分段清洗。高压水流清洗装置主要由高压泵动力装置、压力调节装置、高压管、各种喷枪、喷嘴等机具与配件组成。根据清洗对象不同可采用刚性喷杆和柔性喷杆,前者适用于直管,后者适用于曲管清洗。

(3)绞车清洗法

这是我国普遍采用的一种方法,首先是将钢丝绳穿过待清淤管道,然后在清通管段的两端检查井处各设置一台绞车,当钢丝绳穿过管通段后,将钢丝绳系在设置好的绞车上,清通工具的另一端通过钢丝绳系在另一台绞车上,然后再利用绞车来回往复绞动钢丝绳,带动清通工具将淤泥刮至下游检查井内从而使管道得到的清通。绞车的动力可以是靠人力手动,也可以是机动,这要根据管道直径、清淤长度、淤泥厚度而定。这种方法适用于各种直径的下水管道,特别是管道淤塞比较严重、淤泥已黏结密实,用水力清通效果不好时,采取这种方法效果很好。这是一种老式清通方法,虽然具有一定的历史,但目前仍有较多应用,其与高压水射流清洗技术配合使用可以达到很好的清洗效果。

(4)清管器清洗法

清管器清洗技术是国际上近几十年来崛起的一项新兴管道清洗技术,我国采用清管工艺是从 20 世纪 60 年代中期开始的,在输气管道上应用比较普遍,但近几年发展很快,油、气、水管道都广泛采用,并取得越来越显著的效果。清洗器清洗技术的基本原理是依靠被清洗管道内流体的自身压力或通过其他设备提供的水压或气压作为动力推动清洗器在管道内向前移动,刮削管壁污垢,将堆积在管道内的污垢及杂物推出管外。

（5）化学清洗法

化学清洗法是以化学清洗剂为手段，对管道内表面的污垢进行清除的过程。通常向管道内投入含有化学试剂的清洗液，与污垢进行化学反应，然后用水或蒸汽吹洗干净。为防止在化学清洗过程中损坏金属管道的基底材料，可在酸洗液里加入缓蚀剂；为提高管道清洗后的防锈能力，可加入钝化剂或磷化剂使管道内壁金属表面层生成致密晶体，提高防腐性能。为了加快反应速度，提高清洗效率，可以使用部分辅助手段，如在清洗液进入被清洗的管道内之前，将加压后的清洗液变为水浪式涌动的清洗液流，而后再进入被清洗管道，使进入被清洗管道内的清洗液正向或逆向交替变换方向流动。化学清洗方式主要包括回抽、浸泡、对流、开路、喷淋。

7.2.2　基础注浆处理方法

管道基础注浆分为土体注浆和裂缝注浆，土体注浆材料可选用水泥浆液和化学浆液两种，裂缝注浆一般选用化学注浆。为了加快水泥浆凝固，可以添加水泥用量 0.5%～3.0% 的水玻璃；在满足强度要求的前提下，可在水泥浆中添加占水泥质量的 20%～70% 的粉煤灰。化学注浆的材料主要是遇水可膨胀的聚氨酯。按照注浆管的设置可分为管内向外钻孔注浆和从地面向下钻孔注浆两种方式，大型管道可优先采用管内向外钻孔注浆，有利于管道周围浆液分布更均匀，材料更节省。

（1）适用范围

1）管材为所有材质的雨污排水管道。

2）管道口径大于等于 800mm 时，宜采用管内向外钻孔注浆法；管道口径小于 800mm 时，宜采用从地面向下钻孔注浆法。也可用于检查井井壁和拱圈开裂渗水的注浆处理。

3）适用于错位、脱节、渗漏等管道结构性缺陷，且接口错位应小于等于 30mm，管道基础结构基本稳定、管道线形没明显变化、管道壁体坚实不腐化。

4）适用于管道接口处在渗漏预兆期或临界状态时预防性修理。

5）不适用于管道基础断裂、管道破裂、管道脱节呈倒栽状、管道接口严重错位、管道线形严重变形等结构性损坏的修复处理。

6）不适用于严重沉降、与管道接口严重错位损坏的窨井。

（2）基本方法

1）结合其他排水管道修复方法，对管道基础土体进行注浆加固，使注入浆液充满土层内部及空隙，达到降低土层渗水性、增加土体强度和变形模量、充填土体空隙、补偿土体损失、堵漏抢险目的，确保排水管道长期正常使用。

2）根据管道渗漏情况、漏水处缝隙大小等决定采用水泥砂浆的稠度。水泥采用强度不低于 42.5 级的普通水泥，当孔隙较大时，可在水泥浆中掺入适量细砂或其他惰性材料。

3）常用的钻孔注浆材料配比。管周土体加固钻孔注浆材料配比见表 7.2。

土体加固注浆材料配比		表 7.2
42.5 级水泥（kg）	特细粉煤灰（kg）	水玻璃（kg）
80	56	0.8

管道下沉路基空洞松散部位填充注浆配比见表 7.3。

土体加固注浆材料配比		表 7.3
42.5 级水泥（kg）	特细粉煤灰（kg）	水玻璃（kg）
50	100	0.8

（3）施工要求

1）钻孔注浆范围。管道：底板以下 2m，管材外径左、右侧各 1.5m，上侧 1m。窨井：底板以下 2m，窨井基础四周外侧各扩伸 1.5m。

2）管节纵向注浆孔布置（管内向外）。管材长度 1.5m ～ 2m：纵向注浆孔在管缝单侧 30cm 处。管材长度大于 2.5m：纵向注浆孔在管缝两侧各 40cm 处。

3）管节横断面注浆孔布置（管内向外）。管径小于或等于 1600mm：布置四点，分别为时钟位置 2、5、7、10 处。管径大于 1600mm：布置五点，分别为时钟位置 1、4、6、8、11 处。

4）管节纵向注浆孔布置（地面向下）。注浆孔间距一般为 1.0m ～ 2.0m，能使被加固土体在平面和深度范围内连成一个整体。

5）钻孔注浆范围如图 7.11、图 7.12 所示。

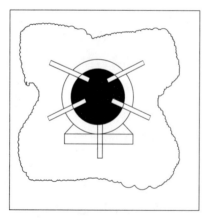

图 7.11　管内向外注浆

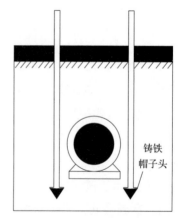

图 7.12　管内向外注浆

6）注浆操作要求如下所示：

①注浆管插入深度应分层进行。先插入底层，缓缓提升注浆管注浆第二层，两层间

隔厚度 1m。

②注浆操作过程中对注浆压力应作由深到浅的逐渐调整，砂土宜控制在 0.2MPa ～ 0.5MPa 内，黏性土宜控制在 0.2MPa ～ 0.3MPa 内。如采用水泥—水玻璃双液快凝浆液，则注浆压力宜小于 1MPa。在保证可注入的前提下应尽量减小注浆压力，浆液流量也不宜过大，一般控制在 10L/min ～ 20L/min 的范围。注浆管可使用直径 19mm ～ 25mm 的钢管，遇强渗漏水时，则采用直径 50mm ～ 70mm 的钢管。

③如遇特大型管道两注浆孔间距过大，应适当增补 1 ～ 2 只注浆孔，以保障注浆固结土体的断面不产生空缺断档现象，提高阻水、隔水的效果。

④检查井底部开设注浆孔，应视井底部尺寸大小不同，控制在 1 ～ 2 个。

⑤开设注浆孔必须用钻孔机打洞，严禁用榔头开凿和使用空压机枪头冲击，不得损坏管道原体结构。

⑥在冬季，当日平均温度低于 5℃或最低温度低于 –3℃的条件下注浆时，应在现场采取适当措施，以保证不使浆体冻结。在夏季炎热条件下注浆时，用水温度不得超过 35℃，并应避免将盛浆桶和注浆管路在注浆体静止状态暴露于阳光下，以免加速浆体凝固。

7.2.3　预处理的特殊措施

对于管道预处理的特殊问题，需要采取相应的措施进行处理，所谓特殊问题是指不能通过基本的预处理技术解决的问题，包括原有管道内部存在树根及较硬的凸起物，原有管道由于塌陷或周边施工造成的管道堵塞，原有管道存在过大空洞、漏水严重以及原有管道地基不稳等问题。

（1）对于原有管道内部的树根及较硬突起的情况，可采用专用工具切割或磨平，如图 7.13、图 7.14 所示。如管道直径大于 800mm，在保证安全的情况下尚可人工进去处理；

　　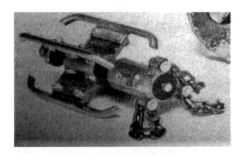

图 7.13　用于磨平较硬突出物的机器人铣刀　　　图 7.14　用于切除树根的设备

（2）对于原有管道被完全堵塞的情况，可借助挤扩孔或人工开挖的方法解决，挤扩孔的方法可采用水平定向钻机或顶进设备实现；

（3）对于管道地基存在问题的情况，可通过地面或管内注浆的方法加固管道周围的地基；

（4）对于管道漏水严重的情况，可先对漏水位置进行点位修复或注浆以起到止水的目的。

7.3 地下管网更新施工技术

旧工业厂区原有地下管道经过多年的使用，大多已经年久失修，存在不同程度的缺陷。为了适应改造后建筑的功能要求，需要对部分破损严重，已经失去使用功能的地下管道进行更新。例如：上海市某地下管网改造项目（见图 7.15）、深圳市某地下管网改造项目（见图 7.16）等。

图 7.15 上海市某地下管网改造项目　　图 7.16 深圳市某地下管网改造项目

7.3.1 碎管法管道更新

碎管法是采用碎管设备从内部破碎原有管道，将原有管道碎片挤入周围土体形成管孔，并同步拉入新管道的管道更新方法。碎管法根据动力源可分为静拉碎管法和气动碎管法两种工艺，静拉碎管法是在静力的作用下破碎原有管道，然后再用膨胀头将其扩大；气动碎管法是靠气动冲击锤产生的冲击力作用破碎原有管道，如图 7.17 所示。

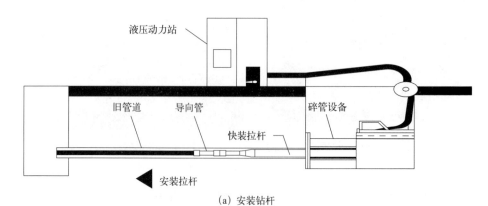

（a）安装钻杆

图 7.17 静拉碎管技术工作过程（一）

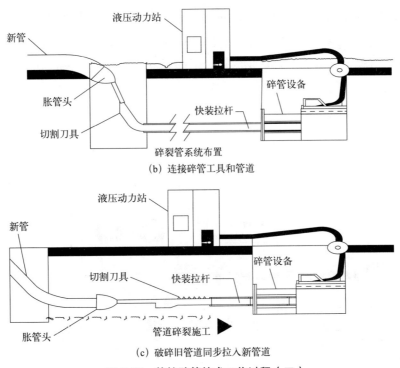

(b) 连接碎管工具和管道

(c) 破碎旧管道同步拉入新管道

图 7.17　静拉碎管技术工作过程（二）

（1）适用范围

1）静拉碎管法可修复管径为 50mm ～ 600mm 的管道，管线长度一般为 100m；气动碎管法可修复管径为 50mm ～ 1200mm 的管道，管线长度一般为 230m。

2）适用于由脆性材料制成的管道（陶土管、混凝土管等）的更换，新管可以是 PE 管、聚丙烯、陶土管和玻璃钢等。

（2）碎管法的优缺点

1）优点。碎管法相比开挖法具有施工速度快、效率高、价格优势、对环境更加有利、对地面干扰少的优点，其可利用现有的人井，同时可保持或增加原管的设计能力。

2）缺点。①需要开挖地面进行支管连接；②需对局部塌陷进行开挖施工以穿插牵拉绳索或拉杆；③需对进行过点状修复的位置进行处理；④对于严重错位的原有管道，新管道也将产生严重错位现象；⑤需要开挖起始工作坑和接收工作坑。

（3）碎裂法管道更新技术施工工艺

1）静拉碎裂管法。在静拉力爆管系统中，只通过施加在爆管头上的静拉力来破碎旧管道。使用钢索或钻杆穿过旧管道连接在爆管头的前端来施加静拉力，因此作用在爆管头上的静拉力应该足够的大。锥形的爆管头将水平的静拉力转变为垂直轴向发散的张力来破碎旧管道，为安装新管道提供空间。

2）气动碎裂管法。在气动碎裂管法工艺中，爆管头是一个锥形的土体挤压锤，并由压缩空气驱动在 180 次 /min ～ 580 次 /min 的频率下工作。气动锤对爆管头的每一次敲击都将对管道产生一些小的破碎，因此持续的冲击将破碎整个旧管道。爆管头的敲击过程中还伴随来自钢索施加的拉力，钢索通过旧的管道连接到爆管头的前端。其作用是使爆管头对旧的管道的管壁施加一个压力加速其破碎并且拉入爆管头尾部连接新管道，如图 7.18 所示。

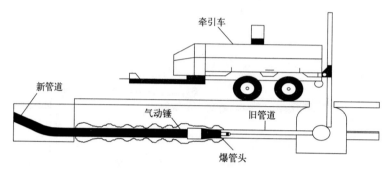

图 7.18　气动碎裂管法

7.3.2　裂管法管道更新

裂管法所使用的工具由液压动力机、切割刀片和扩张器组成。施工时，在动力机的强大牵引力作用下，切割刀片沿着旧管道将其切开，连接在切割刀片后的扩张器紧接着将切开的旧管道撑开并挤入周围的土层，以便将新管拉入旧管所在的位置。这种方法主要用于更换钢管（自来水管道和煤气管道），如图 7.19 所示。

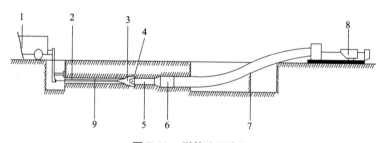

图 7.19　裂管法示意图
1—空压机；2—旧管；3—切削刀片；4—刚性接头；5—冲击锤；6—扩孔器；7—新管；8—张拉装置；9—旧管中接头

（1）适用范围：①管径为 50mm ～ 150mm；②最大施工长度为 200m；③适用于钢管的更换，新管为 PE 管。

（2）裂管法的优缺点

1）优点。①可保持或增加原管的设计能力；②施工速度快；③施工时对地表的干扰小。

2）缺点。①旧管埋深较浅或在不可压密的地层中，可能引起地表隆起；②不适合弯管的更换。

7.3.3　吃管法管道更新

吃管法使用经改进的小口径顶管施工设备或其他的水平钻机，以旧管为导向，将旧管从端部连同周围的土层回转切削，破碎或冲击破碎旧管的同时顶入直径相同或稍大的管道，完成管线的更换。破碎后的旧管碎片和土由螺旋钻杆排出。这种方法主要用于更换埋深较大（大于 4m）的非加筋污水管道，如图 7.20 所示。

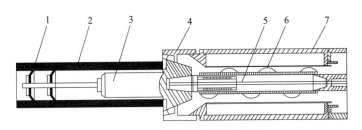

图 7.20　吃管法施工设备 AVP
1—密封件；2—旧管；3—导向头；4—切削钻头；5—冲击锤；6—螺旋钻杆；7—新管

（1）适用范围：①管径为 100mm ～ 900 mm；②管线长度可达 200 m；③可更换陶土管、混凝土管或加筋的混凝土管；④新管为球铸墨铁管、玻璃钢管、混凝土管或陶土管等。

（2）吃管法的优缺点

1）优点。①对地表和土层无干扰；②可在复杂的地层中施工，尤其是含水层；③能够更换管线的走向和坡度已偏离的管道；④施工时不影响管线的正常工作。

2）缺点。①需开挖两个工作坑；②地表需有足够大的工作空间。

7.4　地下管网修复施工技术

工业企业地下管道在运行 15 ～ 20 年后，由于受到连续或间断性的物理、化学、生物化学作用以及生物力的侵蚀，地下管道会出现不同程度的损坏，如管道腐蚀，管道破裂等。为了使原有地下管道适用新的使用功能，需要对工业厂区原有地下管道进行修复，例如：武汉市某地下管网改造项目（见图 7.21）、广州市某地下管网改造项目（见图 7.22）等。

 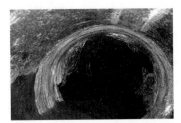

图 7.21　武汉市某地下管网改造项目　　　图 7.22　广州市某地下管网改造项目
（折叠法施工）　　　　　　　　　　（局部修复施工）

7.4.1 穿插法管道修复

穿插法（Sliplining）是一种可用于管道结构性和非结构性非开挖修复的最简单的方法。在 1940 年该方法就用来修复破坏了的管道，多年来的经验表明，穿插法是一种技术经济性很好的管道修复技术，拥有非开挖技术所具有的全部优点。

按照内衬管穿插入原有管道之前是否连续，穿插法分为连续穿插法和不连续穿插法两种工艺。连续穿插法内衬管是连续的，其在进入原有管道过程中的受力状态为拉力，一般通过牵拉的方式将内衬管穿插入原有管道内。连续穿插法施工一般需要在内衬管进入端开挖一工作坑，便于内衬管的插入，如图 7.23 所示。

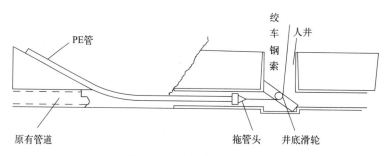

图 7.23　连续管道穿插法

对于小口径的管道通过使用特殊管材也可不必开挖工作坑，如日本发明的一项适用于小口径管道的穿插技术，其原理如图 7.24 所示。

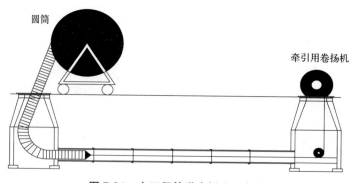

图 7.24　小口径管道穿插法示意图

不连续管道的穿插法内衬管在进入原有管道过程中受力状态为压力，主要通过顶推的方式使内衬管穿插进入原有管道，也可通过牵拉的方式将拉力转换为内衬的压力使其进入原有管道。不连续穿插法需要根据管段的长度及进入方式决定是否需要开挖工作坑，一般对于较长管段以推入的方式进入原有管道内部需开挖工作坑，而对于较短管段以牵引的方式进入原有管道则不需开挖工作坑。

短管穿插法可归为非连续穿插法,其原理是将特制的短管由检查井或工作坑送入原有管道,然后通过在终端的牵拉力将从始发端进入的内衬管拉入原有管道,在整个过程中内衬管受的是压力,如图 7.25 所示。

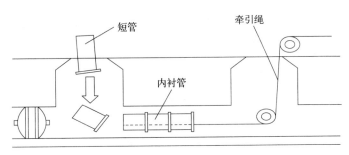

图 7.25 短管内衬法

(1)适用范围

穿插法使用范围及局限性如表 7.4 所示。

穿插法的使用范围及局限性 表 7.4

管道类型	是否可能	备注
污水管道	是	穿插法可以用来修复污水管道,但是由于管道过流面积的减少导致管道的流通能力的降低,因此在重力管道施工中它不是第一选择。
燃气管道	是	
饮用水管道	是	所采用材料必须符合相关的规定和规范。
化学/工业管道	是	管道的材料必须能够抵抗化学腐蚀、耐高温和其他一些特别的要求。
直管	是	
弯管	是	穿插法通常很难穿过弯曲管段。
圆管	是	
非圆管	否	
变径管道	是	新管道必须以旧管道的最小截面尺寸进行设计,除非应用锥形管道。
带直管管道	是	对于污水管道和饮用水管道,必须要在注浆前将支管处开挖并断开支管。
变形的管道	是	穿插法不适合修复变形严重的管道。

(2)穿插法的优缺点

1)优点。①作为一种修复技术,穿插法不需要投资购置新的设备;②顶管法等方法同样可以应用于穿插法修复中;③穿插法是修复压力或者重力管道比较简单的方法;④穿插法可用于结构或者非结构修复的目的;⑤在管道运行的情况下,可同时进行管道更换。

2）缺点。①穿插法最大的缺点是导致管道过流面积的减小，因此在管道设计中必须要考虑新管道的流通能力是否满足生产生活需要。但是，由于水力特性的改变，少量的过流面积的减小可能对流通能力没有影响；②水平连接的地方开挖量比较大；③需要灌浆。

（3）穿插法施工工艺

1）材料。穿插法常使用的内衬管材料有 PE、GRP、PVC 管等。根据修复管道的用途，内衬管材应满足相应行业标准中规定的物理化学性能要求，同时还应满足施工中的牵拉、顶推的施工要求。

2）设备。对于内衬管通过牵拉的方式进入原有管道的工艺，仅需在终端安装牵拉装置；而对于通过顶推方式进入原有管道的工艺，则需在始端安装顶推装置；对于通过热熔连接的管段，还需热熔连接设备；对于回拉或顶进时，在检修井或井筒底部需要一个牢固结实结构，能够承受管道回拉或顶进时所产生的反作用力。

（4）施工方法

在穿插法施工中，管道通过拉或推的方式穿越旧管道从始发井到接收井，两种铺设方式在安装管道的过程中虽有明显的区别，但是其基本工作步骤如图 7.26 所示。本节重点讲述工作坑的开挖、内衬管穿插、注浆、管道端部连接。

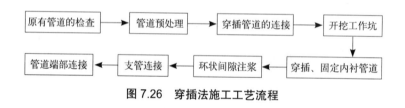

图 7.26　穿插法施工工艺流程

1）工作坑的开挖

管道非开挖修复工程的工作坑类型可分为三种：连续管道穿插的工作坑、不连续管道穿插的工作坑、不需开挖以人井或检查井作为工作坑。

考虑到工作坑的开挖对周围建筑物安全、人们正常生活的影响以及非开挖修复更新工程设计对工作坑的特殊要求，工作坑的坑位应避开地上建筑物、地下管线或其他构筑物；工作坑宜设计在管道变径、转角或检查井处。

为了满足施工人员的操作，起始工作坑的宽度应大于新管道直径 300mm，且最小不应小于 650mm，对于不连续管道施工的起始工作坑还应满足设备、管材起吊的要求。

对于连续管道插入施工的工作坑布置如图 7.27 所示。

对于不连续管道，内衬管需要在工作坑内完成管道的连接和穿插工作，因此起始工作坑的长度应能满足管道连接设备和顶推设备长度的要求，同时为使设备安装平稳，且内衬管能够顺利插入原有管道，工作坑坑底应低于待修复管道外壁底端 350mm，且宜铺设不小于 80mm 厚的砾石垫层。

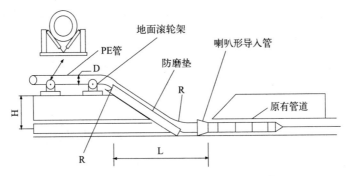

图 7.27　连续管道进管工作坑的布置示意图

2）内衬管穿插

①连续穿插法。PE 管道可以在地上或者入土坑中把短管道熔接成长管道。如果是在地上连接，由于受到 PE 管道最小允许弯曲半径的限制，需要较大的入土坑，尤其是在深管道或者大直径管道安装时；如果是在入土坑中进行连接，可以使用小的入土坑，但是由于熔接和冷却过程需要时间，导致施工效率降低。管道冷却的环节对管道安装成功后的寿命有较大的影响，因为短时间冷却将降低管道安装和长期使用过程中的强度。

在管道连接过程中，在 PE 管道内侧和外侧都会形成熔结瘤。污水管道安装前，都要对管道内外的熔接瘤进行清除。如果是饮用水管道，为了避免在清除熔接瘤所造成的污染，通常对管道内侧的熔接瘤予以保留。

穿插过程中应对内衬管采取保护措施。拖管头是非常重要的部件，它把绞车的拉力传递给管道，同时可以保证对管道不产生局部的应力集中。有时为了防止土或者其他物质进入管道，管道的端口是封闭的，这在饮用水管道施工中特别重要。为了防止拉力超过 PE 管道极限抗拉力，在绞车和拖管头之间安装一个保护接头（自动脱离连接），可以保证在托管拉力达到允许拉力前自动脱落。在牵引聚乙烯管进入在役管道时，端口处的毛边容易对聚乙烯管造成划伤，可安装一个导滑口，既避免划伤也减少阻力。

聚乙烯管插入在役管道后，因为自身的重量会使其下沉，与在役管道的内壁接触，在聚乙烯管外壁上安装保护环可以很好地防止这种情况的发生，降低拖拉过程中的阻力。安装保护环时宜在保护环上涂敷润滑剂，所使用的润滑剂应对在役管道内壁和聚乙烯管道无腐蚀和损害。保护环之间的间距可按表 7.5 设置。

保护环之间的间距									表 7.5
聚乙烯管外径（mm）	90	110	160	200	250	315	400	450	500	630
保护环间距（m）	0.8	0.8	1.0	1.7	1.9	3.5	3.9	4.2	4.5	4.5

在施工过程中牵引设备的能力不能用到极限，避免出现拖拉过程中的卡阻现象而导

致设备的损坏，20%的余量是最低限度。具备自控装置则要求在施工过程中有设定，一旦超过最大允许拖拉力则应能自动停机。

回拉管道可能导致管道拉伸，对于聚乙烯内衬管拉伸量不能超过1.5%，回拉速度不能超过300mm/s，在复杂地层中速度应该相应减慢。整个回拉过程中不能出现中断现象。

在达到接收点后，管道拉出长度应该与下部工序人员之间达成一致。当管道拉伸量达到1%时需要进行观察，这种拉伸量在一段时间内是会恢复的。管道安装前后温度的变化导致的管道伸缩量可能达到20mm/（m·5℃）。施工中应预留出足够长度以便防止内衬管段应力和温度引起的收缩。

②非连续穿插法。内插管道安装是一个递增的过程。当位于工作坑中的接头出现下沉时，则应该将管道连接到上一节管道接头；接头和所有先前的管道完全顶进以便为下一段管道腾出空间，所有原有管道都铺设完成后工程才可停下来；施工过程中应采取保护措施防止穿插管道被划伤。

3）注浆

如果工程设计要求对内衬层和原有管道之间的环状间隙进行处理，则可以采用注浆方法解决。注浆可以有效避免由于地面荷载引起下沉或者管道坡度变化导致的管道变形。在注浆过程中要注意注浆压力不能超过管道所能承受的压力范围，另外还应考虑注浆时浮力对内衬管造成的影响，如图7.28所示。

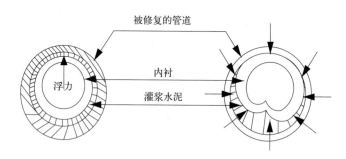

图7.28　水泥罐浆过程中的内衬变化

4）管道端部连接

内插管需要和旧管道元件及附属设施进行连接。合理的工程计划需对这些工程连接进行特殊设计。重力管道更新时，内插管道要达到检查井或检查井混凝土井壁处。在新旧系统连接的时候，必须要确保管道环状间隙的密封性，防止液体渗漏。通常情况下，在管道环状空隙中安装挤压密封圈或者Okum带，缝隙灌入膨胀浆体，灌浆对钢材有防化学腐蚀的作用。该方法同样可用在内插管和主管道之间的连接，如图7.29、图7.30所示。

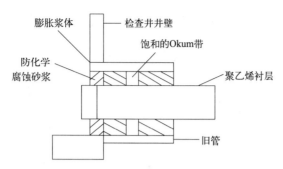

图 7.29　重力管道更新时的典型密封

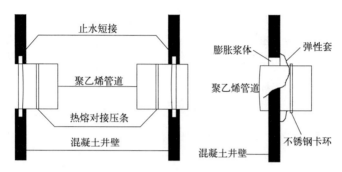

图 7.30　几种新的检查井密封方法

在主管道和接头的地方都将安设上述装置，灌浆可以在管线定位前起到隔水的作用，这种设置可以埋置在接头或者说灌注在新主管道中。

破坏了的水平管道连接将导致重力管道的渗透流失，新管道的重要目的就是重建好这些连接。新管道建立后，新管道将提供长期的结构稳定性，减少旧管道的破坏。

各种家庭设施及水平管道及主管之间可以采用不同的连接方式。例如，对于松弛性衬里，污水管支管的连接可以采用鞍座连接或热熔连接。两种方法都可以确保连接不漏失，从而确保管道的工作效率不下降，如图 7.31、图 7.32 所示。

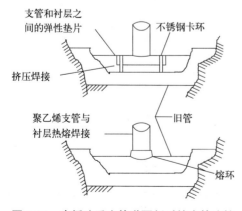

图 7.31　内插法重力管道更新时的支管连接

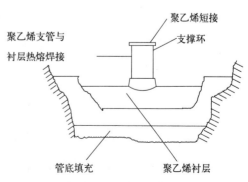

图 7.32　内插法压力管道更新时的支管连接

压力管道的连接设计，只需考虑管道的内压力值，连接部件要能承受与主管一样的设计压力，有几种连接方法可供选择。通常可以凿开旧管，热熔连接一个分支管道。根据设计参数不同、设计目的不同，各个部分都将采取单独的设计。

7.4.2 折叠内衬法管道修复

折叠内衬法是指将圆形塑料管道进行折叠并置入旧管道中，通过加热、加压的方法使其恢复原状形成管道内衬的修复方法。该法使用可变形的 PE 或 PVC 作为管道材料，施工前在工厂或工地先通过改变衬管的几何形状来减少其断面。变形管在旧管内就位后，利用加热或加压使其膨胀，

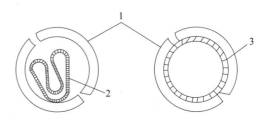

图 7.33　折叠内衬法和折叠管复原示意图
1—原有管道；2—折叠内衬管；3—复原后内衬管

并恢复到原来的大小和形状，以确保与旧管形成紧密的配合，如图 7.33 所示。有时，还可以用一个机械成形装置使其恢复原来的形状。

（1）适用范围

折叠内衬法修复时适用的管道类型为压力管道、重力管道及石油、天然气、煤气及化工管道。①内衬管管材：压力管道内衬管常用 PE 管材，重力管道可选用 PVC 内衬折叠管。可修复管道直径为 75 ～ 2000mm。通常仅用于直管段，管段上不能有管件，如阀门、三通、凝液缸、弯头等，不能有明显变形和错口，拐点夹角不能超过 5°。②单次修复长度：修复直径为 400mm 的管道时最大施工长度达 800m，这取决于滚筒容量、回拖机构的回拖力及材料的强度。

（2）折叠内衬法的优缺点

1）优点

①施工时占用场地小，可以在现有的人井内施工，环保性好；

②新衬管与旧管可形成紧密配合，管道的过流断面损失小，无需对环状空间灌浆；

③管线连续无接缝，一次修复作业可达 2000m；

④管道的过流断面损失小，但 HDPE 管内壁光滑，摩擦阻力小，增大了输送能力；

⑤对旧管道清洗要求低，只要达到内壁光滑无毛刺即可，从而使得施工质量容易得到保证；

⑥穿插顺畅。折叠法可使新衬管的断面面积减小 40%，可以轻松穿过母管，实践表明，还能穿过 22°的弯管；

⑦施工周期短。各种非开挖施工工艺中，修复更换工序耗时很少，工期长短取决于清洗施工。U 形穿插法对清管要求较低，其清洗工期仅为挤涂、贴膜等施工工艺清洗的一半，从而大大缩短了停气时间；

⑧使用寿命长。穿插的 PE 管为连续均匀的整体，抗腐蚀力强。旧管道为新衬管提供结构支撑，结构强度增大。理论上修复后的管线使用寿命长达 50 年之久；

⑨经济性好。修复成本约为新建管线成本的 30% ~ 50%。

2）缺点

①支管的重新连接需要开挖进行；

②旧管的变形或结构破坏会增加施工难度；

③施工时可能引起结构性破坏（破裂或偏离），不适用于非圆形管道或变形管道。

（3）折叠内衬法施工工艺

1）现场折叠内衬法

现场折叠内衬法施工工艺流程如图 7.34 所示。

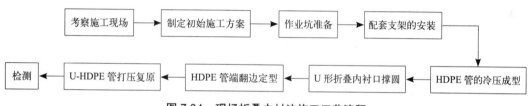

图 7.34　现场折叠内衬法施工工艺流程

2）考察施工现场与制定初始施工方案

①埋地管道的调查。应对埋地管道的埋设位置、管道规格、输送介质进行调查，并确定管道的埋深、拐点、三通、阀门、凝水缸及其他管道附件的位置（一般可参考设计图、运行图、管道探测图）。

②内窥仪检查与管道清洗。在开挖工作坑后，先进行旧管道的清洗。如果管道内部污垢较多，需先进行管道清洗：a. 当管内沉积物较为松散时，可选用机械清洗；b. 当管内沉积物较多并结垢特别坚硬时，可选用高压水射流清洗；c. 当管内沉积物为黏稠油状物时，可选用化学清洗。为实际确认管道水平和垂直方向上的弯曲量、附件设备等的定位数据的真实性，可考虑采用内窥检查系统检查管道。通过上述资料的收集、分析，制定初始施工方案。

3）作业坑的准备

施工前，需要开挖牵引坑或拖管坑，分设在待修复管道的两端。在确定工作坑位置及尺寸时主要考虑以下因素：

①对存在三通、阀门等附件的管道连接处必须暴露开挖；

②管道走向发生变化处（一般小于 8°）必须暴露开挖；

③根据设备能力及现场施工条件，确定一次施工长度，然后进行分段开挖；

④作业坑的位置应不影响交通；

⑤作业坑的长度，要能满足安装试压装置、封堵装置及内衬管道超出待修复管道长度的要求；

⑥开挖的工作坑两端需开挖一个约20°的导向坡槽，宽度视U形衬管直径大小而定，要确保U形衬管平滑插入旧管道；

⑦作业坑开挖边坡坡度大小与土层自稳性能有关，在黏性土层为1:0.35~1:0.5，在砂性土层内为1:0.75~1:1。

4）配套支架的安装

①拖管坑处的旧管端口应安装带有上、左、右三个方向的限位滚轴的防撞支架，避免衬管与旧管端口发生摩擦，如图7.35所示。

②在牵引坑处的旧管端口应安装只带有上方向限位的滚轴的导向支架，确保牵引绳平滑的牵出旧管道，避免衬管与旧管内壁发生剧烈摩擦，如图7.36所示。

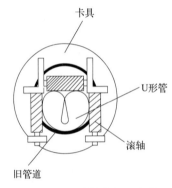

图 7.35 防撞支架示意图

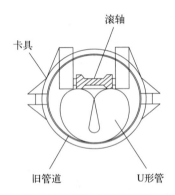

图 7.36 导向支架示意图

5）HDPE管的冷压成型

①U形压制机的调整。a.调整压制机的上下、左右压辊，应使入口处的压辊间距为HDPE管管径的70%；b.主压轮后的左右压辊间距为HDPE管管径的60%~70%；c.主压轮前的左右压辊应对压扁变形的HDPE管合理限位，并使HDPE管中线与主压轮对中，使HDPE管在压制机的正中心位置上行走；d.当环境温度小于10℃时，主压轮后的左右压辊间距可适当增加至管径的65%~70%；e.当环境温度小于5℃时，禁止进行U形压管。

②HDPE管的处理。a.在冷压前，将HDPE管表面的尘土、水珠去除干净，并检查管壁上是否有褶皱或缺陷；b.在冷压前，将HDPE管一端管端切成鸭嘴形，鸭嘴形的尺寸应为：三角形底边长度约为管径的80%，腰长为管径的1.5~2倍，并在其上开好两个孔径约40mm的孔洞以备穿绳牵引。借助链式紧绳器，按钢质夹板孔位做好牵引头，用螺栓紧固，将钢质夹板两侧多余的HDPE管边缘切成平滑的斜面；c.液压牵引机相连的钢丝绳穿过两个孔与HDPE管连接牢固；d.HDPE管的外径不能大于待修管道内径，否则

复原时不能恢复圆形形状。

③压制 U 形。开启液压牵引机和 U 形压制机，在牵引力的拖动与压制机的推动下，应使圆形 HDPE 管通过主压轮并压成 U 形，在压制过程中 U-HDPE 管下方两侧不得出现死角或褶皱现象，否则必须切掉此管段，并在调整左右限位辊后重新工作。同时还要做到：a. 缠绕带将 U 形管缠紧。b. 缠绕带的缠绕速度要与 HDPE 管的压制速度相匹配。如果缠绕速度过快，会造成缠绕带不必要的浪费；如果缠绕速度过慢，会造成缠绕力不够，可能导致 U 形管在回拉过程中意外爆开。c. U 形的开口不可过大，如果过大可用链式紧绳器将开口缩紧，调整左右压辊的间距。d. 根据 U-HDPE 管的直径调整缠绕带的滚轮角度，使得缠绕带连续平整地绑扎在 U-HDPE 管的表面（普通穿插以基本覆盖为原则）。

④牵引速度。牵引速度一般控制在 5m/min ～ 8m/min。

6）U 形折叠内衬口撑圆

U 形 HDPE 管通过旧管约 1m 时，停止牵引，切断牵引头，用撑管器将 U 形 HDPE 管的端口撑圆（目前一般使用千斤顶撑管）。

7）HDPE 管端翻边定型及 U-HDPE 管打压复原

现场折叠管的复原一般通过注水加压的方式完成，整个过程中要严格控制恢复速度。首先应计算出复原后 PE 管的水容积，复原时在不加压情况下使水充满折叠后的聚乙烯管的空间，并准确测量注入水量。复原后的水容积与无压注入水量之差就是复原时需加压的水量。水不可压缩，通过加压水的注入速度即可控制复原速度。

8）检测

对加温打压合格的 U 形折叠内衬线用内窥仪检查，以 U-HDPE 管没有塌陷为合格。

（4）工厂预制折叠内衬法

工厂预制折叠管的管材一般以管盘的形式存储和运送到施工现场。在运输过程中应确保折叠管不发生破裂、刮伤等缺陷。若每种管径的管都用相同的长度，则大管径管的盘管轮轴会很大。受到运输条件及经济因素等的限制，因此不同管径所盘的长度不同。管径越大，长度越短。以某制造商的产品为例，当 DN100 时，盘管的长度可以为 600m；但当 DN500 时，盘管轮轴直径相同时，盘管的长度只能是 100m。盘管在运输过程中不能有破裂、裂缝、刮痕等损坏现象。

工厂预制成型折叠管在生产过程中要经过制造和模拟实际安装测试两个阶段。其中模拟实际安装测试是折叠管供应商根据客户提供的在役管道的参数等生产折叠管样品，并在实验室中按照设计好的工艺参数进行工序模拟，复原达到要求后，对该试验段进行力学性能测试，测试合格，折叠管可投入生产并应用于该项工程。折叠管在出厂时，制造商应提供制造阶段的预制折叠管的直径、壁厚、形状及其允许偏差以及模拟实际安装测试的报告。工厂预制折叠管的施工分为预处理、折叠管拉入、折叠管复原、端口处理四个阶段，其示意图如图 7.37 所示。

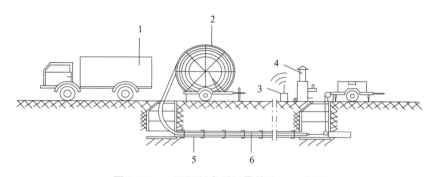

图 7.37　工厂预制成型折叠管施工示意图
1—载热水（气）车；2—折叠管；3—传送器；4—水分分离器；5—在役管道；6—折叠管

1）管道预处理

预处理包括管道清洗、疏通、检测。

2）折叠管的拉入

将绕有折叠管的卷轴放在插入点附近。将一根钢绳穿过原有管道，一端与变形管道相连。使用动力卷扬机将变形管道直接从插入点拉到终点。通过测量、监测拉管操作的拉力，拉力必须限制在折叠管容许抗拉强度范围之内。折叠管的容许抗拉强度一般取折叠管极限抗拉强度的一半。另外，拉管操作的工作拉力应与牵引设备的最大拉力有一定的余地，以防施工中突然遇到卡阻导致设备故障。

折叠管拉入过程中应设置低摩擦阻力、表面光滑的导向装置或折叠管保护装置，防止折叠管划伤。整个拉入过程不宜间断，折叠管牵引超出原有管道一定长度，该长度应根据复原操作的要求确定，除此之外还应考虑折叠管的应力恢复要求。

3）折叠管的复原

工厂预制成型折叠管复原阶段要求通入蒸汽使其进行热恢复，按照事先制定的复原工艺要求。通入压缩空气使复原管内保持一定的压力并且持续一段时间，使得管内的温度均匀分布，保证复原后的管道力学性能不发生变化，如图 7.38、图 7.39 所示。

图 7.38　折叠管的穿插施工

图 7.39　折叠管的穿插施工复原后端口处理

在复原过程中，蒸汽源是要求在施工现场产生并且可以循环，保证复原所要求的温度在复原过程中不发生变化。复原过程中产生的冷凝水应集中收集，统一处理。在此过程中严格按照制造商提供的参数控制压力和温度，保证复原后的聚乙烯管的质量。

复原操作前应切断牵引折叠管的牵引头，并在两端焊接密封堵板，同时开孔连接温度计、压力表以及通入热源等复原用介质的管路，另外应在折叠管两端外侧也安装温度传感器，以更好地对复原过程进行控制。

预制折叠管复原过程中的温度和压力指标应参照折叠管生产商提供的安装说明等资料。《采用变形聚乙烯管道修复现有污水管道和水管的标准规范》ASTM F1606 中对 PE 折叠管的复原过程的规定分为三个阶段：

①折叠管中通入蒸汽的温度宜控制在 112℃ ~ 126℃之间，然后加压最大至 100kPa，当管外周温度达到（85+5）℃后，增加蒸汽压力，最大至 180kPa。

②维持该蒸汽压力一定时间，直到折叠管完全膨胀复原。

③折叠管复原后，应先将管内温度冷却到 38℃以下，然后再慢慢加压至大约 228kPa，同时用空气或水替换蒸汽继续冷却直到内衬管降到周围环境温度。

折叠管冷却后，应至少保留 80mm 的内衬管伸出原有管道，防止管道收缩。

4）端口连接

对于重力管道，折叠内衬修复完后端口处应切割平整。对于压力管道，应与原有管道进行连接。在修改燃气管道时，应按照《城镇燃气管道非开挖修复更新工程技术规程》CJJ/T 147—2010 中规定进行作业：

①连接前应在内衬管的端口安装一个刚性的内部支撑衬套。

②当聚乙烯管道与原有管道连接时，应选用钢塑转换头连接或钢塑法兰连接，并应符合现行行业标准《聚乙烯燃气管道工程技术规程》CJJ 63—2008 的有关规定。

③对 SDR17.6 系列非标准外径预制折叠管，当扩径至与标准聚乙烯管外径及壁厚一致时方可进行连接。当采用扩径的方式不能满足标准壁厚时，应采用变径管件连接。

④ SDR26 系列非标准外径的预制折叠管应采用变径管件连接。

⑤当预制折叠管为 SDR26 系列时，在役管道断管处的聚乙烯管及管件宜采用外加钢制套管或砖砌保护沟，并填砂加盖板的方式进行保护。

7.4.3　管道局部修复

旧工业厂区原有地下管道随着使用年限的增加，管道系统因外部和内部的原因，会产生不同程度的损伤，如管道渗漏、管道裂纹、管道局部破损等。为了保证管道系统的安全运行，需要对原有地下管道的局部缺陷进行修复。

（1）不锈钢发泡筒法

不锈钢发泡筒修复技术是指在渗漏点处安装一个外附海绵的不锈钢套筒，海绵吸附发泡胶，安装完成后，发泡胶在不锈钢筒与管道间膨胀，从而达到止水目的的工艺。

1）适用范围

不锈钢发泡胶卷筒可用于修复以下管道事故：①部分脱落的管道；②调整错位的管道接口；③封闭管道上的孔或洞；④管道内或接口处的裂缝；⑤防止管道周围树根的生长；⑥维修有分支的管道；⑦封闭无用的管道。

2）不锈钢发泡筒法的施工工艺

主要过程是不锈钢筒预制，海绵固定并刷浆，然后安装。不锈钢发泡胶卷筒直接通过检查井进入地下管道，在修复部位形成一道不锈钢内衬，来维护破损管道的结构强度，并对管道局部渗漏进行密封。

3）施工设备和材料

①CCTV闭路电视；②空气压缩机；③卷扬机；④中间可通水的气囊；⑤不锈钢发泡胶卷筒；⑥发泡胶和油漆滚筒；⑦手动气压表及带快速接头软管。

4）不锈钢发泡胶卷筒的安装准备工作

①在去工地现场之前，检查所有设备是否运转正常，并对设备工具列清单；②熟悉安装过程，检查录像中修复点的情况，如有必要，清理一切可能影响安装的障碍物；③准备空的录像带或光盘，如图7.40所示。

（a）不锈钢发泡钢卷筒　　　　　　（b）不锈钢发泡钢卷筒

图7.40　不锈钢发泡钢卷筒

5）不锈钢发泡胶卷筒的安装过程

①将卷筒套入气囊，在海绵及白边上均匀涂上发泡胶；②用橡皮筋将海绵圈好，以方便在水下拖行；③转动卷筒，将有标签的部位向上，往气囊少量充气以固定卷筒，连接所有的线缆；④将闭路电视、卷筒及气囊一起放入检查井中，拖动至管道内的修复部位，通过闭路电视监视荧幕可监控卷筒的运行和安装；⑤将手动气压表调到所需气压，气流通过时会发出轻微的响声，当响声停下来，安装便完成；⑥放气，将所有设备取出，如图7.41所示。

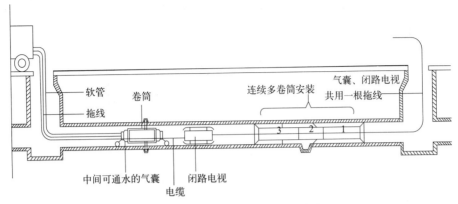

图 7.41　不锈钢发泡胶卷筒的安装过程

（2）点状 CIPP 修复技术

点状 CIPP 修复技术与原位固化法管道修复技术（CIPP）类似，也使用相同或类似的材料，主要用于修复局部破损管道，已有超过 30 年的应用历史。

1）点状 CIPP 修复技术的优缺点

①点状 CIPP 修复技术的优点。a. 点状修复技术已制定相关标准，可参看 ASTM F1216 设计标准；b. 适用最大管径为 1500mm(60in)；c. 施工长度范围一般以 1~4.5m 为宜；d. 衬管能紧密黏结在旧管上；e. 减少渗漏，避免树根进入管道；f. 一般不需要旁流系统；g. 能提供结构性修复；h. 修复段尾呈光滑锥形。

②点状 CIPP 修复技术的缺点。a. 尽管修复部位结构强度有所提高，但是检查井之间整个管段的结构强度没有得到加强；b. 与其他局部修复技术相比，成本略高；c. 可能降低旧管水力学性能。

2）点状 CIPP 修复技术的施工工艺

施工时，将短衬管包扎在一个可膨胀的滚筒上，用绞车拉入待修复的部位。然后利用压气使滚筒膨胀，与旧管紧密贴合。待树脂固化后（可在常温下固化，或利用热水或蒸汽加速固化过程），释放压气使滚筒收缩并收回，如图 7.42 所示。

（a）确定并清洁要修复的位置

（b）CIPP 就位并修复

（c）修复完成

图 7.42　点状 CIPP 修复技术流程图

尽管点状 CIPP 可看作短型的软衬修复，但编织衬管和树脂材料的强度比较高，与全部铺设新管相比，材料经济性好得多。衬管常用材料为聚酯针状毛毡（不编织），可在衬管材料里掺入玻璃纤维或加一层玻璃纤维。有些修复系统使用的多层结构衬管，玻璃纤维能提高强度，毛毡则起到携带树脂的作用。

尽管聚酯树脂可以用作全长衬管，但局部修复技术常使用环氧树脂。环氧树脂不溶于水，而聚酯树脂在固化前会受到水的影响。

修复衬管可以是正圆形的，也可以是矩形的，后者包扎在可膨胀滚筒上，当滚筒膨胀时可卷出贴附在旧管管壁上。矩形衬管修复时，要求接头部分留有一定的搭接长度，但这对修复效果的影响并不是太大。

编织衬管的树脂浸泡操作可在现场进行，或者预先在工厂浸泡好后再运送到修复现场。一般在现场进行浸泡，应当谨慎操作，避免卫生风险和化学药品溢漏。树脂混合及浸泡时，尽量密封进行是一件重要的事情，混入空气将对材料产生损害作用，如果混入空气过多，固化后树脂会含有比较多的孔隙。但是完全避免空气混入也是不可能的，尤其是使用黏稠树脂时，因此有些修复系统为了尽量避免空气混入，而采用真空浸泡技术。

无论是加热固化系统还是常温固化系统，基本上都要求在滚筒膨胀前限制材料温度的升高。温度升高，可能使固化过早进行，在衬管到位前材料就已经硬化了，达不到修复的目的。树脂材料已经混合，就会开始放热固化作用，材料温度会加剧升高。树脂混合后要立即投入使用，不要搁置在容器里。浸泡时还应注意材料的表面温度，浸泡后应将衬管迅速拖拉到位，并即刻进行滚筒膨胀作业。

滚筒一般是弹性材料的，比如橡胶材质。内压先使滚筒膨胀，之后将衬管挤压在旧管管壁上。大多常温固化系统形成膨胀作用使用的是压缩空气，加热固化系统混合空气和蒸汽使用，或使用热水，加热介质在滚筒和地面上的加热设备间往复循环。需要注意的是，不能加压过大，尤其是热水膨胀系统，滚筒既受到静水压，还受到泵压作用。

固化时间与树脂配方、衬管厚度、滚筒内温度（加热固化系统）、旧管管壁温度有关。地下水位高，可能形成吸热源，降低衬管外表面温度，这样固化时间会有所延长。固化完成后，收缩滚筒，将之回收。检查衬管，进行支管重新连接工作。

（3）化学溶液注浆法

化学注浆最初发展和应用于 1955 年。从那时起，就用来封堵污水管、检查井、池、拱、隧道等的渗漏。最近的发展和多年的经验表明该技术依然是最好的、最经济的方法，能长期防止地下水渗到结构完好的污水管道系统中。

化学注浆能在管道渗漏部位和检查井处形成一个防水套圈。化学注浆封堵渗漏不是简单的填充接头和裂缝，而是化学材料进入周围土层，与土胶结，形成一个防水团块，故不会挤入污水管道。

1）适用范围

化学溶液注浆法一般适用于修复管径为 100mm ~ 600mm 的污水管道，最大施工长度可达 150m，同时也用于连接点漏水和环形裂纹的修复。化学注浆也可以密封小孔和修复径向裂纹。化学溶液注浆法也可以通过特殊的工具和技术用于管道接点和检查井内壁修复。一些化学溶液注浆法被用来填补水泥管、砖砌管、陶土管和其他类型管材污水管外的空隙。除了水泥管，其他管道中出现的这些空隙会引起管道周围土层横向支撑力的减小和管道的移动，从而导致管道整体稳定性迅速破坏。化学溶液注浆法一般用来控制因管道接头漏水或者管壁的环形裂缝引起的地下水渗漏，不能用来有效地密封管道接头附近的管道纵向裂缝，修复具有良好结构条件的管道主要考虑使用化学溶液注浆法。

2）化学溶液注浆法的优缺点

①优点：a. 施工时对周围的干扰少；b. 经济，可靠。

②缺点：a. 难于控制施工质量；b. 不能较好地封堵由管道沉降或变形引起的连接点漏水和环形裂纹。

3）化学溶液注浆法的施工工艺

①用于外部修复的化学稳定法。根据管径大小，可以考虑直接开挖管道或者从管道内部来进行管道外部修复。这种方法适合解决较大的地下水流动、土体流失、土体沉降和土体中空洞等问题。

用于外部修复的化学溶液注浆法是由三种或更多可溶于水的化学品混合而成的，混合后可以在催化作用下形成可凝胶。化学浇注所用液体产生的固体沉积物不同于由液体中的悬浮物组成的水泥浆或泥浆。混合溶液的反应，可以是在溶液中所含物质间发生反应，也可以是溶液中所含物质跟周围的物质发生反应。由于化学反应会引起液体减少和凝固，从而封堵漏水点，同时将空隙填满，如图 7.43、图 7.44 所示。

图 7.43　化学稳定法施工图　　　　图 7.44　接头化学灌浆示意图

②用于内部修复的化学溶液注浆法。内部修复主要是在管道内部进行，可以通过远程控制或者人进入管道内来完成。用于内部修复的化学溶液注浆法主要是用来减少渗漏，它可以用于密封因腐蚀而漏水的管道接头、维修过的接头和管道结构的保养。通过密封

圈和 CCTV 摄像头来完成浇注。密封圈是由中空金属圆柱体构成的，中心两端各有一个可膨胀的橡胶圈。把溶液注入管道接头两个可膨胀橡胶圈之间的空隙中。根据密封圈型号的不同，泥浆和溶液混合到上述空隙中，通过管道接头的漏洞压入周围的土体中。溶液取代地下水填满土体颗粒之间的空隙。远程 CCTV 主要用在管道接头定位密封圈并且在密封操作前后检查接头。通过绳子来拉动密封圈和 CCTV，从而使其在检查井间行走。此外，使用空气或者水测试仪器来检测密封效果。对于人可进入的污水管道，检查井和结构、漏水接头可以通过一个喷嘴形状的喷嘴器来喷射化学溶液。

③用于接头的化学溶液注浆密封法。接头出现明显的渗漏或在接头测试中显示出损坏现象，就应该进行接头密封处理。接头密封可通过向接头部位强力灌注化学密封材料，使用的设备包括灌浆泵、软管和灌浆塞等。不应该从地面喷射或注入密封材料，因为这样做可能破坏管道衬里；也不能开挖路面或土壤来进行密封作业，否则会影响交通、邻近地下设施，对将要修复管道造成更大的破坏等。

灌浆塞穿越破坏接头就位时，要借助各种测量工具和 CCTV 设备。其定位必须精确，否则不能在灌浆点形成有效密封。要在合适的压力下控制灌浆塞的膨胀，封堵破坏接头的两端。向隔绝区域通过胶管泵入密封材料，控制泵送压力超过地下水压力。泵送单元、计量设备、灌浆塞等的设计要依据漏失类型和大小进行。

在封堵每个接头时，灌浆塞应膨胀至隔绝区域压力读数为零，之后重新膨胀，重新检测接头密封性能。如果不能读零，就应清除残余灌浆材料，调整仪器、设备，以读取精确的隔绝区域压力。

进入管道内的残余密封材料会降低管道内径，使接头处管流受到限制。接头修复内表面与其他管壁一样平滑。灌浆施工完成后，应清理管道内残余的灌浆材料。

第8章 设备设施更新施工技术

8.1 设备设施更新施工概述

8.1.1 设备设施更新施工相关概念

旧工业建筑原有设备设施由于初建年代久远,存在部分设备设施老化严重,运行失常的问题,再生利用后,建筑的使用功能发生改变,原有设备设施已远远不能适应改造后建筑的使用功能,必须进行改造更新。例如建筑的原有消防设备已不能满足新功能的消防安全要求,必须对消防设备设施进行改造更新,同样通风设备设施、电梯设备设施等也必须进行改造升级,如图8.1所示。

(a) 设备设施改造更新施工　　　　　(b) 设备设施改造更新施工

图8.1 设备设施改造更新施工

8.1.2 设备设施更新施工主要内容

设备设施改造更新主要包括室内外给排水系统改造更新、供热与燃气供应系统改造更新、建筑通风系统改造更新、建筑消防系统改造更新、建筑供配电系统改造更新、建筑弱电系统改造更新、建筑电梯系统改造更新,如图8.2所示。本章将主要讲述建筑消防系统改造更新,建筑通风系统改造更新和建筑电梯系统改造更新的内容。

(1) 消防设备设施改造更新

旧工业建筑再生利用中,作为保证建筑消防安全最为可靠、有效的防范措施,各类消防设施必须进行改造以适应新的使用用途。本章中的消防工程将重点介绍用于早期发现火灾、实现火灾预警功能的消防系统的施工工艺:火灾自动报警系统;用于扑救火灾、实现灭火功能的消防系统的施工工艺:室内消火栓系统、自动喷水灭火系统。

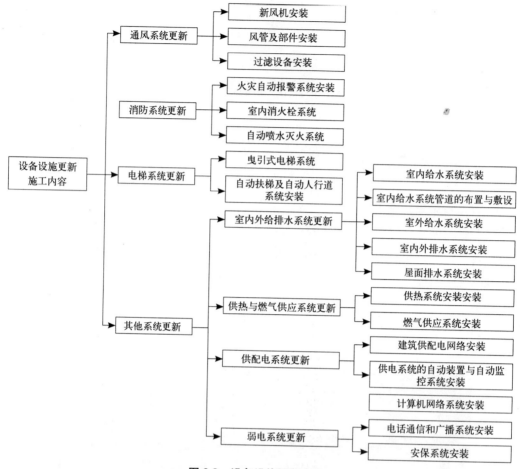

图 8.2　设备设施更新内容

（2）通风设备设施改造更新

工业建筑安装的通风设备是为了保证室内空气流通，防止有害或易燃气体、尘埃累积，造成对人或设备的损害。而旧工业建筑再生利用的通风设备更新目的是为了适应新的使用功能，不仅仅是排去污染的空气，还具有除臭、除尘、排湿、调节室温的功能，以形成卫生、安全等适宜空气的环境。本章通风工程将从实际出发，重点介绍属于通风工程中新风系统安装施工方面的内容。

（3）电梯设备设施改造更新

旧工业建筑空间高敞，在再生利用过程中，一般会进行增层或内嵌施工，提高旧工业建筑内部空间的使用效率，而电梯是建筑内唯一快捷的垂直交通工具。为了适应旧工业建筑再生利用后的新功能，加装电梯成为旧工业建筑再生利用设备设施改造更新中必不可少的一个环节。本部分内容将重点讲述常用曳引式电梯的安装准备工作和电梯土建工作的要求（在改造过程中的具体电梯安装由专业电梯公司负责）以及介绍自动扶梯和自动人行道安装。

8.1.3　设备设施更新施工一般流程

设备设施更新施工的一般流程如图8.3所示。设备设施改造更新应按照"可研—评估—拆除、改造、更新—设备调试—竣工验收"的管理模式，基本思想是首先对原有设备设施进行检测，根据检测结果判断原有设备设施的实际状况，同时考虑再生利用后建筑的使用功能，对原有设备设施进行评估。根据评估结果制定处理方案，对不符合再生利用要求的设备设施进行拆除并对保留的设备设施进行改造更新，以满足再生利用后建筑的使用功能要求。原有设备设施改造更新后需进行设备调试，确保改造更新后的设备设施能够正常运行。最后，在设备设施改造更新施工完毕后，进行竣工验收。

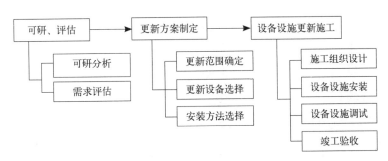

图 8.3　设备设施更新施工一般流程

8.2　消防工程更新施工技术

旧工业建筑普遍存在耐火等级低、消防设施缺乏、安全疏散条件差等突出问题，因此如何采取有效措施提高建筑消防安全性能，是再生利用过程中的重要内容。例如南京市国家领军人才创业园再生利用项目（见图8.4）、上海市越界世博园再生利用项目（见图8.5）、沈阳奉天记忆再生利用项目、广州市 TIT 创意园再生利用项目。

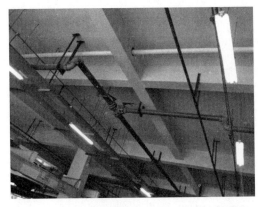

图 8.4　南京市国家领军人才创业园再生利用项目
（自动喷水灭火系统）

图 8.5　上海市越界世博园再生利用项目
（室内消火栓系统）

8.2.1 火灾自动报警系统

据统计，凡是安装了火灾自动报警系统的场所，发生了火灾一般都能及早报警，不会酿成重大火灾。很多再生利用后的旧工业建筑都会根据国家标准《高层民用建筑设计防火规范》《建筑设计防火规范》等有关条文安装了火灾自动报警系统，在消防安全工作中发挥了重要作用。火灾自动报警系统如图 8.6 所示。

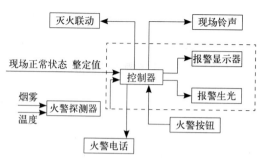

图 8.6 火灾自动报警系统

火灾自动报警系统是由火灾触发器件（火灾探测器、手动火灾报警按钮、部分监视模块）、声光警报器、火灾报警控制器等组成，如图 8.7 所示。它具有能在火灾初期将燃烧产生的烟雾、热量、火焰等物理量，通过火灾探测器变成电信号，传输到火灾报警控制器，并同时以声或光的形式通知整个楼层疏散，控制器记录火灾发生的部位、时间等，使人们能够及时发现火灾，并及时采取有效措施，扑灭初期火灾，最大限度地减少因火灾造成的生命和财产的损失，是人们同火灾做斗争的有力工具。

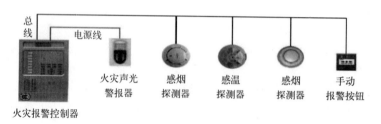

图 8.7 火灾自动报警系统组成装置

（1）施工工艺流程

火灾自动报警系统施工工艺流程如图 8.8 所示。

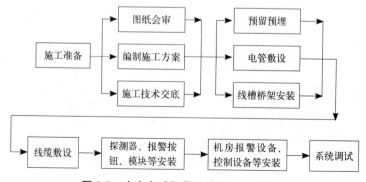

图 8.8 火灾自动报警系统施工工艺流程

（2）施工工艺要求

1）布线

火灾自动报警系统的布线，应符合现行国家标准《电气装置工程施工及验收规范》和《火灾自动报警系统设计规范》的规定，对导线的种类、电压等级进行检查。

在管内或线槽内的穿线，应在建筑抹灰及地面工程结束后进行。在穿线前，将管内或线槽内的积水及杂物清除干净。不同系统、不同电压等级、不同电流类别的线路，不应穿在同一管内或线槽的同一槽孔内。导线在管内或线槽内，不应有接头或扭结，导线的接头，应在接线盒内焊接或用端子连接。敷设在多尘或潮湿场所管路的管口和管子连接处，均应作密封处理。

管路超过下列长度时，应在便于接线处装设接线盒：①管子长度每超过 45m，无弯曲时；②管子长度每超过 30m，有一个弯曲时；③管子长度每超过 20m，有两个弯曲时；④管子长度每超过 12m，有三个弯曲时。管子入盒时，盒外侧应套锁母，内侧应装护口，在吊顶内敷设时，盒的内外侧均应套锁母。线槽的直线段应每隔 1.0m ~ 1.5m 设置吊点或支点，在下列部位也应设置吊点或支点：①线槽接头处；②距接线盒 0.2m 处；③线槽走向改变或转角处。

吊装线槽的吊杆直径，不应小于 6mm。管线经过建筑物的变形缝（包括沉降缝、伸缩缝、抗震缝等）处，应采取补偿措施，导线跨越变形缝的两侧应固定，并留有适当余量。火灾自动报警系统导线敷设后，应对每回路的导线用 500V 的兆欧表测量绝缘电阻，其地绝缘电阻值不应小于 20MΩ。

2）火灾探测器的安装

点型火灾探测器的安装位置，应符合下列规定：①探测器至墙壁、梁边的水平距离，不应小于 0.5m；②探测器周围 0.5m 内，不应有遮挡物；③探测器至空调送风口边的水平距离不应小于 1.5m，探测器至多孔送风顶棚孔口的水平距离不应小于 0.5m；④在宽度小于 3m 的内走道顶棚上设置探测器时，宜居中布置；感温探测器的安装间距不应超过 10m，感烟探测器的安装间距不应超过 15m；探测器距端墙的距离，不应大于探测器安装间距的一半；⑤探测器宜水平安装，如必须倾斜安装时，倾斜角不应大于 45°。

线型火灾探测器和可燃气体探测器等有特殊安装要求的探测器，应符合现行有关国家标准的规定。探测器的底座应固定牢靠，其导线连接必须可靠压接或焊接。当采用焊接时，不得使用带腐蚀性的助焊剂。探测器的"＋"线应为红色，"－"线应为蓝色，其余线应根据不同用途采用其他颜色区分，但同一工程中相同用途的导线颜色应一致。探测器底座的外接导线，应留有不小于 15cm 的余量，入端处应有明显标志。探测器底座的穿线孔宜封堵，安装完毕后的探测器底座应采取保护措施。探测器的确认灯，应面向便于人员观察的主要入口方向。探测器在即将调试时方可安装，在安装前应妥善保管，并应采取防尘、防潮、防腐蚀措施。

3）手动火灾报警按钮的安装

手动火灾报警按钮应安装在墙上距地（楼）面高度1.5m处，要求安装牢固并不得倾斜。手动火灾报警按钮的外接导线，应留有不小于10cm的余量，且在其端部应有明显标志。

4）火灾报警控制器的安装

火灾报警控制器（以下简称控制器）在墙上安装时，其底边距地（楼）面高度不应小于1.5m，落地安装时，其底宜高出地坪0.1m～0.2m。控制器应安装牢固，不得倾斜。其安装在轻质墙上时，应采取加固措施。引入控制器的电缆或导线，应符合下列要求：①配线应整齐，避免交叉，并应固定牢靠；②电缆芯线和所配导线的端部，均应标明编号，并与图纸一致，字迹清晰不易褪色；③端子板的每个接线端，接线不得超过两根；④电缆芯和导线，应留有不小于20cm的余量；⑤导线应绑扎成束；⑥导线引入线穿线后，在进线管处应封堵。控制器的主电源引入线，应直接与消防电源连接，严禁使用电源插头。主电源应有明显标志；控制器的接地应牢固，并有明显标志。

5）消防控制设备的安装

消防控制设备在安装前，应进行功能检查，不合格者不得安装。消防控制设备的外接导线，当采用金属软管作套管时，其长度不宜大于2m，且应采用管卡固定，其固定点间距不应大于0.5m。金属软管与消防控制设备的接线盒（箱），应采用螺母固定，并应根据配管规定接地。消防控制设备外接导线的端部，应有明显标志；消防控制设备盘（柜）内不同电压等级、不同电流类别的端子，应分开，并有明显标志。

6）系统接地装置的安装

工作接地线应采用多束铜芯绝缘导线或电缆，不得利用镀锌扁铁或金属软管。由消防控制室引至接地体的工作接地线，通过墙壁时，应穿入钢管或其他坚固的保护管。工作接地线与保护接地线必须分开，保护接地导体不得利用金属软管。接地装置施工完毕后，应及时作隐蔽工程验收。

8.2.2　室内消火栓系统

室内消火栓，是消防水系统重要的一部分，它安装在室内消防箱内，一般公称通径（mm）有DN50、DN65两种，公称工作压力1.6MPa，强度测验压力2.4MPa，适用介质为清质水和泡沫混合液。通常室内消火栓可分为普通型、减压稳压型、旋转型等，它的灭火方式为人工用水带连接至栓口灭火，此外消火栓箱内还有消火栓按钮，按此按钮可以远程启动消防泵给消火栓进行补水，如图8.9所示。

图8.9　室内消火栓

（1）施工工艺流程

室内消火栓系统工艺流程，如图8.10所示。

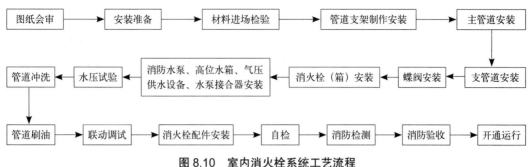

图 8.10　室内消火栓系统工艺流程

（2）施工工艺要求

1）管网安装的技术要点

①管材检验。a. 消火栓系统通常选用内外壁热镀锌钢管，管材使用前应进行外观检查，确认无裂纹、缩孔、夹渣、重皮和镀锌层脱落锈蚀等现象；b. 管道壁厚应符合设计要求；c. 应有材质证明或标记等。

②配合预留、预埋和交接检查。a. 套管的预埋位置和大小应符合设计要求；b. 安装在楼板内的套管，其顶部应高出装饰地面 20mm，底部应与楼板地面相平；c. 安装在墙壁内的套管，其两端应与饰面相平。

③管道预制。消火栓系统的管道，其管径 ≥ 100mm 的采用沟槽式（卡箍）连接或法兰连接，管径 ≤ 100mm 的采用丝接。在熟悉图纸的基础上，根据施工进度计划的要求，可以对一些工序在加工场地集中加工，能加快施工速度，且能保证施工质量。一般消火栓系统工程中的下列工序可以进行预制加工：管道滚槽、定尺寸的丝扣短管，管口丝加工和支架的制作等工作。预制部分是确定不变的部分，预制完后要分批分类存放，且在运输和安装过程中注意半成品的保护；管道切割采用机械切割，如砂轮切割机、管道割刀及管道截断器，切割机在切割时应在后设防护罩，以防切割时产生的火花、飞溅物污染周围环境或引起火灾。所有管道切割面与管道中心线垂直，以保证管道安装时的同心度。切割后要清除管口的毛刺、铁屑。管螺纹加工采用电动套丝机自动加工；DN25mm 以上要分两次进行，管道螺纹规整，如有断丝或缺丝，不得大于螺纹全扣数的 10%。螺纹连接的密封填料应均匀附在管道的螺纹部分；拧紧螺纹时，不得将填料挤入管道内，连接后，将连接处外部清理干净。管螺纹的加工尺寸见表 8.1。

④管道支架的制作安装。管道支架或吊架的选择应考虑管道安装的位置、标高、管径、坡度及管道内的介质等因素，确定所用材料和管架形式，然后进行下料加工。管架固定，可以用膨胀螺栓。水平支架位置的确定和分配，可采用下面的方法：先按图纸要求测出一端的标高，并根据管道长度和坡度确定另一端的标高，两端标高确定后，再用拉线的方法确定管道中心线（或管底）的位置，然后按图纸要求和表 8.2 的规定来确定和分配管道支架或吊架。

管螺纹的加工尺寸　　　　　　　　表 8.1

项次	管道直径（mm）	螺纹尺寸		连接管件阀门螺纹长度（mm）
		长度（mm）	丝扣数（牙）	
1	25	18	8	15
2	32	20	9	13
3	40	22	10	19
4	50	24	11	21
5	65	23	12	23.5
6	80	30	13	26

管道支架或吊架的最大间距　　　　　　　表 8.2

公称直径（mm）	25	32	40	50	65	80	100	125	150	200	250	300
最大间距（m）	3.5	4.0	4.5	5.0	6.0	6.0	6.5	7.0	8.0	9.5	11.0	12.0

管道支架的孔洞不宜过大，且深度不得小于 120mm。支架安装牢固可靠，成排支架的安装应保证支架台面处在同一水平面上，且垂直于墙面。管道支架一般在地面预制，支架上的孔洞宜用钻床钻，若有困难而采用氧割时，必须将孔洞上的氧化物清除干净，以保证支架的洁净美观和安装质量。支架的断料宜采用砂轮切割机。

支吊架焊接应满足如下要求：a. 参与焊接的工人应有焊工操作证；b. 合格的焊缝咬边深度不超过 0.5mm，咬边长度不超过焊缝全长 5%，且不大于 50mm；c. 焊缝外观和焊角高度符合设计规定，表面无裂纹、气孔、夹渣等缺陷；d. 表面形状平缓过渡，接头无明显过渡痕迹。

⑤主管道安装。消火栓主管道一般包括水平环管和立管，管径一般大于等于 100mm，因此主管道的连接方式为沟槽式（卡箍）连接或法兰连接，通常情况下选用沟槽式连接。

a. 沟槽式（卡箍）连接应符合下列条件：选用的沟槽式管接头应符合国家现行标准《沟槽式管接头》CJ/T 156—2001 的要求，其材质为球墨铸铁并符合现行国家标准《球墨铸铁件》GB/T 1348—2009 的要求；沟槽式管件连接时，其管材连接沟槽和开孔应使用专用滚槽机和开孔机加工；连接前检查管道沟槽、孔洞尺寸和加工质量是否符合技术要求；沟槽、孔洞不得有毛刺、破损性裂纹和脏物；沟槽橡胶密封圈应无破损和变形，涂润滑剂后卡装在钢管两端；沟槽式管件的凸边应卡进沟槽后再紧固螺栓，两边应同时紧固，紧固时发现橡胶圈起皱应更换新的橡胶圈；机械三通连接时，应检查机械三通与孔洞的间隙，各部位应均匀，然后再紧固到位；立管与水平环管连接，应采用沟槽式管接头异径三通；水泵房内的埋地管道连接应采用挠性接头，埋地的管道应做防腐处理。

b. 法兰连接可采用焊接法兰或螺纹法兰。焊接法兰焊接处应做防腐处理，并宜重新镀锌后再连接。焊接应符合现行国家标准《工业金属管道工程施工及验收规范》GB 50235、《现场设备、工业管道焊接工程施工及验收规范》GB 50236 的有关规定。螺纹法兰连接应预测对接位置，清除外露密封填料后再紧固、连接。

c. 水平环管主管道的安装一般在支架安装完毕后进行。可先将水平环管的管段进行预制和预组安装（组装长度以方便吊装为宜)，组装好的管道，在地面进行检查,若有弯曲，则进行调直。上管时，将管道滚落在支架上，随即用准备好的 U 形卡固定管道，防止管道滑落。干管安装好后，还要进行最后的校正调直，保证整根管道水平面和垂直面都在同一直线上并最后固定牢。干管安装注意事项如下：地下干管在上管前，应将各分支口堵好，防止泥沙进入管内；在上主管时，要将各管口清理干净，保证管路畅通；安装完的干管，不得有塌腰、拱起的波浪现象及左右扭曲的蛇弯现象。管道安装横平竖直，水平管道纵横方向弯曲的允许偏差，当管径小于 100mm 时为 5mm，当管径大于 100mm 时为10mm，横向弯曲全长 25m 以上为 25mm。如果水平管设计有坡度时，则按设计要求的坡度施工。高空作业时系好安全带，放好施工工具，不要让其掉下来；管道吊装时，如果用钢丝绳，则钢丝绳与钢管之间要加放至少两块的软木，以防管道吊装时滑落。各种经过沉降缝和伸缩缝的管道均加柔性连接。管道的安装位置应符合设计要求；当设计无要求时，管道的中心线与梁、柱、楼板等的最小距离应符合表 8.3 的规定。

管道中心线与梁、柱、楼板的最小距离 表 8.3

公称直径（mm）	25	32	40	50	65	80	100	125	150	200
距离（mm）	40	40	50	60	70	80	100	125	150	200

d. 立管安装。首先应根据设计图纸的要求确定立管的位置，用线坠在墙上弹出或划出垂直线，有水平支管的地方画出横线并标明，另根据立管卡的高度在垂直线上确定出立管卡的位置，并画好横线，然后根据所画的线栽好立管支架，当层高小于 5m 时，每层须安装一个支架；当层高大于 5m 时，每层须至少安装两个支架。立管支架的高度应距地面 1.8m 以上，两个以上的支架应均匀安装，成排管道或在同一房间里的立管支架的安装高度一致。支架安装之后，根据画线测出立管的尺寸进行编号记录，在地面统一进行预制和组装，在检查和调直后方可进行安装。上立管时，两人以上配合，一人在下扶管，一人在上端上管，上管时要注意支管的位置和方向，上好的立管要进行最后的检查，保证垂直度（允许偏差：每米 4mm，10m 以上不大于 30mm）和离墙面距离，使其正面和侧面都垂直。最后上紧 U 形卡。立管安装注意事项如下：上管时注意安全，注意事项同干管安装；立管上的阀门要考虑便于开启和检修；下供式立管上的阀门，当设计未标明高度时，安装在地坪面上 300mm 处，且阀柄朝向操作者的右侧并与墙面形成 45°夹角处。

⑥支管安装。消火栓系统支管管径大多为 65mm，只有在采用双栓时为 80mm，因此支管连接方式为丝扣（螺纹）连接。螺纹连接的管道，应按照施工工艺的要求，确保螺纹及连接的质量，套丝机或板牙套扣应不少于七道螺纹，连接不少于六道。铅油麻线应均匀缠绕在螺纹部分，连接完毕后应将外部清理干净，螺纹外露部分应刷防锈漆。

2）阀门安装的技术要点

①消防管道上应设有消防阀门。环状管网上的阀门布置应保证管网检修时，仍有必要的消防用水。环状管网上的消防阀门多选用蝶阀，消防泵房内多选用止回阀、泄压阀，消防立管上必要时可选用减压阀；

②阀门的型号、规格应符合设计要求，安装前应从每批中抽查 10% 且不少于 1 个进行强度与严密性试验。同时阀门的操作机构必须开启灵活；

③蝶阀、止回阀、泄压阀、减压阀等应经相关国家产品质量监督检验中心检测合格；

④阀门应有出厂合格证，外观检查无缺陷和标志清晰；

⑤阀门及其附件应配备齐全，不得有加工缺陷和机械损伤；

⑥止回阀、泄压阀、减压阀等应按阀体上标注的永久性水流方向标志安装，不能反装；

⑦水平安装在管道上的阀门，其阀杆应装成水平或垂直向上；

⑧施工中，应配合装修预留阀门检修孔位置，且阀门安装的位置尽量便于维修。

3）消火栓箱安装的技术要点

①消火栓箱体的规格、型号应符合设计要求，箱体及箱内配件均应经国家消防产品质量监督检测中心检测合格；

②消火栓支管应以消火栓栓口的坐标、标高定位甩口，核定后再稳固消火栓箱，箱体找正稳固后再把消火栓栓头安装好，栓头侧装在箱内时应在箱门开启的一侧，箱门开启应灵活；

③栓口离地面或操作基面高度宜为 1.1m，其出水方向宜向下或与设置消火栓的墙面成 90° 角；

④栓口与消火栓箱内边缘的距离不应影响消防水带的连接；

⑤消火栓箱体安装的垂直度允许偏差为 3mm；

⑥消防水带与快速接头绑扎好后，应根据箱内构造将消防水带挂放在挂钉、托盘或支架上；

⑦消火栓箱的安装，根据安装的形式可以分为明装、暗装、半暗装三种，这三种安装方式，又可以根据安装墙体的形式分为混凝土（砖）墙上安装、轻钢龙骨石膏板墙上安装、空心砖墙上安装以及混凝土（砖）柱上安装等。

4）施工过程中其他安装技术要点

①如存在隐蔽工程，应在隐蔽前经验收各方检验合格后，才能隐蔽，并形成记录；

②消火栓管网穿过建筑物地下外墙时，应采取防水措施；穿过消防水池的消防水泵吸水管，必须采用柔性防水套管；

③管道穿过结构伸缩缝、抗震缝及沉降缝敷设时，应在墙体两侧采取柔性连接；

④穿过楼板的套管与管道之间缝隙应用阻燃密实材料和防水油膏填实，端面光滑；穿墙套管与管道之间缝隙宜用阻燃密实材料和防水油膏填实，端面应光滑；

⑤管道的接口不得设在套管内。

（3）试压及冲洗

①消火栓管网安装完毕后，应对其进行强度试验、严密性试验和冲洗；

②消火栓管网的强度试验、严密性试验和冲洗宜用水进行；

③系统试压；

④管网冲洗。

8.2.3　自动喷水灭火系统

自动喷水灭火系统（如图 8.11 所示）由洒水喷头、报警阀组、水流报警装置（水流指示器或压力开关）等组件，以及管道、供水设施组成，并能在发生火灾时喷水的自动灭火系统。

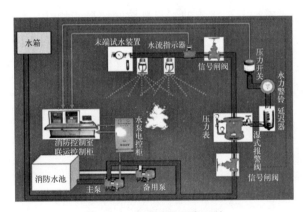

图 8.11　自动喷水灭火系统

（1）湿式自动喷水灭火系统

1）工作原理：火灾发生的初期，建筑物的温度随之不断上升，当温度上升到以闭式喷头温感元件爆破或熔化脱落时，喷头即自动喷水灭火，如图 8.12 所示。

2）适用范围：在环境温度不低于 4℃、不高于 70℃的建筑物和场所（不能用水扑救的建筑物和场所除外）都可以采用湿式系统。该系统局部应用时，适用于室内最大净空高度不超过 8m、总建筑面积不超过 1000m² 的民用建筑中的轻危险级或中危险等级 Ⅰ 级需要局部保护的区域。

3）湿式系统特点：系统结构简单，使用方便、可靠，便于施工，容易管理，灭火速度快，控火效率高，比较经济，适用范围广，适合安装在能用水灭火的建（构）筑物内。

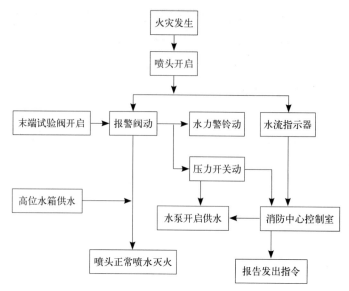

图 8.12　湿式自动喷水灭火系统工作原理图

（2）干式自动喷水灭火系统

1）工作原理：干式系统与湿式类似，只是控制信号阀的结构和作用原理不同，配水管网与供水管间设置干式控制信号阀将它们隔开，而在配水管网中平时充满着有压力气体用于系统的启动。发生火灾时，喷头首先喷出气体，致使管网中压力降低，供水管道中的压力水打开控制信号阀而进入配水管网，接着从喷头喷出灭火。不过该系统需要多增设一套充气设备，一次性投资高、平时管理较复杂、灭火速度较慢，如图 8.13 所示。

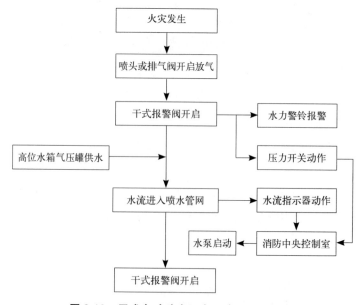

图 8.13　干式自动喷水灭火系统工作原理图

2）适用范围：干式系统适用于环境温度低于4℃和高于70℃的建筑物和场所，如不采暖的地下车库、冷库等。

3）干式系统特点：①干式系统，在报警阀后的管网内无水，故可避免冻结和水汽化的危险，不受环境温度的制约，可用于一些无法使用湿式系统的场所；②比湿式系统投资高。因需充气，增加了一套充气设备而提高了系统造价；③干式系统的施工和维护管理较复杂，对管道的气密性有较严格的要求，管道平时的气压应保持在一定的范围，当气压下降到一定值时，就需进行充气；④比湿式系统喷水灭火速度慢，因为喷头受热开启后，首先要排出管道中的气体，然后再出水，这就延误了时机。

（3）施工工艺流程

自动喷水灭火系统施工流程如图8.14所示。本节重点讲述了安装准备工作、管网安装、喷头安装、报警阀组安装、信号阀和水流指示器的安装。

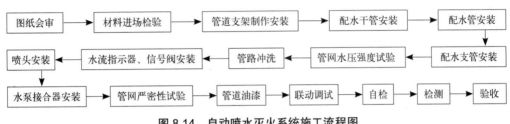

图8.14　自动喷水灭火系统施工流程图

（4）施工工艺要求

1）安装准备

①认真熟悉图纸，制定施工方案，并根据施工方案进行技术、安全交底。

②核对有关专业图纸，查看各种管道的坐标、标高是否有交叉或排列位置不当，及时与设计人员研究解决，办理洽商手续。

③检查预埋套管和预留孔洞的尺寸和位置是否准确。

④检查管材、管件、阀门、设备及组件的选择是否符合设计要求和施工质量标准。

⑤施工机具运至施工现场并完成接线和通电调试，运行正常。

⑥合理安排施工顺序，避免工程交叉作业，影响施工。

2）管网安装

①管网连接。管道基本直径小于或等于100mm时，应采用螺纹连接；当管道基本直径大于100mm时，可采用焊接或法兰连接。连接后，均不得减小管道的通水横断面面积。

②管道支架、吊架、防晃支架的安装。管道支架、吊架、防晃支架的安装应符合下列要求：

a.管道的安装位置应符合设计要求。当设计无要求时，管道的中心线与梁、柱、楼板等的最小距离见表8.4。

<table>
<tr><td colspan="11">管道的中心线与梁、柱、楼板等的最小距离</td><td>表 8.4</td></tr>
</table>

公称直径（mm）	25	32	40	50	70	80	100	125	150	200
距离（mm）	40	40	50	60	70	80	100	125	150	200

b. 管道应固定牢固，管道支架或吊架之间距不应大于表 8.5 的规定。

管道支架或吊架之间的距离 表 8.5

公称直径（mm）	25	32	40	50	70	80	100	125	150	200	250	300
距离（m）	3.5	4	4.5	5	6	6	6.5	7	8	9.5	11	12

③管道支架、吊架与喷头之间的距离不宜小于 300mm，与末端喷头之间的距离不宜大于 750mm。

④竖直安装的配水干管应在其始端和终端设防晃支架或采用管卡固定，其安装位置距地面或楼面的距离宜为 1.5m ～ 1.8 m。

⑤当管道的基本直径等于或大于 50m 时，每段配水干管或配水管设置防晃支架不应少于 1 个。当管道改变方向时，应增设防晃支架。

⑥配水支管上每一直管段、相邻两喷头间的管段设置的吊架不应少于 1 个；当喷头之间距离小于 1.8 m 时，吊架可隔段设置，但吊架的间距不宜大于 3.6 m。

⑦管道穿过建筑物的变形缝时，应设置柔性短管。穿过墙体或楼板时应加设套管，套管长度不得小于墙体厚度，或应高出楼面或地面 50mm，管道的焊接环缝不得置于套管内。套管与管道的间隙应采用不燃材料填塞密实。

3）喷头安装

①喷头安装应在系统试压、冲洗合格后进行。

②喷头安装时，不得对喷头进行拆装、改动，并严禁给喷头附加任何装饰性涂层。

③喷头安装应使用专用扳手，严禁利用喷头的框架施拧；喷头的框架、溅水盘产生变形或释放原件损伤时，应采用规格、型号相同的喷头更换。

④安装在易受机械损伤处的喷头，应加设喷头防护罩。

⑤喷头安装时，溅水盘与吊顶、门、窗、洞口或障碍物的距离应符合设计要求。

⑥安装前检查喷头的型号、规格，使用场所应符合设计要求。

⑦当喷头的公称直径小于 10mm 时，应在配水干管或配水主管上安装过滤器。

4）报警阀组安装

报警阀组的安装应在供水管网试压、冲洗合格后进行。安装时应先安装水源控制阀、报警阀，然后进行报警阀辅助管道的连接。水源控制阀、报警阀与配水干管的连接应使水流方向一致。报警阀组合装的位置应符合设计要求；当设计无要求时，报警阀组应安装在便于操作的明显位置，距室内地面高度宜为 1.2 m。两侧与墙的距离不应小于 0.5m，正面与墙的距离不应小于 1.2 m，报警阀组凸出部位之间的距离不应小于 0.5 m。安装报警阀组的室内地面应有排水设施。

5）信号阀安装

①信号阀应安装在水流指示器前的管道上，与水流指示器之间的距离不宜小于 300mm；

②排气阀的安装应在系统管网试压和冲洗合格后进行；排气阀应安装在配水干管顶部、配水管的末端，且应确保无渗漏；

③节流管和减压孔板的安装应符合设计要求；

④压力开关、信号阀、水流指示器的引出线应用防水套管锁定。

6）水流指示器的安装

①水流指示器的安装应在管道试压和冲洗合格后进行，水流指示器的规格、型号应符合设计要求；

②水流指示器应使电器元件部位竖直安装在水平管道上侧，其动作方向应和水流方向一致；安装后的水流指示器桨片、膜片应动作灵活，不应与管壁发生碰擦；

③控制阀的规格、型号和安装位置均应符合设计要求；安装方向应正确，控制阀内应清洁、无堵塞、无渗漏；主要控制阀应加设启闭标志；隐蔽处的控制阀应在明显处设有指示其位置的标志；

④压力开关应竖直安装在通往水力警铃的管道上，且不应在安装中拆装改动。管网上的压力控制装置的安装应符合设计要求；

⑤水力警铃应安装在公共通道或值班室附近的外墙上，且应安装检修、测试用的阀门。水力警铃和报警阀的连接应采用热镀锌钢管，当镀锌钢管的公称直径为 20mm 时，其长度不宜大于 20m；安装后的水力警铃启动时，警铃声强度应不小于 70dB。

7）系统试压及冲洗

①自动喷水灭火系统管网安装完毕后，应对其进行强度试验、严密性试验和冲洗。

②自动喷水灭火系统管网的强度试验、严密性试验和冲洗宜用水进行。干式喷水灭火系统、预作用喷水灭火系统应做水压试验和气压试验。

③系统试压。

a. 当系统设计工作压力小于或等于 1.0MPa，水压强度大于 1.0MPa 时，水压强度试验压力应为该工作压力加 0.4MPa。

b. 水压强度性试验的测试点应设在系统管网的最低点。对管网注水时，应将管网内的空气排净，并应缓慢升压；达到试验压力后，稳压 30min 后，管网应无泄漏、无变形，且压力降不应大于 0.05MPa。

c. 水压严密性试验应在水压强度试验和管网冲洗合格后进行。试验压力应为设计工作压力，稳压 24h 应无泄漏。

d. 自动喷水灭火系统的水源干管、进户管和室内埋地管道，应在回填前单独或与系统一起进行水压强度试验和水压严密性试验。

e. 气压严密性试验的介质宜采用空气或氮气，气压严密性试验压力应为 0.28MPa，且稳压 24h，压力降不应大于 0.01MPa。

④管网冲洗。

a. 管网冲洗应在试压合格后分区、分段进行。

b. 对不能经受冲洗的设备和冲洗后可能存留赃物、杂物的管段，应进行清理。

c. 冲洗直径大于 100mm 的管道时，应对其死角和底部进行敲打，但不得损伤管道。

d 管网冲洗的水流速度、流量不应小于系统设计的水流速度、流量。

e. 管网冲洗的水流方向应与灭火时管网的水流方向一致。

f. 管网冲洗宜设置临时专用排水管道，其排放应畅通和安全。排水管道的截面面积不得小于被冲洗管道截面面积的 60%。

g. 管网冲洗应连续进行。当出口处水的颜色、透明度与入口处的颜色、透明度基本一致时，冲洗方可结束。

h. 管网冲洗结束后，应将管网内的水排除干净，必要时可采用压缩空气吹干。

8.3　通风工程更新施工技术

旧工业建筑原有通风设备主要用于工业厂房除尘，保证厂房内的空气流通，已不能适用再生利用后新的使用功能，同时由于原有通风设备使用时间久远、能耗高、设备噪音大、通风效果差等原因，必须对原有通风设备设施进行改造更新以适用新的建筑使用功能。例如武汉市 403 国际艺术中心再生利用项目（见图 8.15）、深圳市艺展中心再生利用项目（见图 8.16）、哈尔滨西城红场再生利用项目、上海中艺 1688 再生利用项目。

图 8.15　武汉市 403 国际艺术中心再生利用项目
（通风系统）

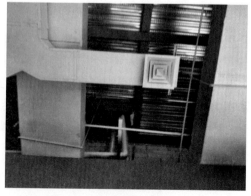

图 8.16　深圳市艺展中心再生利用项目
（通风系统）

8.3.1　新风机安装

新风机吊顶安装应符合下列规定：

（1）应按设计或机组安装说明进行吊顶安装。无设计或机组安装说明时，可参照相关的标准图集进行安装；

（2）吊杆吊装时，吊杆锚固应采用膨胀螺栓与楼板连接。选用的膨胀螺栓和吊杆尺寸应能满足新风机的运行重量，螺栓锚固深度及构造措施应符合现行国家标准《混凝土结构后锚固技术规程》JGJ 145 的规定；

（3）吊装应采取适当的减振措施。规格较小且机组本身振动较小时，可直接将吊杆与机组吊装孔采用螺栓加垫圈连接；机组振动较大时，可在吊装孔下部粘贴橡胶垫或在吊杆中部加装减振弹簧；

（4）安装应保证新风机的进、出风方向正确；

（5）吊装新风机与天花板和吊顶之间应有一定的距离，并应预留检修孔；

（6）新风机安装后应进行调节，并应保持机组水平，如图 8.17 所示。

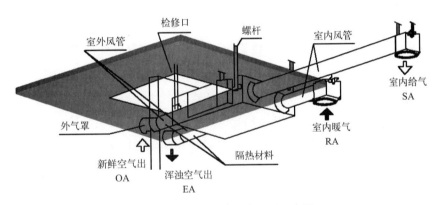

图 8.17　新风系统工作原理示意图

8.3.2　风管及部件的安装

（1）新风机室外侧风管的安装应符合下列规定：

①风管应设 0.01 ～ 0.02 的坡度，坡向室外；

②既有建筑的风管穿外墙时，孔洞施工应采取可靠的抑尘措施，不应破坏墙体内钢筋，孔洞直径不应大于 200mm；

③采用非金属风管时且风管穿外墙时，应采用金属短管或外包金属套管；

④采用金属风管时，新风机室外侧风管应做保温处理；

⑤室外侧风管不应有弯曲。

（2）新风机室内侧风管的安装应符合下列规定：

①距离新风机 300mm ～ 500mm 处不应变径或者加弯头处理，风管应保持平直；

②不同管径风管连接时应采用同心变径管连接，风管走向改变时不应采用90°直角弯头，宜采用45°弯头；

③柔性短管的安装，应松紧适度，不应扭曲；

④可伸缩性金属或非金属软风管的长度不宜超过2m，并不应有死弯或塌凹；

⑤既有建筑的风管不应穿梁，过梁时可采用过梁器。

（3）风管的支、吊架，应按照现行行业标准《通风管道技术规程》JGJ/T 141—2017的规定进行制作和安装。

（4）风管的连接应符合下列规定：

①金属风管的连接可采用角钢法兰连接、插条连接和咬口连接，并应符合现行行业标准《通风管道技术规程》JGJ/T 141—2017的规定；

②硬聚氯乙烯圆形风管的连接可采用套管连接或承插连接。直径小于或等于200mm的圆形风管采用承插连接时，插口深度宜为40mm～80mm，粘接处应严密和牢固。采用套管连接时，套管长度宜为150mm～250mm，其厚度不应小于风管壁厚；

③采用其他类型风管的连接可按照现行行业标准《通风管道技术规程》JGJ/T 141—2017的规定进行。

（5）风管系统安装后应进行严密性检验，检验方法应符合现行国家标准《通风与空调工程施工质量验收规范》GB 50243的规定，并应在合格后交付下道工序。

（6）风口与风管的连接应严密、牢固，边框与建筑饰面应贴实，表面应平整、不应变形，调节应灵活、可靠；条形风口安装的接缝处衔接应自然，不应有明显缝隙。

（7）室外风口安装时，风口与墙壁间的空隙应用耐候硅胶或玻璃胶密封。

（8）阀门安装的位置、高度、进出口方向应符合设计要求，连接应牢固紧密。

（9）各类风阀应安装在便于操作及检修的部位，安装后的手动或电动操作装置应灵活、可靠，如图8.18、图8.19、图8.20所示。

图8.18　新风机

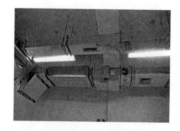
图8.19　风管

图8.20　过滤设备

8.3.3　过滤设备安装

（1）独立的新风过滤设备单元应安装在新风机室外侧新风管道上，安装应平整、牢固，方向正确，与管道的连接应严密。

（2）新风机内的过滤设备应安装牢固、方向正确；过滤设备与新风机壳体间应严密无穿透缝。

8.4　电梯工程更新施工技术

由于旧工业建筑原有的生产功能或外观形态已不能满足社会经济发展的需要，对废弃的或即将废弃的工业建筑通过改变其内部布局，采用增层、内嵌等方法增加旧工业建筑内部的使用效率，而电梯作为内部垂直运输的唯一工具，对其进行改造更新则显得尤为重要。例如哈尔滨市西城红场再生利用项目（见图 8.21）、长春市万科 .1948 再生利用项目（见图 8.22）、西安建筑科技大学华清学院再生利用项目、昆明市 C86 山茶坊再生利用项目。

图 8.21　哈尔滨市西城红场再生利用项目　　　图 8.22　长春市万科 .1948 再生利用项目
（曳引式电梯）　　　　　　　　　　　（自动扶梯）

8.4.1　曳引式电梯土建工程要求

电梯的安装准备工作涉及与电梯的订货单位及土建单位的及时沟通，要解决土建的遗留问题等的工作。在安装工程开始之前，安装单位要到安装现场对安装具备的条件进行实地勘查，从而减少安装队伍进场的误工。

工地勘查的内容包括：电梯的井道是否按照设计图纸施工，电梯井道内的建筑脚手架是否已经拆除，机房和底坑的建筑垃圾是否已经清理干净，机房的电源是否已经到位，电梯厅门口的安全防护是否完备等。以上内容都要以书面的形式告知电梯的买方，同时要联系好设备到场的安全堆放场地，安装人员进场安装后的人员住宿和仓库用地。

具体的详细勘查步骤，依据双方签订合同时的确认土建图，进行如下主要工作：

（1）复核测量

井道内的净平面尺寸（宽和深）、井道留孔、井道垂直度、预埋件位置、底坑深度、顶层高度、层站数、提升高度、牛腿、吊钩位置和机房尺寸等是否与图纸相符，并将测量结果按层数列表做好记录。当基础尺寸与图纸不符时,应书面通知建设单位和土建单位,并及时要求建设单位和土建单位尽快按图纸要求进行修改,同时将井道勘查记录表反馈给安装单位的管理部门,及时协调解决。

国标规定的电梯井道水平尺寸是铅垂测定的最小净空尺寸,允许偏差要求如下:①对高度 ≤ 30m 的井道为 0 ~ +25mm;②对 30m <高度 ≤ 60m 的井道为 0 ~ +35mm;③对 60m <高度< 90m 的井道为 0 ~ +50mm。检查机房留孔位置,井道预埋件位置是否正确无误;检查井道杂物、积水是否清理完毕,井道及楼板的合子板是否拆净,机房顶板及门窗是否施工完毕。

(2)安装条件复核

1)机房的土建要求见表 8.6。

机房土建要求　　　　　　　　　　　　　　　　　　　　　　　　　　表 8.6

机房的结构要求	a. 机房应是专用房间,有实体的墙、顶和向外开启的有锁的门; b. 机房内不得设置与电梯无关的设备或作电梯以外的其他用途、不得安设热水或蒸汽采暖设备; c. 火灾探测器和灭火器应具有高的动作温度和能防意外碰撞; d. 机房应经久耐用、不易产生灰尘和非易燃材料建造,地面应用防滑材料或进行防滑处理; e. 机房顶和窗要保证不渗漏、不飘雨
机房的尺寸要求	a. 通向机房的通道和机房门的高度不应小于 1.8m,机房内供活动和工作地点的净高度不应小于 1.8m; b. 主机旋转部件的上方应有不小于 0.3m 的垂直净空距离; c. 机房的面积满足图纸要求
机房的防护要求	a. 机房地面高度不一,在高度差大于 0.5m 时,应设置楼梯或台阶并设护栏; b. 通道进入机房有高度差时也应设楼梯,若不是固定的楼梯,则梯子应不易滑动或翻转,与水平面夹角一般不大于 70°,在顶端应设置拉手; c. 地板上必要的开孔要尽可能小,而且周围应有高度不小于 50mm 的圈框; d. 若地板上设有检修用活板门,则门不得向下开启,关闭后任何位置上均应能承受 2000N 的垂直力而无永久变形; e. 承重梁和吊钩有明显的最大允许荷载标识
机房的通风与照明	a. 机房内应通风,以防灰尘、潮气对设备的损害,从建筑其他部分抽出的空气不得排入机房内。机房的环境温度应保持在 5° ~ 40° 之间,否则应采取降温或取暖措施; b. 机房应有固定的电气照明,在地板上的照度应不小于 200lx,在机房内靠近入口(或设有多个入口)的适当高度设有一个开关,以便于进入机房时能控制机房照明,且在机房内应设置一个或多个电源检修插座,这些插座应是 2P+PE 型 250V
电梯电源的要求	a. 每台电梯应有独立的能切断主电源的开关,其开关容量应能切断电梯正常使用情况下的最大电流,一般不小于主电动机额定电流的 2 倍; b. 主电源开关安装位置应靠近机房入口处,并能方便、迅速地接近,安装高度宜为 1.3m ~ 1.5m 处; c. 电源开关与线路熔断丝应相匹配,不应盲目用铜丝替代; d. 电梯动力电源线和控制线路应分别敷设,微信号及电子线路应按产品要求隔离敷设; e. 机房内每台电梯应备有一个能切断该梯的主电源开关,但是,下列电路应另设开关:轿厢照明和通风;轿顶、底坑电源插座;电梯救援对讲;机房和井道照明;报警器; f. 如果机房内安装多台电梯时,各台电梯的主电源开关对该台电梯的控制装置及主电动机应有相应的识别标志,且应检查单相三眼检修插座是否有接地线,接地线应接在上方,左零右相接线是否正确; g. 电源零线和地线始终分开,应用三相五线制电源; h. 对无机房电梯的主电源除按上述条款外,该主电源设置在井道外面并能使工作人员较为方便接近的地方,且还应有安全防护措施,要有必要的安全防护

2）井道土建要求见表 8.7。

井道土建要求　　　　　　　　　　　　　　　　表 8.7

井道及底坑要求	a. 每一台电梯的井道均应由无孔的墙、底板和填眼：已全封闭起来，只允许有下述开口：层门开口；通往井道的检修门、安全门及检修活板门的开口；火灾情况下，排除气体和烟雾的排气孔；通风孔；井道与机房之间的永久出风口； b. 井道的墙、底面和顶板应具有足够的机械强度，应用坚固、非易燃材料制造，而这些材料本身不应助长灰尘产生； c. 当相邻两扇层门地坎间距大于 11m 时，其中间必须要设置安全门，安全门的高度不得小于 1.8m，宽度不得小于 0.35m，检修门的高度不得小于 1.4m，宽度不得小于 0.6m，且它们均不得朝里开启。检修门、安全门、活板门均应是无孔的，并具有与层门一样的机械强度，且必须装有电气安全开关，只有在处于检修门关闭的情况下电梯才能启动。门与活板门均应装有用钥匙操纵的锁，当门与活板门开启后不用钥匙亦能将其关闭和锁住时，检修门和安全门即使在锁住的情况下，也应能不用钥匙从井道内部将门打开； d. 井道应为电梯专用，井道不得装有与电梯无关的设备、电缆等（井道内允许装置取暖设备，但不能用热水或蒸汽作为热源。取暖设备的控制与调节装置应设置在井道外面）； e. 采用膨胀螺栓安装电梯导轨支架应满足下列要求：混凝土墙应坚固结实，其耐压强度应不低于 24MPa；混凝土墙壁的厚度应在 120mm 以上； f. 电梯井道最好不设置在人们能到达的上面。如果轿厢或对重之下确有人能到达的空间存在，底坑的底面应至少按 5000Pa 荷载设计，并且将对重缓冲器安装在一直延伸到坚固地面上的实心桩墩上或对重侧应装有安全钳装置； g. 每一个层楼的土建应标有一个最终地平面的标高基准线，以便于安装层门地坎时识别； h. 底坑底部与四周不得渗水与漏水，且底部应光滑平整

3）层站的要求见表 8.8。

层站的要求　　　　　　　　　　　　　　　　表 8.8

层站的要求	a. 电梯安装之前，所有层门预留孔必须设有高度不小于 1.2m 的安全保护围封，并应保证有足够的强度； b. 外呼和层站显示器的开孔宽度和高度符合图纸要求； c. 门框的开孔位置、尺寸（开孔宽度和高度）符合图纸要求； d. 牛腿尺寸：如果是混凝土牛腿，要求所有牛腿间的垂直偏差不超过 2mm ～ 3mm

8.4.2　自动扶梯及自动人行道安装

自动扶梯、自动人行道的安装工程与电力驱动的曳引式或液压电梯的安装工程相比有较大的差别，电力驱动的曳引式或强制式电梯及液压电梯以零部件出厂，现场完成组装、调试；而自动扶梯、自动人行道（除大长度水平人行道外），一般已在生产厂内进行了组装、调试、检查，工程施工主要工作是土建验收、吊装、整机安装及调试。本节内容重点讲述土建验收和吊装工程。

（1）自动扶梯及自动人行道到货方式

通常，自动扶梯、自动人行道有以下几种方式运往现场安装。

1）完全整体出厂

连同扶手系统组装后整体运输，这种方式适用于提升高度比较小的自动扶梯，运输路况比较好，安装现场空间、吊装位置允许的场合，采用这种方式现场安装比较简单。

2）主要部件整体出厂

部分扶手系统拆下后整体运输，由于现场吊装空间或运输路况的限制，多数自动扶梯采用这种方式运输。采用这种方式，现场施工的主要工作是整体吊装、扶手系统的安装及整机调试。

3）分段出厂

分成若干段运输，这种方式适用于提升高度较大的自动扶梯或长度较长的自动人行道、现场安装空间相对比较小、运输路况比较差、受集装箱大小的限制、受运输设备的限制的情况。采用这种方式现场安装、调试、检查的工作量比较大。

（2）土建工程验收

1）井道复查测量

自动扶梯的井道复测工作应在产品进场前完成，井道尺寸必须严格按照土建图检查。如果相关的尺寸及施工要求不符合土建施工图的要求，应通知业主责成有关部门及时修正，如图 8.23 所示以倾角为 30° 为例的主要尺寸。

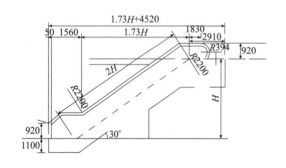

图 8.23　自动扶梯的土建示意图

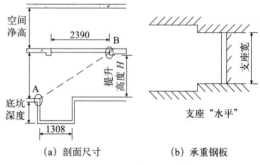

（a）剖面尺寸　　（b）承重钢板

图 8.24　井道测量示意图

为了保证楼面安装高度的正确，首先与客户协调，找出上下楼面的平面基准面，可以采用垂线直测量点，然后用钢卷尺（激光测距仪）测量层高，如图 8.24 中提升高度 H 的测量。

在上下两支承梁的净开档尺寸测量中，找出整个扶梯在井道中安装（上下机舱垫板）的中心点，做好标志，除按上下两中心测量 AB 的尺寸外，对于两支承梁的平行度必须引起重视，在扶梯（上下机舱垫板）全宽范围内，仍需保证上述 AB 值，允许误差值按土建图规定，土建图未作规定时，

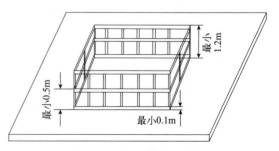

图 8.25　安全围栏布置图

可按最大允差 10mm 处理，当测量 AB 值不方便时，可测量 w 值和高度后换算。

支承骨架的内侧面，在 1.1m 高度范围内必须平直不允许有墙面凸出的现象。具有底坑的井道按土建要求测量，且底坑不允许渗水。

2）安全防护

①扶梯作业区周边应做防护，如图 8.25 所示。底坑四周、第二层开口的四周，应设置封闭安全护栏，以保证施工人员不能掉下去。安全护栏或屏障应从楼层底面起不大于 0.15m 的高度向上延伸至不小于 1.2m 的高度，并标有"扶梯井道，危险"等字样，如果工作需要拆除某端或某几面护栏，则需要设置成活动式护栏。但应与建筑物联结，目的是防止其他人员将其移走或翻倒。

②在起吊区域和起吊下方工作，则需要用警戒线围起某区域，禁止非工作人员进入，特别是起吊下方。

③特别注意：在高于 2 层时，吊装、安装应将所有层相应区域做防护。

（3）吊装工程

1）吊挂受力点的确定

自动扶梯的吊挂受力点（电葫芦用工字钢轨）必须有规定的承载能力，设置位置必须正确。自动扶梯的楼面盖板要保证承载能力。

为起吊自动扶梯，吊挂的受力点只能在自动扶梯两端的支撑角钢上的起吊螺栓或吊装脚上如下图所示。在使用这些螺栓时，必须掀开自动扶梯的上、下端部盖板。为此，应在拧下盖板上的保护螺钉后，使用专用工具，以取下盖板，如图 8.26 所示。严禁撞击自动扶梯其他部位，拉动和抬高自动扶梯时一律不得使其他部位受力。所用起重设备的各项参数，使用的各种起吊装置和吊挂方式均需符合起重机械安全规范的规定。

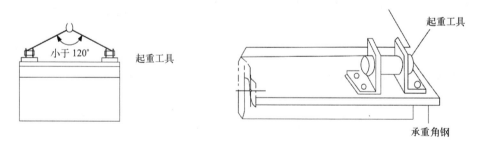

图 8.26　起吊后接合顺序示意图

2）起吊时注意事项

在起吊的时候，为了保证安全和设备不被损坏，需注意以下事项：

①钢丝绳起吊位置应在附有加强角钢的垂直构件的上弦杆处，千万不要只是把钢丝绳挂在加强角钢或垂直构件上，如图 8.27 所示。

②在承载角钢上装上起重工具，然后在上面悬挂钢丝绳，参阅前图受力点。

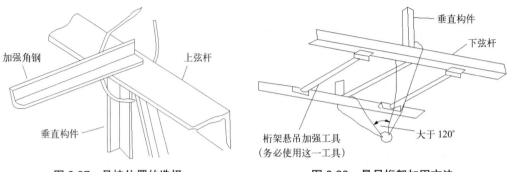

图 8.27　悬挂位置的选择　　　　　　图 8.28　悬吊桁架加固方法

③利用上层已装妥扶梯桁架吊装。

a. 在安装多层布置的自动扶梯时，如果桁架是用原先装妥的上层桁架的下弦杆起吊时，务必使用桁架悬吊加强工具，如图 8.28 所示，在一下层桁架的下弦杆上悬挂钢丝绳；在用上层桁架起吊桁架时，必须在上层桁架的下弦杆上固定两个悬吊加强工具，钢丝绳挂在这两只工具之间；

b. 绝对不能用单根钢丝绳起吊桁架；

c. 务必在垂直构件的下弦杆上挂钢丝绳，千万不要让钢丝绳与自动扶梯装置接触；

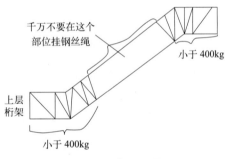

d. 如图 8.29 所示，用上层桁架的每边末端部分起吊时，上层桁架的一端所受载荷应小于 4t，当桁架总重量大于 8t 时，不能用上层桁架起吊；

e. 如图 8.29 所示，不能用上层桁架中间部分起吊桁架；

图 8.29　起吊重量

f. 悬吊角度取决于桁架的重量，但应尽可能减小这一角度（小于 60°）；应用桁架承载角钢上的起重工具时的悬吊角度，也尽可能小于 120°，如图 8.30 所示。

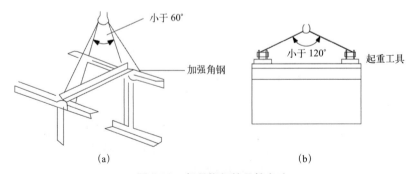

(a)　　　　　　　　　　　　(b)

图 8.30　起吊桁架的悬挂角度

3）起吊方法

自动扶梯和自动人行道的吊装方法有利用固定吊点法、自制门形吊架法、汽车吊或塔吊法三种起吊方法。

①利用固定吊点吊装。若设计上提供了锚点位置，或有承重梁且预留了设置吊钩的孔洞，可直接采用捯链或卷扬机滑轮组吊装，此法应用最广泛。

在顶层承重梁两侧设置的两个骑马空洞内，用直径 22mm 的吊索栓在空洞内，为了防止起吊时磨损吊索，在楼板上面的吊索套内穿入至少两根 100mm×100mm×500mm 的木方；每部扶梯不少于四个吊点，每个吊点选用一台 HS 型 5t 手拉葫芦，如图 8.31 所示。但对于大提升高度的自动扶梯要考虑其自重选择匹配的葫芦型。

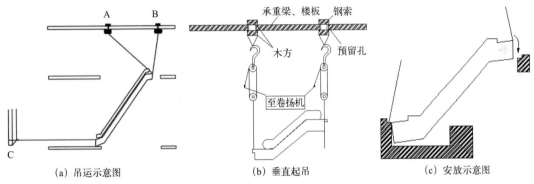

（a）吊运示意图   （b）垂直起吊   （c）安放示意图

图 8.31 利用固定吊点吊装示意图

在实际吊装的工作中，如图 8.31 所示，通过 A、B 点的倒链把扶梯向上移动，C 移动量为多少，则 A、C 点上就松开相应 B 长度的链条，桁架下部接近基坑时，则把 A 点捯链连接到桁架下部，把桁架的下部首先安放在支撑台上，确认好支承板的中心线及左、右间隔后，然后安装上，在安放上部时，下部不应当有错动发生。

②自制门形吊架吊装。若施工现场结构复杂，现场规定不许在楼板或墙体上、立柱上打洞安装吊钩，因此只能采用门形吊架，如图 8.32 所示。

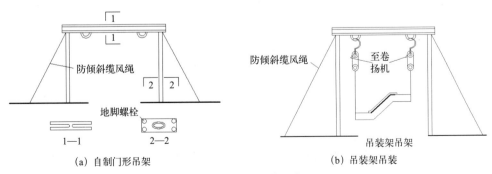

（a）自制门形吊架   （b）吊装架吊装

图 8.32 吊装架吊装示意图

制作门形吊架时，一般单部扶梯自重约 6t，每部设置四个吊点，每个吊点承重约 1.5t，每个吊点采用捯链或卷扬机滑轮组吊装上位，根据实际经验及单个吊点的受力情况，一般选择 I 125 号工字钢作为门形吊架承重梁的选材，门形吊架的立柱采用 DN150 的钢管，吊钩用直径 25mm 的钢筋焊接，架体用直径不小于 16mm 的膨胀螺栓固定于平整地面，辅以四根缆风绳稳固架体，吊点设滑轮组及扶梯捆绑，如图 8.32 所示。

③汽车吊或塔吊吊装。如果施工现场条件具备可采用汽车吊或塔吊吊装，可提高施工速度，吊车的起吊重量不小于 6t，起吊前应对最大负荷及施加于水泥结构上的作用力进行校核，起吊顺序应按照先下后上的原则进行，起吊时要两台吊车同步进行，如图 8.33 所示。

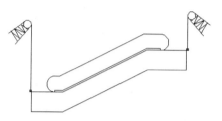

图 8.33　两台吊车同步吊装示意图

4）吊装顺序

在有楼面盖板和固定吊挂点的情况下，自动扶梯和自动人行道有向下安装和向上安装两种顺序。

①自动扶梯向下安装过程，如图 8.34 所示。

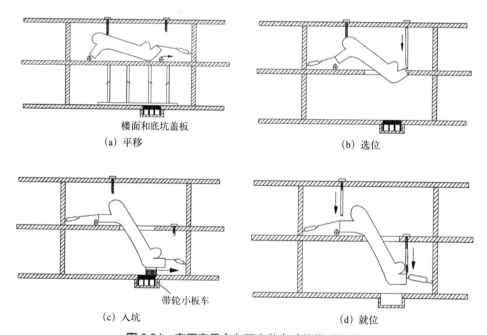

　　　　楼面和底坑盖板
　　　　（a）平移　　　　　　　　　　　　　　（b）选位

　　　　带轮小板车
　　　　（c）入坑　　　　　　　　　　　　　　（d）就位

图 8.34　有固定吊点向下安装自动扶梯过程图

②自动人行道向下整体吊装的过程（以分三段为例）。

a. 在自动人行道运输脚处垫上可承载自动人行道的带轮小板车或其他滚动器具，用电葫芦或其他工具通过钢丝绳吊挂住自动人行道，慢慢拖拉自动人行道至楼板开孔处。

并通过楼层上的吊挂孔用钢丝绳牵挂住自动人行道，如图 8.35 所示。

　　b. 到达位置后，缓缓将自动人行道通过楼面开孔往下在各楼层放下，此时，必须有钢丝绳索吊挂住自动人行道，如图 8.36 所示。

　　c. 将自动人行道拖拉至可以搁机的位置上空，如图 8.37 所示。

　　d. 把自动人行道放下，在指定位置上安装好并撤去吊装器具，如图 8.38 所示。跨距超过 15m 的自动人行道，禁止在只有两个吊挂点的情况下起吊。

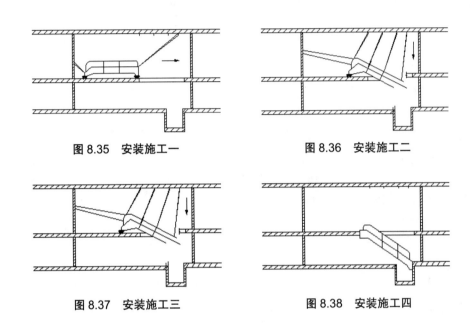

图 8.35　安装施工一　　　　　　　　图 8.36　安装施工二

图 8.37　安装施工三　　　　　　　　图 8.38　安装施工四

　　③有固定吊点向上安装过程，如图 8.39 所示。

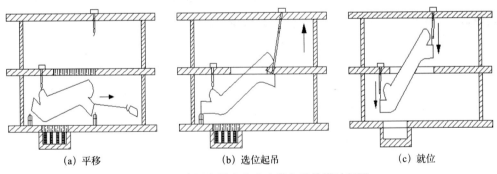

(a) 平移　　　　　　　(b) 选位起吊　　　　　　(c) 就位

图 8.39　有固定吊点向上安装自动扶梯过程图

　　④自动人行道向上整体吊装的过程

　　a. 在自动人行道运输脚处垫上可承载自动扶梯的带轮小板车或其他滚动器具，用电动葫芦或其他工具通过钢丝绳吊挂住自动人行道，慢慢拖拉自动人行道至楼板开孔处。

并通过楼层上的吊挂孔用钢丝绳牵挂住自动人行道，如图 8.40 所示。

b. 用钢丝绳索吊挂住自动人行道，缓缓向上各楼层起吊，如图 8.41 所示。

c. 将自动人行道拖拉至可以搁置的位置上空，如图 8.42 所示。

d. 把自动人行道放下，在指定位置上安装好并撤去吊装器具，如图 8.43 所示。

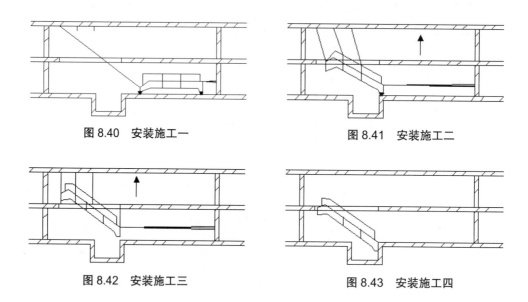

图 8.40　安装施工一　　　　　　　　图 8.41　安装施工二

图 8.42　安装施工三　　　　　　　　图 8.43　安装施工四

跨距超过 15m 的自动人行道，禁止在只有两个吊挂点的情况下起吊。

⑤侧面吊装

如图 8.44 所示，在 A、B、C、D 四点安装好手拉葫芦，系好钢丝绳，并处于张紧状态，先把 D 点手拉葫芦拉紧一些，B 点手拉葫芦松开一些，再把 C 点手拉葫芦拉紧一些，A 点手拉葫芦松开一些，重复以上动作，将自动扶梯移动到基坑口，然后依上两种方法完成吊装。安装时，按照先下部、后上部的顺序完成。

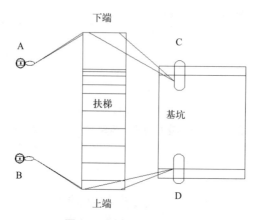

图 8.44　侧面吊装示意图

第9章 绿色改造施工技术

9.1 绿色改造施工概述

9.1.1 绿色改造施工相关概念

"绿色"一词强调的是对原生态的保护,其根本目的是为了实现对人类生存环境的有效保护和促进经济社会的可持续发展,要求在施工过程中要注重保护生态环境,关注节约与资源充分利用,全面贯彻以人为本的理念,保持建筑行业的可持续发展。

本章重点介绍旧工业建筑再生利用中围护结构的改造技术、绿化优化技术、能源利用技术和资源循环利用技术四部分,并阐述几种典型技术的施工过程。

《绿色施工导则》(建质 [2007]223 号)对绿色施工概念的权威界定是:在工程建设中,在保证质量、安全等基本要求的前提下,通过科学管理和技术进步,最大限度地节约资源和减少对环境负面影响的施工活动,实现"四节一环保"(节能、节地、节水、节材和环境保护)。部分绿色改造技术实例如图 9.1 所示。

(a) 围护结构绿色技术应用　　　　　(b) 资源循环利用绿色技术应用

图 9.1　部分绿色改造技术实例

绿色施工的含义涉及五方面内容:绿色施工以可持续发展为指导思想;绿色施工是追求尽可能减少资源消耗和保护环境的工程建设生产活动;绿色施工的实现途径是绿色施工技术的应用和绿色施工管理的升华;强调使施工作业对现场周边环境的负面影响最小,对有限资源的保护和利用最有效;通过切实有效的管理制度和工作制度,最大限度地减少施工活动对环境的不利影响,是先进的、实用的施工技术。

9.1.2 绿色改造施工主要内容

旧工业建筑绿色改造决策的制定是一个多目标动态优化过程。首先应对建筑物理条件、功能性能、节能水平、室内环境等建筑实际现状进行经济效益、环境效益和社会效益预评估,根据业主期望和投资成本制定初步技术方案,经充分论证获得业主认可后制定详细的改造技术实施方案,如图 9.2 所示。其中改造内容及方案中涉及到的绿色改造技术是本章阐述的重点内容,包括围护结构节能改造技术、绿化优化技术、能源利用技术和资源循环利用技术。

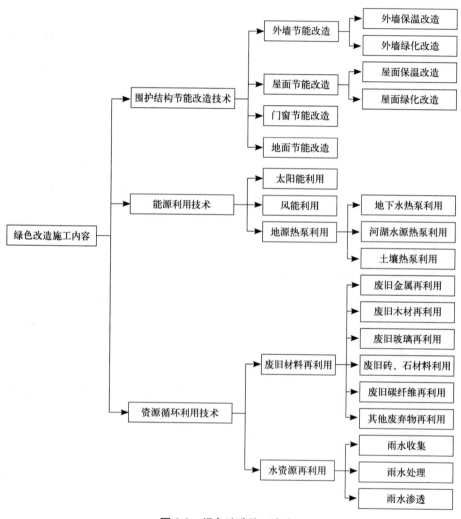

图 9.2　绿色改造施工内容

基于绿色改造技术的旧工业建筑再生利用,是指在不影响建筑外观和功能的情况下,运用绿色、生态、节能、环保的设计手法和技术,赋予原有建筑新的功能,同时促进建筑与自然环境的可持续发展。相对于传统改造模式而言,基于绿色改造技术的绿色再生,在设计、改造之初就充分考虑到建筑的能耗与内环境的舒适度问题，并将它们作为最基本的要求，从而使旧工业建筑获得真正意义上的重生与再利用。绿色施工是指在工程建设和改造过程中，通过施工组织、材料采购，结合绿色新技术，最大限度地节约资源、减少对环境负面影响的施工活动，强调整个旧工业建筑群或建筑单体的能耗节约，最终实现绿色建筑的核心理念。旧工业建筑绿色改造是再生利用的重要组成部分，是指对不满足绿色建筑标准的旧工业建筑实施的以节约能源资源、改善人居环境、提升使用功能为目标的维护、更新、加固等活动。

9.1.3 绿色改造施工一般流程

旧工业建筑绿色改造的宗旨与绿色建筑施工的宗旨基本一致，但也有不同之处。旧工业建筑改造的对象是既有工业建筑，与新建绿色建筑相比，旧工业建筑的绿色改造过程更为复杂。绿色改造施工的一般流程如图 9.3 所示。

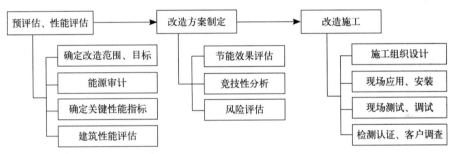

图 9.3 绿色改造施工一般流程

9.2 围护结构节能改造技术

建筑的外围护结构主要包括外墙体、屋面保温隔热、门窗等，既是划分室内与室外的分割线，也是建筑能耗中主要的主要门户。根据调研结果，我国旧工业建筑围护结构的保温隔热性能较差，但再生项目由于使用功能的变更使其保温隔热性能的要求有了大幅提升，所以旧工业建筑围护结构的节能改造显得尤为重要。围护结构节能改造技术应用范围广泛，使用案例已达上百项，例如：深圳市南海意库再生利用项目、西安市老钢厂创意产业园再生利用项目（见图 9.4）、苏州市工业园区星海街 9 号再生利用项目（见图 9.5）、长沙市轻工厂三号生产车间再生利用项目、天友绿色建筑设计中心再生利用项目等。

9.2.1 外墙节能改造

在同样的室内外温差条件下，围护结构保温性能的好坏，直接影响到流出或流入室内热量的多少。从建筑传热耗热量的构成来看，外墙所占比例最大，因此，提高围护结

图9.4　西安市老钢厂创意产业园再生利用项目
（外墙节能改造）

图9.5　苏州市工业园区星海街9号再生利用项目
（外墙垂直绿化）

构中墙体的保温能力十分重要。旧工业建筑的外围护结构采用绿色节能技术是旧工业建筑节能改造的重要组成部分。外围护结构节能的原理就是合理地采用节能材料，通过各种技术手段来改善旧工业建筑外围护结构的各个构件的热工性能，从而达到冬季保温，减少室内热量流出；夏季隔热，减少室外热量进入的效果，进而减少冷、热消耗。根据地域的差异，在北方地区要提高保温性能，而在南方地区，应优先考虑提高外围护结构系统的隔热性能，使得旧工业建筑保持适宜的温度进而满足舒适度的要求。

（1）应用保温材料的改造形式

提高墙体保温性能的关键在于增加热阻值，在技术和材料的选择上，针对不同类型的厂房外墙应该采取不同的改造措施。根据保温材料所处位置的不同，主要有三种保温形式：外墙外保温、外墙内保温和外墙夹芯保温。结合旧工业建筑再生利用的实际的情况，对三种保温墙体的技术性能进行比较，见表9.1。

三种保温墙体技术性能比较　　　　　　　　　　　　　表9.1

比较项目	外墙外保温	外墙内保温	外墙夹芯保温
结构 （由内 至外）	墙体结构层 保温绝热层 抗裂砂浆层、网格布 柔性腻子层 涂料装饰面	面层 保温绝热层 墙体结构层	①现场施工：将保温层夹在墙体中间； ②预制：在钢筋混凝土中间嵌入绝热层
主要优点	①基本消除热（冷）桥，绝热层效率可达85%～95%； ②可增加外墙的防水性和气密性，能保护主体结构，增加建筑物的使用年限； ③不减少室内使用面积； ④室内热舒适度较好，对承重结构不造成危害	①绝热性能达到30%； ②室内施工便利，不受气候环境影响； ③不破坏建筑外部形象； ④绝热材料在承重墙内侧，强度要求低	①绝热性能达到50%～75%； ②对保温材料要求不严格； ③对施工季节和施工条件的要求不高

续表

比较项目	外墙外保温	外墙内保温	外墙夹芯保温
主要缺点	①加大了配料难度，要求有较高的防火性、耐久性和耐候性； ②施工受到气候环境的影响限制； ③要求有专业的施工队伍，施工要有较高的安全措施	①不能彻底消除热桥，内表面易产生结露； ②建筑外围护结构不能得到保护； ③较少室内的有效利用面积； ④防水和气密性较差	①墙体较厚，减少室内使用面积； ②保温层位于两层承重刚性墙体之间，抗震性能较差； ③容易产生热桥，削弱墙体绝热性； ④施工工序相对复杂
图例	基层墙体 界面砂浆 TS20 聚苯颗粒保温层 抗裂砂浆压入网格布 TS203 柔性腻子 TS96D 弹性涂料	内墙涂料 抗裂砂浆层 保温层 界面砂浆层 墙体基层	

　　内保温技术对于新建的建筑来说没有问题，但是对于旧工业建筑的改造，在墙体上直接增加保温材料有一定的难度，而且多数旧工业建筑需要保留现状，对墙体不能有大的改造。比如世界著名建筑师赫尔佐格在改造设计西门子公司办公用房的外墙改造时，采用了一种透明的、可自然降解的塑料薄膜，将室内从下部窗框以上整个包围起来，薄膜和墙面、屋顶间留有间距形成了空气保温层。

　　夹芯保温技术在实际的旧工业建筑改造工程中一般不适用，外墙外保温技术与外墙内保温技术相比有明显的优势，使用同样尺寸、规格和性能的保温材料，外保温的保温效果比内保温好，构造技术更合理，节能效果更好。

　　采用外保温技术的墙体可以提高内表面的温度，也能得到舒适的室内热环境，这对于旧工业建筑冬季采暖不足的改造来说是非常有利的，同时由于内部墙体热容量较大，室内可以蓄存更多的热量，使因为间歇采暖或太阳辐射所造成的室内温度变化减缓，有利于室温的稳定。而在夏季，室内温度较高，而采用外保温技术能大大减少太阳辐射热的进入和室外高气温的影响，降低室内空气温度和外墙内表面温度，这对于以自然通风降温为主的厂房来说，采用外墙外保温技术是非常重要的。外墙外保温改造前后的结构图，如图 9.6 所示。

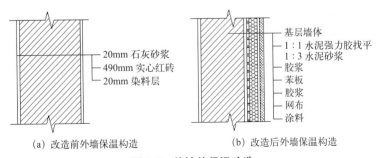

20mm 石灰砂浆
490mm 实心红砖
20mm 染料层

基层墙体
1:1 水泥强力胶找平
1:3 水泥砂浆
胶浆
苯板
胶浆
网布
涂料

(a) 改造前外墙保温构造　　　　(b) 改造后外墙保温构造

图 9.6　外墙外保温改造

（2）外墙绿化隔热的改造形式

为了达到外墙绿化隔热的效果，旧工业建筑的外墙在向阳方向被植物大面积遮挡，即外墙垂直绿化。垂直绿化是指用攀缘或者铺贴式方法以植物装饰建筑物外墙的一种立体绿化形式，墙面绿化可使建筑物冬暖夏凉，兼具吸收噪音、滞纳灰尘、净化空气、不会积水等功能。垂直绿化是旧工业建筑绿色再生技术中占地面积最小，而绿化面积最大的一种形式。常见的绿化方式有两种：一种是在外墙上种植攀缘植物来覆盖墙面，如图9.7所示的旧工业厂房改造后的外墙；另一种是在外墙的外侧种植密集型的树木，用树荫遮挡阳光，如图9.8所示的广州信义国际会馆渔歌晚唱外墙。

图9.7　密集型树木遮阴

图9.8　外墙攀缘植物遮阴

为了不影响厂房在冬季日照的要求，南向的墙体适宜种植落叶型植物，在冬季叶子会脱落，使得墙体暴露在阳光之下，吸收太阳能并向室内传递，使墙体成为太阳能集热面，节约常规的采暖能耗。

外墙绿化隔热具有良好的隔热性能，但是其自身也有缺点，想要达到遮阳和隔热的效果也并非易事。一般情况下，植物生长需要的时间比较长，而且遮阳的面积也比较大，比如爬墙植物从种子地面生长到布满约三层楼高的厂房外墙大概需要5年。绿化墙对于南方夏季较长的城市降低太阳辐射是一种很有效的方式，但对于北方夏季较短的厂房改造旧不太适宜，因为夏季有效期相对比较短，不太经济。

为了快速达到遮阳效果，可以从外墙伸出种植构件，预先培育植物进行移栽，减少外墙绿化效果的形成时间，比如深圳南海意库外墙改造就是采用此方法。

外墙垂直绿化形式主要有模块式、铺贴式、攀爬式，各类形式构造与适用性见表9.2。由于攀爬式垂直绿化造价最低，透光透气性良好，成为既有旧工业建筑再生利用项目中使用最多的垂直绿化形式。

各种垂直绿化形式构造及适用性比较   表 9.2

名称	模块式	铺贴式	攀爬式
构造	将方块形、菱形、圆形等几何单体构件，通过合理搭接或绑缚固定在不锈钢或木质等骨架上，形成各种景观效果	在墙面直接铺贴植物生长基质或模块，形成一个墙面种植平面系统	即在墙面种植攀爬，如种植爬山虎、络石、常春藤、扶芳藤、绿萝等
适用性	寿命较长，适用于大面积的高难度的墙面绿化，特别对墙面景观营造效果最好	直接附加在墙面，无须另外做钢架，并通过自来水和雨水浇灌；易施工，效果好	简便易行；造价较低；透光透气性好
图例	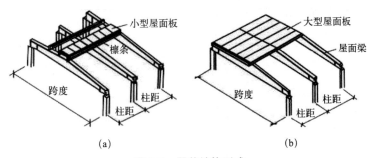		

9.2.2 屋面节能改造

屋面是旧工业建筑最上层的覆盖外围护结构，它的基本功能就是抵御自然界的不利因素，使得下部的空间有良好的使用环境。大量闲置的旧厂房结构老化、保温性能差、通风采光性能不良，对屋面进行改造就是有效改善室内环境的舒适性，增加屋面的保温隔热性能。再生利用时，需要增强屋顶的隔热性能。一般屋顶是建筑冬季的失热构件，屋顶作为蓄热体对室内温度波动起稳定作用。对于单层厂房，屋顶的散热量比例相对多层厂房较大。一般工业建筑屋面带来的热损失占整个围护结构热损失的 30% 左右，是节能改造时应予以关注的关键部位。

工业建筑屋面结构可分为有檩体系、无檩体系两种，如图 9.9 所示。

图 9.9 屋盖结构形式
(a) 有檩体系屋盖；(b) 无檩体系屋盖

（1）屋面改造形式

部分厂房保温隔热效果优于一般民用建筑。工业厂房的构造是以服务于工艺需求为目的的。对于有特殊生产工艺要求、需要恒温恒湿的厂房（如纺织车间及精密仪器车间等），其保温隔热要求要高于一般民用建筑。对于闲置的旧厂房屋面进行改造，就是有效改善室内环境的舒适性，增加屋面的保温隔热性能。常见的屋面节能改造方式主要有倒置式保温屋面、蓄水屋面、通风屋面、种植屋面（屋顶绿化）、太阳能屋面等，见表9.3。四种常用的屋面通风做法：保温材料设透气道、保温层设透气道及檐下出风口、砾石透气层及女儿墙出风口、中间透气口。

几种常见屋面改造形式及其特征　　　　　　　　　　　　表9.3

类型	做法	特点
倒置式保温屋面	将保温隔热层设在防水层上面。主要的隔热材料有 XPS 板、EPS 板等	保温层在防水层之上，防水层受到保护，可以延长防水层的使用年限；构造简单，避免浪费；施工简便，便于维修
蓄水屋面	在屋面荷载允许的情况下，在刚性防水屋面上蓄一层水，利用水的蒸发和流动将热量带走，减弱屋面的传热量、降低屋面内表面的温度	在混凝土刚性防水层上蓄水，可以改善混凝土的使用条件，避免直接暴晒和冰雪雨水引起的急剧伸缩；长期浸泡在水中有利于混凝土后期强度的增长
通风屋面	利用屋顶内部的通风将面层下的热量带走，从而达到隔热的目的	适合在夏季气候干燥，白天多风的地区
种植屋面	在屋顶种植绿化，利用植被茎叶遮阳，吸收照射到屋面的太阳辐射；利用植物叶面的蒸腾作用增加蒸发散热降低屋面温度	具有良好的夏季隔热、冬季保温特性和良好的热稳定性；美观、环保，对周边的环境有益；种植屋面与普通屋面的室内温度相差 2.6℃

倒置式保温屋面如图9.10所示。利用倒置屋面保温改造方式进行屋面的节能改造时，应该注意以下几点：①倒置式屋面坡度不宜大于3%；②因为保温层设置于防水层的上部，保温层的上面应做保护层；采用卵石保护层时，保护层与保温层之间应铺设隔离层；③现

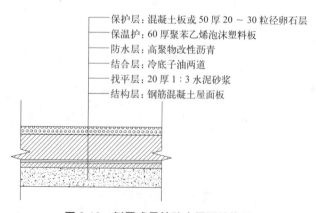

保护层：混凝土板或50厚20～30粒径卵石层
保温护：60厚聚苯乙烯泡沫塑料板
防水层：高聚物改性沥青
结合层：冷底子油两道
找平层：20厚1∶3水泥砂浆
结构层：钢筋混凝土屋面板

图9.10　倒置式柔性防水屋面结构图

喷硬质聚氨酯泡沫塑料与涂料保护层间应具有相容性；④倒置式屋面的檐沟、落实口等部位，应采用现浇混凝土或砖砌堵头，并做好排水处理。

倒置式屋面的保温层上面，可采用块体材料、水泥砂浆或卵石做保护层；卵石保护层与保温层间应铺设聚酯纤维无纺布或纤维织物进行隔离保护。

通过节能改造可以使屋面的传热系数减少，大大提高了保温效果。

（2）屋面绿化

屋面绿化是通过在屋顶种植绿色植被，利用植物叶面的蒸腾作用增加发散热量，从而降低屋面的温度，在提高建筑绿化率的同时，具有良好的夏季隔热、冬季保温特性和良好的热稳定性，并且能有效遏制太阳辐射及高温对屋面的不利影响。屋面采用屋顶绿化措施，可降低室内温度 2℃以上。但采用此方法，须注意加强屋面结构防水、排水性能与耐久性，同时，还应注意屋面的植物宜根据地区选择，在南方多雨地区选择喜湿热的植物，在西北少雨的地区选择耐干旱的植物。

根据建筑屋顶荷载允许范围和屋顶功能的需要，屋面绿化可分为三种类型：

第一种是仅为解决城市生态效益的绿色植被，一般设在只有从高空俯视时才看得见的屋顶上，目前主要是简单粗放的屋顶草坪；

第二种是既重视生态又可以供人观赏的屋顶草坪，一般是在人们不能进入但从高处可以俯视得到的屋顶之上，其屋顶绿化要讲究美观，以铺装草坪为主，采用花卉和彩砖拼接出各式各样的图案进行点缀；

第三种是集观赏、休闲于一体的屋顶绿化。从建筑荷载允许度和屋顶生态环境功能的实际出发，又可分为简式轻型绿化和花园式复合型绿化两种形式。简式轻型绿化以草坪为主，配置多种植被和灌木等植物，讲究景观色彩搭配，用不同品种的植物结合步道砖铺装出图案；花园式复合型绿化近似地面园林绿地，采用国际山公用的防水阻隔根和蓄排水等新工艺、新技术，以乔灌花草、山石、水榭亭廊搭配组合，园艺小品适当点缀，硬性铺装较少，同时严守建筑设计荷载。

1）施工工序

以常见的简式轻型绿色屋面施工工序举例：①清扫屋面，做好防水工作；②铺设隔根防漏膜和无纺布；③铺路定格，处理好下水口；④铺轻型营养基质，一般厚度为5cm；⑤种植草植，铺装一次成坪草苗块，在屋顶铺植时省工快捷，可达到瞬间成景的效果，或者直接在基质上种植草植，成活率不受影响。

2）防水施工

必须注意屋面的防水和排水，种植屋面的构造为：植被层、种植土、过滤层、排（蓄）水层、耐根穿刺防水层、普通防水层、找平层（找坡层）、保温层、结构层，如图 9.11、图 9.12 所示。

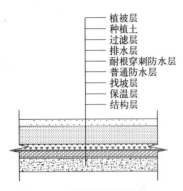

植被层
种植土
过滤层
排水层
耐根穿刺防水层
普通防水层
找坡层
保温层
结构层

图 9.11 屋顶绿化构造做法

图 9.12 天津天友绿色设计中心
（屋面绿化）

3）相关技术

屋顶绿化相关技术包括屋顶绿化防水技术、栽培基质的选择、蓄排水技术、植物种植技术、植物施肥管理技术、屋顶雨水回收再利用技术、屋顶自动灌溉技术。

9.2.3 门窗节能改造

在建筑围护结构中，由于门窗的绝热性能最差，使其成为室内热环境质量和建筑能耗的主要影响因素，是保温、隔热与隔声最薄弱的环节。在旧工业建筑的围护结构中，门窗的面积约占围护结构总面积的 25% 左右，且窗户形式多为单玻窗，外窗普遍存在传热系数大与开窗面积过大的问题。据统计，冬季单玻窗所损失的热量约占供热负荷的 30% ～ 50%，夏季因太阳辐射透过单玻窗进入室内而消耗的空调冷量约占空调负荷的 20% ～ 30%，而且旧工业建筑的门窗年代久远，老化现象导致能耗进一步加大，同时也严重影响到室内环境的舒适度。

（1）节能改造措施

在既有建筑墙体节能改造时，如果采用外墙外保温的方式改造，门窗的位置就应该尽可能地接近外墙。为了不影响建筑的使用功能，可以在做外墙外保温的同时，在既有门窗不动的基础上安装新的节能门窗，最后再拆除旧的门窗或直接采用双层窗，同时合理选用玻璃，提高建筑外窗的保温性能；也可以直接在窗上贴膜或透明层，利用该层与玻璃之间的空气保温层，达到节能的效果。而具体的节能改造措施包括增加窗户的玻璃层数、窗上加贴透明聚酯膜、附加活动的保温窗扇、加设门窗密封条、窗周边处理。

（2）门窗选择

门窗的热损失主要包括门窗的传热性能和通过门窗的空气渗透耗热，所以门窗的节能保温性能主要取决于大面积玻璃类型与门窗框材料的选择，以及门窗的结构设计形式。因此，降低传热系数、提高气密性以及合理选择门窗材质与门窗构造是旧工业建筑门窗节能改造的重点。

在旧工业建筑的围护结构中，门窗是围护结构的组成部分之一，虽然门窗的面积只占围护结构的 25% 左右，但是门窗的绝热性能最差，与墙体相比，门窗是室内热环境质量和建筑能耗的主要影响因素，是保温、隔热与隔声最薄弱的环节。传统的门窗保温性能比墙体部分保温性能差很多，而且由于旧工业建筑的门窗年代久远，出现的老化现象导致了能耗加大，严重影响了室内的舒适度。因此，门窗的绿色节能改造是重点。

门窗的制作材料与工艺对门窗热工性能的影响很大，门窗的节能主要取决于门窗的传热系数和气密性。旧工业建筑的窗框材料一般采用有木质、钢制、混凝土等，外窗普遍存在传热系数大与开窗面积过大的问题。旧工业建筑的门窗玻璃常常采用的是单层钢窗镶嵌普通玻璃，且缝隙不严，门窗和空气渗透损失的热量大约占建筑物热损失的一半。因此在旧工业建筑门窗的改造中，需要合理的选择材质和新型节能门窗，降低传热系数，提高气密性。

1）玻璃的类型

玻璃的选择对节能来说至关重要，当前建筑市场的玻璃品种繁多而且性能各异，根据性能分为透明玻璃、吸热玻璃、热反射玻璃、低辐射玻璃等，而各种玻璃又可以制成中空玻璃，下面分析这几种常见的玻璃。

①吸热玻璃。吸热玻璃（又称彩色玻璃）通过在玻璃中添加一些元素比如金属离子或某些物质来吸收太阳辐射，然后通过吸热玻璃的热传递功能将热能散发出去，从而阻挡过量的太阳能，达到了降低空调能耗的效果。吸热玻璃的遮阳原理就是通过吸收太阳能减弱其进入室内，这种遮挡的本质实质上就是对辐射的吸收，但是它吸收的热量仍然有一部分进入室内。吸热玻璃吸收热量和隔热效果成正比，与透光能力成反比，所以吸热玻璃会影响室内的采光。在使用吸热玻璃时应该权衡隔热效果和透光需求。

不管是在冬季还是夏季，吸热玻璃往往都会当挡住大部分的太阳辐射热能，所以吸热玻璃主要适用于以防热为主的南方地区，而不适用于寒冷的北方地区。

②镀膜玻璃。镀膜玻璃是在玻璃的表面镀上镀以金、银、铝、镍、铁等一层或者多层金属、合金或氧化物薄膜的特种玻璃。它的品种主要有热反射玻璃和低辐射玻璃。

a. 热反射玻璃（又称太阳能控制玻璃）。热反射玻璃时在表面镀金属薄膜以及一些干涉层，使得玻璃制品能够反射更多的太阳辐射，从而达到遮阳的效果。热反射镀膜玻璃具有单向透视性，迎光面具有镜面反射效果，而背光面则可以透视。但是，反射玻璃在反射太阳辐射的同时，可见光的透射也受到了影响，可见光透过率在 8% ~ 40%，不但造成了室内的采光不好，而且影响了冬季热能的获得。但是在光照强烈的炎热地区，它的隔热效果却是非常出色的，所以适合夏热东暖的地区。

b. 低辐射玻璃（又称 Low-E 玻璃）。低辐射玻璃的 Low-E 涂层可以将 80% 以上远红外热辐射反射回去，有效降低了玻璃的传热系数，节能效果很明显。而且低辐射玻璃与热反射玻璃相比，不会过多地限制可见光的透射，透射性能比较好，而且即使增加窗户的面积也不会造成不必要的热量损失。而且 Low-E 玻璃最大的特点是具有光谱选择性，因此可以根据需求，在制造的过程之中调整工艺流程来生产出不同光学性能的产品。同时应该根据不同地区以及朝向不同来选择不同的 Low-E 玻璃品种，从而达到最佳的效果，适合炎热地区使用的有遮阳型 Low-E 玻璃，其遮阳系数和透光率均较低；而在采暖地区则可以选择具有较高透光率和遮阳系数的传统高透型 Low-E 玻璃。夏季，将室外的热辐射反射出去，减少室内空调制冷负荷；冬季，低辐射镀膜玻璃可以将室内的热辐射反射回室内，减少室内热量损失。

③中空玻璃。中空玻璃就是两片或多片玻璃以有效支撑均匀隔开并周边黏结密封，有一层静止空气或者其他高热阻气体（比如惰性气体）的间层，可以产生明显的阻热效果。中空玻璃具有更高的热阻，能有效防止因为室内外温差引起的热传导，具有很高的保温性能，极其适合在北方地区使用。在建筑市场常见的产品，大多所取的间层厚度为 6mm 和 12mm。空气间层的数量越多，保温性能越好，常见中空玻璃的传热系数见表 9.4 所示。

常见中空玻璃构造及传热系数　　　　　　　　　　表 9.4

材料名称	构造及厚度（mm）	传热系数（W/m²·K）
双层中空玻璃	3+6+3	3.4
双层中空玻璃	3+12+3	3.1
双层中空玻璃	5+12+5	3.0
三层中空玻璃	3+6+3+6+3	2.3
三层中空玻璃	3+12+3+12+3	2.1

中空玻璃的各层玻璃选用可根据各种使用要求和不同场合需求选用不同性能的玻璃原片，与上述两种玻璃原片结合成不同形式的中空玻璃，比如吸热中空玻璃、热反射中空玻璃、低辐射中空玻璃（Low-E 中空玻璃）。

2）门窗的节能改造做法

在门窗的改造中，型材和玻璃是主要的材料，对门窗的导热性能起到重要的作用。为了提高门窗的保温性能，门窗的型材通常采用隔热铝合金型材、隔热钢型材、木—金属复合型材、玻璃钢型材等。为了提高门窗的隔热性能、降低遮阳系数，可以采用吸热玻璃、中空玻璃、镀膜玻璃、太阳能热反射玻璃与低辐射玻璃（又称作双层中空 Low-E 玻璃），比如上海花园坊节能技术环保产业园在绿色节能改造时就是采用 Low-E 中空玻璃来替换原有玻璃，如图 9.13 所示。

图 9.13　上海花园坊 Low-E 中空玻璃

对于旧工业建筑外窗的节能改造方式主要有：Low-E 玻璃、中空玻璃、镀膜玻璃、加装双层窗，如表 9.5 所示。

外窗节能改造做法　　　　　　　　　　　　　　表 9.5

类型	方法	特点
Low-E 玻璃	将原玻璃改成 Low-E 玻璃	隔热性能好、遮阳系数好，但开窗时不能起到遮阳的效果
中空玻璃	将原单层玻璃改成中空玻璃	造价低、工期短、施工方便，但会产生建筑垃圾
镀膜玻璃	在原玻璃上贴一层热反射膜	隔热性能好，但开窗时不能起到遮阳的效果
双层窗	在原窗内侧增加一道玻璃	传热系数能减少一般以上，施工方便，但受到原墙体的影响

（3）遮阳系统改造

在我国很多的旧工业建筑都缺少遮阳设施或者遮阳设计不当，导致室内眩光或者得热过度，这使得人体产生不适并且消耗大量的空调费用。一个好的遮阳改造可以节省建筑 30% 以上的能耗。

旧工业建筑遮阳的位置、材料和形式等因素都会影响建筑室内的热环境和光环境。对建筑采取遮阳改造，可以避免夏季旧厂房建筑物室内吸收过多的太阳辐射热而导致室内过热，从而降低制冷能耗，防止太阳光直接照射而造成强烈眩光。因此，改造时采用得当的遮阳方式可以有效降低建筑能耗，改善室内的舒适度。

1）建筑自遮阳

利用建筑物自身形体的变化或者构件本身形成遮挡，使得建筑局部表面置于阴影区域之中。形成自遮阳的建筑形体与构件主要有：建筑体型凹凸错落变化、建筑屋顶挑檐、外廊出挑、雨篷等。

2）植物遮阳

在旧工业建筑的附近或者上面种植树木、灌木、攀缘植物以及一些建筑结构如藤架、梁，植物枝叶可以在夏季遮挡太阳辐射，落叶乔木遮阳可以兼顾冬夏两季的不同需求，夏季茂密的枝叶可以遮挡阳光，冬季温暖的阳光可以穿过稀稀疏疏的枝条射入室内。这些植物适宜种植在建筑的东西两侧，夏季最热的时候，植物遮挡的墙体表面温度可以降低约 12℃ ~ 15℃，南海意库旧厂房外采用植物遮阳的形式如图 9.14 所示。

3）遮阳的适应范围

建筑遮阳构件的基本形式可以分为五种类

图 9.14　植物遮阳

型：水平式遮阳、垂直式遮阳、综合式遮阳、挡板式遮阳以及百叶式遮阳，如表 9.6 所示。

遮阳构件的基本形式

表 9.6

基本类型	遮阳范围	适用范围	特点	示意图
水平式	能有效遮挡高度角较大的，从窗口上方投射下来的阳光	宜布置在南向及接近南向的窗口上，或者在北回归线以南北向及接近北向的窗口上	合理的遮阳板设计宽度及位置能非常有效的遮挡夏季日光而让冬季日光最大限度的进入室内	
垂直式	能有效遮挡高度角较小的，从窗侧面斜射过来的阳光	在东北，西北向墙面上设置比较理想	在夏季太阳在西北方向落下，所以在建筑物北面傍晚如果有遮阳的需要的话，垂直式遮阳也是很好的选择	
综合式	能有效遮挡中等太阳高度角从窗前斜射下来的阳光，遮阳效果均匀	适用于从东南向或西南向窗口遮阳，也适用于东北或西北向窗口遮阳	可调节的综合式遮阳有更大的灵活性，上下水平遮阳和左右垂直遮阳可以根据环境和需求倾斜角度	
挡板式	能有效遮挡高度角较小的，平射窗口的阳光	主要适用于东向、西向或接近该朝向的窗户	对视线和通风阻挡都比较严重，宜采用可活动或方便拆卸的挡板式遮阳形式	
百叶式	可以适用于大部分朝向的遮阳	适用于大部分朝向的遮阳	有较大的灵活性，适合各个朝向的遮阳	

综合各种因素，如果改造对于通风和视线有要求，则对于南向，水平式遮阳有效；对于东西向，垂直式遮阳更有效。典型遮阳改造方式如图 9.15 所示。

图 9.15 典型遮阳改造方式

9.2.4　地面节能改造

在建筑围护结构中,通过建筑地面向外传导的热(冷)量约占围护结构传热量的 3% ~ 5%,对于我国北方严寒地区,在保温措施不到位的情况下所占的比例更高。地面节能主要包括三部分:一是直接接触土壤的地面,二是与室外空气接触的架空楼板底面,三是地下室(±0 以下)、半地下室与土壤接触的外墙。与土壤接触的地面和外墙主要是针对北方寒冷和严寒地区,《夏热冬冷地区居住建筑节能设计标准》JGJ 134—2010 和《夏热冬暖地区居住建筑节能设计标准》JGJ 75—2012 中对土壤接触地面和外墙的传热系数(热阻)没有规定。

在以往的建筑设计和施工过程中,地面的保温问题一直没有得到重视,特别是寒冷地区和夏热冬冷地区不重视地面以及与室外空气接触地面的节能。如某夏热冬冷地区一办公综合楼工程,底层为架空停车场,二层以上为办公建筑。一般来说,在旧工业建筑再生利用过程中,对于直接接触土壤的非周边地面,不需要作保温处理;对于直接接触土壤的周边地面(即从外墙内侧算起 2.0m 范围内的地面),应该作保温处理;一般在地面面层下铺设适当厚度的板状保温材料,能够进一步提升厂房以内地面的保温性能。

用于地面的保温隔热的材料很多,按其形状可分为以下三种类型:

(1)松散保温材料

常用的松散材料有膨胀蛭石(粒径 3mm ~ 15mm)、膨胀珍珠沿、矿棉、岩棉、玻璃棉、炉渣(粒径 3mm ~ 15mm)等。

(2)整体保温材料

通常用水泥或沥青等胶结材料与松散材料拌合,整体浇注在需保温的部位,如沥青膨胀珍珠岩、水泥膨胀珍珠岩、水泥膨胀蛭石、水泥炉渣等。

(3)板状保温材料

常用的板状保温材料有聚苯乙烯板(XPS、EPS)、加气混凝土、泡沫混凝土板、膨胀珍珠岩板、膨胀蛭石板、矿棉板、岩棉板、木丝板、刨花板、甘蔗板等。

保温隔热材料的品种、性能及适用范围见表 9.7。

保温隔热材料的品种及性能　　　　　　　　　　　　　　　　表 9.7

材料名称	主要性能及特点
泡沫塑料	挤压聚苯乙烯泡沫塑料板(XPS)是以聚苯乙烯树脂或其共聚物为主要成分,添加少量添加剂,通过加热挤塑成形而制成的具有闭孔结构的硬质泡沫塑料板材; 表观密度 ≥ 35kg/m³,抗压强度 0.15MPa ~ 0.25MPa,导热系数 ≤ 0.035W/(m·K),具有密度大、压缩性高、导热系数小、吸水率低、水蒸气渗透系数小,很好的耐冻融性能和抗压缩蠕变性能等特点; 模压聚苯乙烯泡沫塑料板(EPS)是用可发性聚苯乙烯珠粒经加热预发泡后,再放入模具中加热成型而制成的具有微闭孔结构的泡沫塑料; 表观密度 ≥ 18kg/m³,抗压强度 ≥ 0.1MPa,导热系数 ≤ 0.041W/(m·K),具有质轻、保温、隔热、吸声、防震、吸水性小、耐低温性好、耐酸碱性好等特点

续表

材料名称	主要性能及特点
加气混凝土	加气混凝土是用钙质材料（水泥、石灰）、硅质材料（石英砂、粉煤灰、高炉矿渣等）和发气剂（铝粉、锌粉）等原料，经磨细、配料、搅拌、浇注、发气、静停、切割、压蒸等工序生产而成的轻质混凝土材料；表观密度 400kg/m³ ～ 600kg/m³，导热系数为 ≤ 0.03W/（m·K）
硬质聚氨酯泡沫塑料	硬质聚氨酯泡沫塑料是以多元醇／多易氰酸酯为主要原料，加入发泡剂，抗老化剂等多种制剂，在屋面工程上直接喷涂发泡而成的一种保温材料；密度 30kg/m³ ～ 40kg/m³，导热系数 < 0.03W/（m·K），压缩强度 > 0.15MPa，具有质量轻、导热系数小、压缩强度大等优点
泡沫玻璃	泡沫玻璃是采用石英矿粉或废玻璃经煅烧形成独立闭孔的发泡体；表观密度 ≥ 150kg/m³，抗压强度 ≥ 0.4MPa，导热系数 ≤ 0.062W/（m·K），吸水率 < 0.5%，尺寸变化率在 70℃经 48h 后 ≤ 0.5%，具有质量轻、抗压强度高、耐腐蚀、吸水率低、不变形、导热系数和膨胀系数小，不燃烧、不霉变等特点
微孔硅酸钙	微孔硅酸钙是以二氧化硅粉状材料、石灰等增强材料和水经搅拌、凝胶化成型、蒸压养护、干燥等工序制作而成；具有容重轻、导热系数小、耐水性好、防水性强等特点
泡沫混凝土	泡沫混凝土为一种人工制造的保温隔热材料：一种是水泥加入泡沫剂和水，经搅拌、成型、养护而成，另一种是用粉煤灰加入适量石灰、石膏及泡沫塑剂和水拌制而成，又称为硅酸盐泡沫混凝土；这两种混凝土具有多孔、轻质、保温、隔热、吸声等性能。其表观密度为 350kg/m³ ～ 400kg/m³，抗压强度 0.3MPa ～ 0.5MPa，导热系数在 0.088 ～ 0.116W/（m·K）之间

9.3 能源利用技术

大样能、风能、地源热泵等应用范围广泛，如天津天友绿色设计中心（见图 9.16）、上海花园坊节能环保产业园（见图 9.17）等。

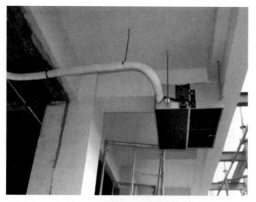 

图 9.16 天津天友绿色设计中心　　　图 9.17 上海花园坊节能环保产业园
　　（地源水环热泵）　　　　　　　　　（光伏发电设施）

9.3.1 太阳能利用

目前，太阳能利用技术主要是通过太阳能获得热能、电能、光能，进而为建筑的热水供应、采暖、空调以及照明提供能源支持，如图 9.18 所示。在旧工业建筑再生利用项目中，多采用太阳能热水系统、太阳能光伏发电系统、太阳能自然采光系统。

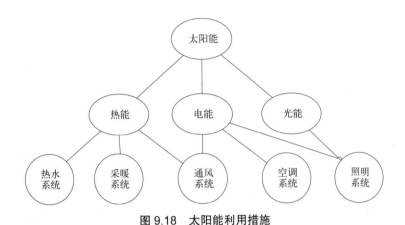

图 9.18　太阳能利用措施

（1）太阳能热水系统是通过一个面向太阳的太阳能收集器，利用此收集器直接对水加热，或加热不停流动的"工作液体"进而再加热水的装置。太阳能光伏发电系统是利用太阳能光电板将太阳辐射热直接转化为电能，以供建筑日常使用。

在旧工业建筑再生利用时，应保证太阳能热水系统、光伏发电系统的应用与旧工业建筑的改造保持一体化，如：构件一体化——将太阳能光电设备与建筑外构件结合在一起；表皮一体化——将太阳能光电板直接作为建筑皮贴在建筑外墙上；屋面一体化——由于屋面接受阳光最为充足，遮挡较少，将太阳能设备设置于建筑屋顶上。上海花园坊节能环保产业园内的太阳能热水设施，如图 9.19、图 9.20 所示。

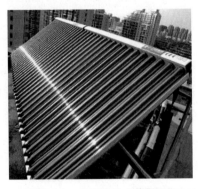

图 9.19　太阳能热水设施 -1　　　　图 9.20　太阳能热水设施 -2

（2）太阳能自然采光系统是通过各种采光、反光、遮光设施，将自然光源引入到室内进行利用，较为有效的方式主要有增大采光口（屋顶、侧窗）面积、反光板采光、光导管采光。

1）增大采光口面积要结合再生后的功能要求，合理设计采光口的数量和大小，适用于进深不是很大的旧工业建筑；对于进深大、跨度大的旧工业建筑，自然光不能满足室内深处的照明要求，则需要考虑加天窗或者高窗，但容易造成窗墙比例不协调、建筑造型呆板的问题，故适用性较低。同时，须注意采用屋顶采光时，要避免炎热时室内温度过高、寒冷时室内热量流失的问题。

2）反光板采光是利用光线反射原理来调节进入室内的阳光以达到改善室内天然光环境的目的，所以反光板一般被用来遮阳和将反射的光线引入到旧厂房的顶棚，以防止反光板表面的眩光对人眼的刺激。反光板材料的选择应该综合考虑其反射系数、结构强度、费用、清洁卫护方便性、耐久性以及建筑室内外造型美观等多种因素。

3）光导管采光方式分为主动式与被动式两种：被动式光导管是将光线通过采光罩采集之后，再经过光导管的反射，最终通过散光片均匀地分散到建筑的内部，但采光设备不能移动；主动式光导管是聚光器采光方向总是向着太阳，最大限度的采集太阳光。在实际的旧工业建筑再生项目中，由于主动式光导管聚光器工艺技术高，价格昂贵且维护困难，所以多采用被动式太阳能光导管。

9.3.2 风能利用

风能利用技术是利用风力机将风能转化为电能、热能、机械能等各种形式的能量，用于发电、提水、制冷、制热、通风等。旧工业建筑改造常用的风能利用技术有风力发电与自然通风。

（1）风力发电技术是利用垂直抽风机，风力带动风车叶片旋转，再通过增速机将旋转的速度提升，来促使发电机发电。因此，风力发电技术适用于风力能源充足地区的旧工业建筑，保证旧工业建筑与风力发电机组的有机结合，重点考虑风机供电能够满足建筑的电力需求。若风力发电机组安设在旧工业建筑顶部，则还应严格计算顶部附加荷载对整个旧工业建筑结构体系安全性的影响。

（2）旧工业建筑大体量的特性对其室内的自然通风和采光极为不利，同时也需要加强自然通风来排除建筑内部的湿气。自然通风就是利用自然的手段（风压、热压）来促使空气流动，引入室外的空气进入室内来通风换气，用以维持室内空气的舒适性，如图9.21、图9.22所示。

风压通风是风在运行过程中由于建筑物的阻挡，在迎风面和背风面产生压力差，由高压一侧向低压一侧流动，由迎风面开口进入室内，再由背风面的孔口排除，形成空气对流。其中，压力差的大小与建筑的形式、建筑与风的夹角以及建筑周围的环境有关。

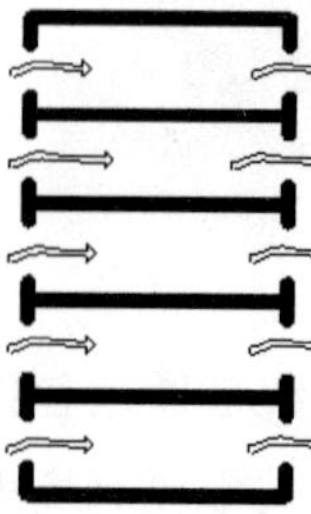

图 9.21　风压通风 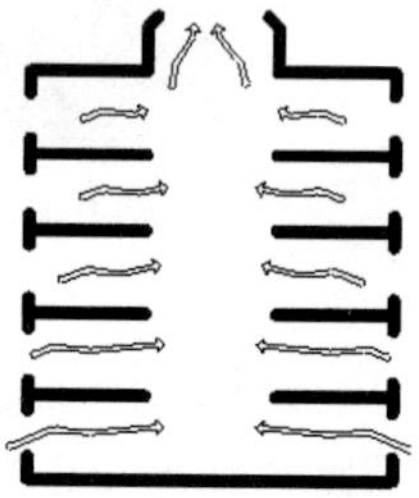　　　　图 9.22　热压通风

当风垂直吹向建筑的正立面时，迎风面中心处正压最大，在屋角和屋脊处负压最大。另外，伯努利流体原理显示，流动空气的压力随着其速度的增加而减小，从而形成低压区。根据这个原理，可以在建筑物局部留出横向的通风通道，当风从通道吹过时，会在通道中形成负压区，从而带动周围空气的流动。通风的通道在一定方向上封闭，而在其他方向敞开，从而明确通风方向，这种通风方式可以在大进深的建筑空间中取得良好的通风效果，是一种常用的建筑处理手段。

热压通风是由于室内外的温度差，即"烟囱效应"，来实现建筑的自然通风。空气密度存在差异，被加热的室内空气由于密度变小而上浮，从建筑上方的开口排出，室外的冷空气由于密度大从建筑下方的开口进入室内补充空气，促使气流产生了自下而上的流动。热压作用与进、出风口的高差和室内外的温差有关，室内外温差和进、出风口的高差越大，则热压作用越明显。因此，热压通风适用于室外风环境多变的地区，并且需保证室内外温差或进出口高差足够大，才可能实现。

一般地，在旧工业建筑再生利用过程中，风压通风和热压通风常常是互相补充、相辅相成的。在进深较大的部位采用热压通风，在进深小的部位采用风压通风，从而达到良好的通风效果。

9.3.3　地源热泵利用

地源热泵技术是一种利用浅层地热资源的、既可供热又可制冷的高效节能空调技术。由于全年地温波动小，冬暖夏凉，因此可分别在冬季从土壤中采集热量，提高温度后供给室内采暖；夏季从土壤中采集冷量，把室内多余热量取出释放到地能中去。地源热泵的工作原理是：冬季，热泵机组从地源（浅层水体或岩土体）中吸收热量，向建筑物供暖；夏季，热泵机组从室内吸收热量并转移释放到地源中，实现建筑物空调制冷。根据地热交换系统形式的不同，地源热泵系统分为地下水地源热泵系统、地表水地源热泵系统和地埋管地源热泵系统，如图9.23、图9.24所示。

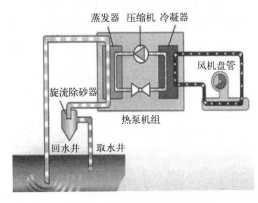

图 9.23　地源热泵工作原理

图 9.24　分体式热泵机组

常见的地源热泵形式见表 9.8，其中，地下水热泵系统要求建筑地下水源稳定，河湖水源热泵系统则要求建筑临近江河、湖泊，土壤热泵系统虽无特定的地理位置要求，但造价较高。因此，在旧工业建筑再生利用时，应结合建筑的功能定位与能源需求，重点考虑热泵系统的采用是否经济合理。此外，由于热泵系统为地下设施，其运营过程中若发生故障则不利于问题的快速排查且维修费用较高，所以应严格控制地源热泵系统的建造质量，并配设精准的故障报警系统。

地源热泵利用技术比较 表 9.8

名称	特点
地下水热泵	占地面积小，要求保证机组有正常运行的稳定水源，温度范围在 7℃～21℃，需要打井，为保持地下水位需要注意回灌，从而不破坏水资源
河湖水源热泵	投资小，水系统能耗低，可靠性高，且运行费用低，但盘管容易被破坏，机组效率不稳
土壤热泵	垂直埋管系统占地面积小，水系统耗电少，但钻井费用高；水平埋管安装费用低，但占地面积大，水系统耗电大

9.4 资源循环利用技术

废旧材料再利用技术、水资源再利用技术应用范围广泛，如：成都市东郊记忆再生利用项目（见图 9.25）、上海花园坊节能环保产业园（见图 9.26）、西安市老钢厂创意产业园、南京市无为文化创意产业园再生利用项目、合肥市香樟 1958 再生利用项目等。

图 9.25 成都市东郊记忆再生利用项目
（废旧料再利用）

图 9.26 上海市花园坊再生利用项目
（雨水回收模型）

9.4.1 废旧材料再利用

除了对原结构的利用，旧工业建筑再生利用项目还应注重对废旧材料的回收再利用，通过在施工现场建立废物回收系统，再回收或重复利用拆除时得到的材料，可减少改造时材料的消耗量，也可减少建筑垃圾，降低企业运输或填埋垃圾费用。旧工业建筑再生时，废旧材料再利用方式可分为建筑废旧材料再利用与设备废旧材料两种。

(1) 旧工业建筑废旧材料再利用

以废旧建筑材料利用程度的高低和对环境影响的优劣作为标准，可以将废旧建筑材料的利用方式进行层次划分，各种处理方法对应不同的利用层次。对于废旧建筑材料的处理，最优方法应该是从源头消除或减少废旧建筑材料的产生，如果无可避免地要产生废旧建筑材料，首先应考虑直接对废旧材料或构件进行回收利用；如果材料或构件因为损坏、变形等种种原因不能继续使用，则可以将其粉碎成原材料进行再生利用；如果粉碎成原材料并不能被很好地利用，就可以采用焚烧的方法以获取其化学能量；如果不能焚烧，则采用填埋的方法对其进行处理。旧工业建筑废旧材料的处理层次见表 9.9。

旧工业建筑废旧材料的处理层次 表 9.9

处理层次		处理要点
低	消除或减少废旧建筑材料的产生	在设计中考虑建筑的适应性和耐久性以及建筑的拆解； 建造过程中充分利用建筑材料
	废旧材料的回收利用	对结构进行拆解获取构件及材料； 回收利用废旧建筑材料用以新的建设之中
	废旧材料的再生利用	用于制造价值较原产品高的产品的原材料（升级利用）； 用于制造价值与原产品相同产品的原材料（平级利用）； 用于制造价值较原产品低的产品的原材料（降级利用）
高	焚烧	获取焚烧物中的化学能量

旧工业建筑废旧材料中再利用最多的是保存完好的旧砖块，旧砖块经过去除砂浆、砖面清理后，可用于建筑洞口的修补，以满足部分项目"修旧如旧"的理念；也可利用旧砖块本身的年代痕迹，建造独特的立面景观效果。

(2) 旧工业设备废旧材料再利用

旧工业设备废旧材料再利用主要是将废旧设备从艺术景观角度进行处理，对于大型废旧设备，可在不影响建筑改造与改造后建筑使用的情况下，予以适当的保留，沈阳市工业展览博物馆再生利用项目设备再利用如图 9.27 所示；对于小型设备的废旧材料，则可通过艺术重组的方式，作为园区景观特色，如图 9.28 所示。

在建筑结构的拆除工程中，对没有受到损害或者受损较小仍然可以使用的设备和构件，可以进行回收利用。废旧建筑设备、构件的回收不仅可以减少新材料的使用和节约加工成本，还可以保存建筑设备构件中的固化能量。建筑中的固化能量可以被定义为建筑建造过程中所需要的所有能量，包括建造施工过程中直接所需要的能量以及制造设备和构件所产生的间接能量。旧工业设备废旧材料种类较多，再生利用方式多种形式，见表 9.10。

图 9.27　废旧大型设备景观利用

图 9.28　小型设备废艺术重组

旧工业设备废旧材料再生利用方法及发展情况　　　　　　　　　　　　表 9.10

材料种类	常用方法	发展现状
废旧金属	通过回收站送往钢筋加工厂进行回炼，废钢丝、铁丝、电线和各种钢配件经过分拣、集中、回炉再造，可加工成各种规格的钢材；钢渣制作成砖和水泥	没有按牌号对废旧钢铁进行分选储存，影响重熔品质，回收利用技术科技含量低，鉴别手段陈旧，再生利用品质受影响
废旧木材	制造人造板、细木工板、不易开裂的承重构件、与废旧塑料复合生产木塑复合材料；化学改性后可制取强度高、抗腐蚀性强、制造成本低的氨essed木材	重视程度不够，未形成回收利用体系，技术设备落后
废旧玻璃	可制作成装饰板、玻璃布、水泥瓦骨料、纱布、砂纸、人造大理石板、地面砖、马赛克等建筑用板材	废弃玻璃比重大，回收率低，发展潜力大
废旧混凝土	混凝土可用于回填、加固软土地基，可用于制作砌块、砖铺道、化格砖等建材，将废旧混凝土和废黏土砖特殊处理后可作为橡胶填料、保温节能材料	国内对再生混凝土的研究起步比较晚，还处在试验阶段，目前我国再生混凝土一般仅用于非承重结构
废旧砖、石材料	用于加固软土地基，制作砌块、保温材料等，土壤改良、绿化种植、景观美化都有应用	体量大，用途广
废旧碳纤维	物理回收：将复合材料用物理的方法碾碎，压碎制成颗粒，细粉可用作建筑填料、铺路材料、水泥原料或者高炉炼铁的还原剂等；化学回收：利用化学改性或分解的方法使废弃物成为可以回收利用的其他物质	碳纤维作为高强韧复合材料的增强纤维，被越来越多地运用到了建筑领域，国内外对废旧碳纤维的再生利用方法主要有两种：物理回收、化学回收
其他废弃物	废旧橡胶可以用来制作再生胶、炭黑，可以处理成胶粉用于生产胶粉改性沥青，并可以制作橡胶改性混凝土	

9.4.2　水资源再利用

　　由于时代因素，大量旧工业建筑在建设之初基本未考虑水资源综合使用的问题，自来水消耗量较大，所以在旧工业建筑改造时，可采用水资源再利用系统，针对不同的使用用途对不同的水资源加以利用，比如绿化、洗车、冲厕可以使用无害化处理的循环水。旧工业建筑再生利用项目，水资源再利用主要涉及雨水利用与中水利用。

雨水利用技术是将雨水经过蓄积、处理、过滤后用于生产生活用水的设备与方法，雨水收集原理图如图 9.29 所示。收集到的雨水通过净化处理之后，可直接用于绿化和冲厕等，还可通过雨水的渗透直接补充地下水。但由于受到季节和地域的影响，雨水收集具有不稳定性，所以雨水利用技术更适合用于雨水量充沛地区。

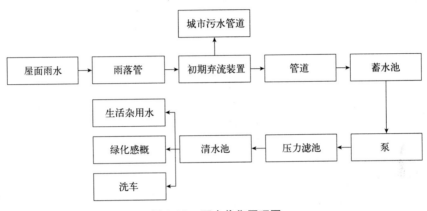

图 9.29　雨水收集原理图

（1）雨水收集技术

常有的汇流面有屋面、路面、地面、绿地等。收集的雨水除受降水量控制外，汇流面大小和汇流效率是决定因素。雨水收集技术是控制源头水质，提高汇流效率的技术。屋面收集的雨水相对洁净，收集效率高，易实现重力流，是良好的回用水源，应当优先收集；屋顶雨水收集技术主要由屋面、汇流槽、下落管和蓄水设施组成。路面属于不透水面积，收集效率较高，由于旧工业厂房多用于加工制造，其道路雨水污染严重，一般不予收集再利用。绿地雨水径流量小，以渗透为主。

（2）雨水处理技术

由于雨水的水量和水质变化较大，根据用途的不同所要求的水质标准和水量也不同，所以雨水处理的工艺流程和规模应该依据水资源回收再利用的方向和水质要求、可用于收集的雨水量和水质特点，拟定处理工艺和规模，进行经济性分析后确定。工艺方法可采用物理法、化学法、生物法和多种工艺组合，见表 9.11。

常见的雨水处理技术　　　　　　　　　　　　表 9.11

方法	工艺流程	适用范围
物理化学法	屋面雨水→筛滤网→初期雨水→蓄水池自然沉淀→过滤→消毒→储水池	雨水的可生化性较差，通常在雨水负荷大时采用
深度处理技术	混凝过滤→浮选→生物工艺→深度过滤	对水质有较高的要求时
自然净化技术	应用土壤学、植物学、微生物学基本原理	绿化、景观要求高的建筑区域

其中自然净化技术应用土壤学、植物学、微生物学基本原理，完成雨水的净化，通常与绿化、景观相结合，是一种投资低、节能、适应性广的雨水处理技术。几种常见的自然净化技术见表9.12。

几种常见的自然净化技术 表9.12

名称	作用机理	节能效果
人工植土壤—植被渗透技术	通过微生物生态系统净化功能来完成物理、化学、物理化学以及生物技术	土壤颗粒的过滤、表面吸附、离子交换、植物根系和土壤对污染物的吸收分解
雨水湿地技术	通过模拟天然湿地的结构和功能，建造类似沼泽地的地表水体	实现雨水净化，改善景观
雨水生态塘	能调蓄雨水的天然或人工池塘	生态净化功能

（3）雨水渗透技术

雨水渗透是一种间接的雨水处理技术，它具有技术简单、设计灵活、便于施工、运行方便、投资额小、节能效益显著等优点。雨水渗透具有补充滋养地下水资源，改善生态环境，缓解地面沉降等效益。根据方式不同，可分为分散渗透技术和集中回灌技术两大类；也可分为人工强制渗透和自然渗透。分散式渗透因地制宜，设施简易，能够减轻雨水收集及输送系统的压力，补充地下水，充分利用表层植被和土壤的净化功能，减少径流带入水体的污染物。集中式深井回灌容量大，可直接向地下深层回灌雨水，但对地下水位、雨水水质有更高的要求。各种渗透设施基本情况见表9.13。

各种渗透设施优缺点及适用范围 表9.13

名称	主要优点	局限性	适用范围
低势绿地	透水性好、就地取材、节省投资	渗透流量受土壤性质限制	有绿地分布的厂区或建筑
人造透水地面	利用表层土壤净化能力，技术简单，便于管理	受土质限制，需较大透水面积，调蓄能力低	改造后停车场、步行道、广场等
渗透管沟	占地面积少，调蓄能力强	堵塞后清洗困难，无法利用表层土壤的净化能力	旧排水管线的改造利用、雨水水质好、空间狭窄等
渗透井	占地面积小，便于集中管理	净化能力差，水质要求高，要求预处理	地面可利用空间小，表层渗透性差而下层渗透性好
组合渗透设施	取长补短，效果显著	可能相互影响，占地面积大	工程条件复杂的地区

中水利用是将生活用污水、优质杂排水等经过净化处理之后达到一定标准的非饮用水用于冲厕、景观、绿化、洗车等用水方面，如图9.30所示。

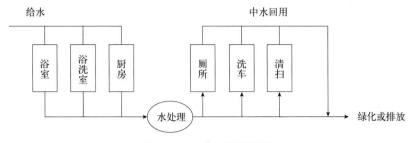

图 9.30　中水利用原理图

第 10 章 BIM 技术的应用

10.1 BIM 技术应用概述

10.1.1 BIM 技术应用相关概念

（1）BIM 技术

BIM（Buliding Information Modeling，建筑信息模型）技术是利用计算机软件将各专业、各阶段建筑信息以数字模型来模拟建筑的建设和运营过程，它是丰富的数据库、面向对象、智能化和数字化参数为代表特点的信息模型，其数据的提取和分析贯穿于建筑全生命周期过程，实现项目设计、建造和运营阶段的集成协同管理。如图 10.1 所示。

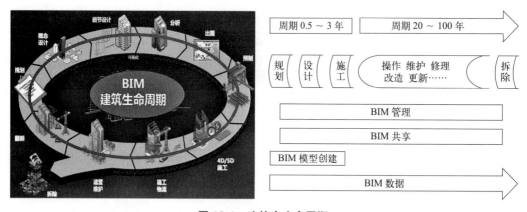

图 10.1　建筑全生命周期

（2）BIM 技术特点

1）可视化。利用 BIM 技术创建的三维模型，可视化程度高，便于项目各参与方、各专业班组之间进行信息的沟通，保证决策的准确性和实施的快速性。

2）协调性。BIM 可将团队内多个成员协调在一起工作，通过数据共享，构建起统一、直观的三维协同环境，能有效避免因误解或沟通不畅造成的错误，从而提高质量和效率。

3）模拟性。模拟性可以模拟设计的建设项目模型，并且模拟在真实环境中无法操作的事物。

4）优化性。通过信息集成管理对项目目标主动控制，动态优化，进而提高工程设计、施工和维护管理的质量、工作效率和管理水平，体现信息对工程项目服务的动态优化性。

5）出图性。BIM 建模软件可以直接在三维数字平台中建立建筑模型，并提供基于建筑信息模型本身生成的二维图纸及统计表的输出功能，可有效减少建筑师绘制二维施工图纸的工作量。

（3）BIM 应用软件

在实际操作中，根据项目的特点和 BIM 团队的实际能力，正确选择适合使用的 BIM 软件。核心 BIM 建模软件见表 10.1。

常用 BIM 建模软件　　　　　　　　　　　　　　　　表 10.1

生产商	Autodesk	Bentley	Nemetschek GraPhisoft	Gery Technology
软件产品	Revit Architecture Revit Structure Revit MEP	Bentley Architecture Bentley Structural Bentley Mechanical Systems	AichiCAD All Plan Vector Works	Digital Project CATIA
应用	多用于民用建筑	多用于工厂设计和基础设施	多用于单专业建筑	多用于异形项目

各类 BIM 软件类型及主要产品见表 10.2。

BIM 软件主要产品一览表　　　　　　　　　　　　　表 10.2

序号	BIM 软件类型	主要软件产品	国产软件情况
1	关键建模软件	Revit Architecture/Structure/MEP Bentley Architecture/Structural/Mechanical AichiCAD，Digital Project	—
2	方案设计软件	Onuma，Affinity	—
3	与 BIM 接口的造型软件	Rhino，Sketchup，FormZ	—
4	持续分析软件	Ecotech，IES，Green Buliding Studio	PKPM
5	机电分析软件	Trane Trace，Design Master IES Virtual Environment	博超，鸿业
6	结构分析软件	ETABS，STAAD，Robot	PKPM
7	可视化软件	3DSMAX，Lightscape，Accurender，Artlantis	—
8	模型检查软件	Sloibri	—
9	深化设计软件	Tekla structual（Xsteel）	探索者
10	模型综合碰撞检查	Navisworks，Projectwise Navigator，Sloibri	—
11	施工计划管理软件	Tekla Structures，SynchroProfessional	鲁班，广联达
12	造价管理软件	Innovaya，Sloibri，QTO，Dprofiter，Visual Applications，Vico Takeoff，Manager	鲁班，广联达， 斯维尔

序号	BIM 软件类型	主要软件产品	国产软件情况
13	加工图和预制加工软件	CADPIPE，Commercial Pipe，Rerit MEP，SDS/2，Fabrication for，AutoCAD MEP	建研院，浙大，同济等研制的空间结构和钢结构软件
14	运营管理软件	Archibus，Navisworks	—
15	发布和审核软件	PDF，3D PDF，Design Review	—

BIM 软件在工程施工阶段应用点及推荐软件见表 10.3。

施工阶段应用点及推荐软件　　　　　　　　　　表 10.3

序号	实施方	应用点	应用具体内容	推荐软件
1	施工单位	工期进度模拟	施工总工期与施工进度的模拟	Revit，Navisworks
2		施工建模	持续在施工图模型的基础上进行模型深化，并加载施工信息，直至形成竣工模型	Revit
3		施工方案模拟、优选	同施工方案演示，多施工方案演示，后进行人工比选	Revit，Navisworks，Delmia
4		施工方案演示	某一阶段/节点施工方案的演示	Revit，Navisworks，Delmia
5		深化模型碰撞检查	辅助深化设计后 3D 协调问题	Revit，Navisworks
6		工程量统计	可进行匡算，但如要精确计算，尚有难度，需要与专业的算量软件有接口，因其有专门的计算规则	鲁班

10.1.2　BIM 技术应用主要内容

（1）BIM 技术在建筑工程全领域的应用

项目涉及从规划、设计、施工到交付使用全过程的各个阶段。BIM 技术支持工程建造中从策划到运营的各阶段，如图 10.2 所示，主要支持内容体现为以下两方面。

一方面，BIM 技术降低了工程建造各阶段的信息损失，成为解决信息孤岛问题的重要支撑。在传统信息创建和管理方式下，工程建造全生命周期信息在各个阶段的传递过程中不断地流失，形成各个阶段的信息孤岛。而 BIM 遵循着"一次创建，多次使用"原则，基于 BIM 的数字建造，既包含着对前一阶段信息的无损利用，也包含着新信息的创建、补充和完善，这些过程体现为一个增值的过程。

另一方面，BIM 技术成为支撑工程施工中的深化设计、预制加工、安装等主要环节的关键技术。目前国内 BIM 技术在工程施工阶段的应用主要集中在施工前的 BIM 应用策划与准备，面向施工阶段的深化设计与数字化加工、虚拟施工，施工现场规划以及施工过程中进度、成本控制等方面。

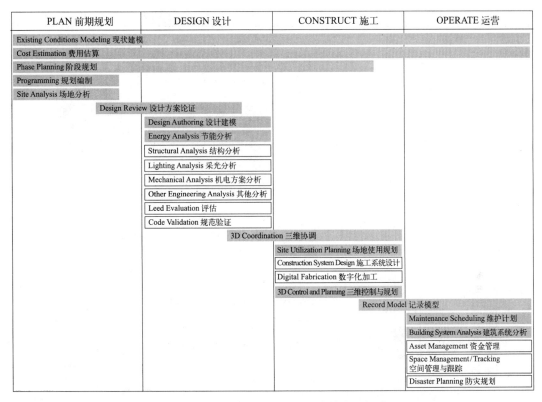

PLAN 前期规划	DESIGN 设计	CONSTRUCT 施工	OPERATE 运营
Existing Conditions Modeling 现状建模			
Cost Estimation 费用估算			
Phase Planning 阶段规划			
Programming 规划编制			
Site Analysis 场地分析			
Design Review 设计方案论证			
	Design Authoring 设计建模		
	Energy Analysis 节能分析		
	Structural Analysis 结构分析		
	Lighting Analysis 采光分析		
	Mechanical Analysis 机电方案分析		
	Other Engineering Analysis 其他分析		
	Leed Evaluation 评估		
	Code Validation 规范验证		
	3D Coordination 三维协调		
		Site Utilization Planning 场地使用规划	
		Construction System Design 施工系统设计	
		Digital Fabrication 数字化加工	
		3D Control and Planning 三维控制与规划	
		Record Model 记录模型	
			Maintenance Scheduling 维护计划
			Building System Analysis 建筑系统分析
			Asset Management 资金管理
			Space Management/Tracking 空间管理与跟踪
			Disaster Planning 防灾规划

图 10.2　BIM 在工程建造过程中的应用领域

(2) BIM 技术在旧工业建筑再生利用中的应用背景

旧工业建筑再生利用是当今社会经济发展转型的产物,深刻影响着城市经济、文化以及工业的发展。若对旧工业建筑进行拆除,必然会排放大量污染物,导致温室效应的加剧,而重建的过程又会造成二次污染的排放。另外,在拆除及重建的过程中也会产生噪音污染和空气污染等。因此,进行旧工业建筑再生利用,不仅能够减少资源浪费,又能保护环境,促进社会可持续发展。

BIM 技术的应用恰好迎合了当前旧工业建筑再生利用的自身特点和需求,可以解决旧工业建筑再生利用中的各种障碍,不仅满足外在因素的诉求,亦能解决内在需求。BIM 在不同类型建筑中的良好应用,为旧工业建筑再生利用这一特殊建筑类型的应用与发展打下了良好的基础。同新建项目相比,旧工业建筑再生利用具有以下难点:

1) 旧工业建筑再生利用的制约因素

从建筑全生命周期的角度观察,可以将建筑的"一生"分为规划立项、建筑设计、施工、运营管理和加固改造等几个阶段。与新建筑截然不同的特殊之处在于旧工业建筑再生利用不是完形设计,它是在建筑交付开始使用后,直到建筑出现不可逆的退化之前的再设计及再建造活动。其特殊性首先体现在施工阶段中特有的制约因素,旧工业建筑需要应对的是场地及场地之上现有的建筑实体的制约,包含原有建筑的场地位置、建筑结构、材质、空间布局等。因此，怎么利用这些复杂条件和制约因素进行再生利用，缺乏有效的施工方法，而运用 BIM 技术能有效解决此类问题，如图 10.3、图 10.4、图 10.5 所示。

图 10.3　BIM 可视化与协同设计

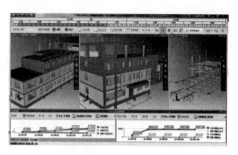

图 10.4　施工进度模拟

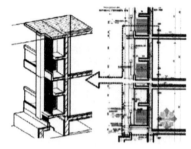

图 10.5　BIM 模型可出图性

建筑物的寿命，大致等同于其结构寿命，而建筑系统的构件、机电系统、装饰系统及固定装置等的寿命都小于结构系统。对于旧工业建筑再生利用，不仅需要旧工业建筑的信息，也要预测再生利用后使用运营的情形，所以再生利用是 BIM 在建筑全生命周期内价值的一个集中体现。如果进行旧工业建筑再生利用之前就拥有丰富信息的 BIM 模型，那对再生利用项目节能、降低能耗将会产生巨大的绿色效益。BIM 模型的丰富信息和可视化功能，可运用"再生利用"来提升建筑绩效，包括延长设备寿命、提升使用效率、改善空间、节省能耗等。

2）旧工业建筑再生利用的不确定性

旧工业建筑进行再生利用时，由于旧工业建筑一般都经过长时间的使用，原始图纸年代较远，有的是手绘图，有的各专业图纸不全，有的在建设、使用过程中的一些修改没有在图上体现。不仅如此，可变性和不确定性一直伴随着旧工业建筑再生利用设计初期阶段，特别是对于内在的裂缝、关键性的隐蔽工程（如管线走向）从表面上难以全权掌握，且现状管线路由、设备位置必然与图纸会有出入，许多问题需要拆除作业之后才能发现。而这些情况有可能导致原有的设计方案在施工上不能实现，造成工程的延误和浪费，存在这些困难的根本原因源于信息技术发展的时代局限性，而运用 BIM 技术能有效解决此类问题，如图 10.6 所示。

而基于 BIM 技术可视化的优点可以虚拟建筑环境，建筑及其结构、内部管线等都以仿真的形式呈现在设计人员面前，当改建或二次装修的时候设计师可清晰地看到建筑外部与内部是否统一、结构或设备管线是否顺畅。这种对建筑信息模型分层次、分系统的可视化功能，可有效地发现错误，及时修改以避免施工阶段的设计变更。在建筑改造过

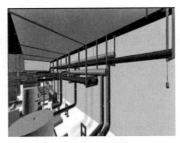

(a) BIM 管线可视化 -1　　　　(b) BIM 管线可视化 -2　　　　(c) BIM 管线可视化 -3

图 10.6　BIM 管线可视化展示

程中，BIM 技术就像是一台功能齐全的病情探测仪器（CT），管道是否有交叉，设计是否有缺陷，以前只能通过看俯视图、剖面图和施工管理人员的经验去分析，经常会出现偏差。

3）旧工业建筑再生利用复杂专业间的矛盾性

旧工业建筑再生利用的特殊性决定了这是典型的多学科、多专业协作的复杂性设计研究建造活动，需要各设计人员的密切配合、共同协作，其设计流程与普通的新建建筑相比要复杂得多，涉及改造过程的方方面面，任何因素都会对旧工业建筑再生利用产生影响。

旧工业建筑再生利用的属性是复杂的，从学科构成上看，它是科学技术和艺术的结合，涉及的学科门类十分广泛，除了与建筑专业关系密切的结构、室内、景观、暖通等专业学科，还包括测绘学、材料学等专业学科。然而它缺少科学的理论体系与支撑，缺少与其他学科对话的平台。由于旧工业建筑再生利用涉及专业和相关领域较多，各专业之间的协调配合成为了再生利用项目成败的关键。不同专业学科之间必须进行密切、高效的信息交流与沟通，才能最大限度地保证旧建筑改造设计的顺利进行。

旧工业建筑再生利用还存在设备综合这个难以避免的问题，年代原因造成建筑层高不足，以及一些无法满足当前需要的平面布局，要实现更好的室内设计效果，需要水、暖、电各专业设备密切配合。BIM 提供一个在三维空间模拟关系综合的平台，各专业可以在三维模型中进行改造设计。

10.1.3　BIM 技术应用一般流程

为解决当前旧工业建筑再生利用过程中存在的上述问题，引入 BIM 技术。应用 BIM 技术对旧工业建筑建立三维模型，以数字化形式整合旧工业建筑信息，实现对旧工业建筑的直观展示和建筑信息的电子化综合管理，提升信息存储安全和信息利用率。在再生利用过程中，利用该信息模型能够确保信息精度，集成数据模型能够实现再生利用过程中各专业、各阶段的信息共享，提高改造效率、缩短建筑改造周期、优化建筑再生利用后的使用性能。例如，BIM 模型包含设施内所有系统、设备的准确布置及相关技术信息，可大大降低在运维管理过程中查询、定位及查找设备相关信息等过程中所消耗的人力成本。此外，基于 BIM 技术的旧工业建筑数据模型，能够为建筑安全检测、维修维护、加固及改建等工作提供精确的建造数据和历史维护信息记录，增强建筑的可持续性，如图 10.7 所示。

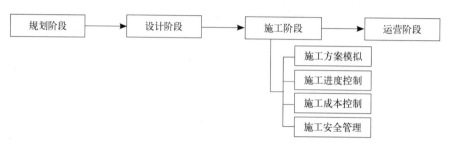

图 10.7　BIM 技术应用一般流程

（1）规划阶段

在项目规划阶段，利用 BIM 技术可以进行可视化规划景观模拟及规划微环境模拟分析及评估。包括建筑物空间结构的日照关系、风环境、空间景观的可视度和噪声分析等。

1）项目三维景观分析。根据项目规划平面图、功能分区、户型等参数，应用 BIM 软件，建立可视化 3D 模型，全方位、多角度模拟建筑设计效果，比较全面地评估任意位置的景观可视度，并对项目建筑位置、户型等进行分析调整。

2）项目环境日照分析。根据项目所在地区气象数据参数，计算获取设计方案的日照结果、太阳辐射强度和面积、建筑最佳朝向等，并针对某一天日照的阴影情况，优化和调整楼宇之间的位置、高度和体形，如图 10.8 所示。

3）项目风环境分析。通过对风环境空气龄、风速和风压模拟分析，得出空气流动形态，通过调整建筑设计的朝向、造型、自然通风组织等，提高空气质量，如图 10.9 所示。

4）项目环境噪声分析。考虑项目周边已存在的较大噪声源进行分析模拟，对受噪声影响比较大的部位，采取隔声措施，改善项目噪声环境。环境噪声分析如图 10.10 所示。

5）项目环境温度分析。项目环境温度分析，包括项目小区区域内、室内的温度分析和空气流动。通过 BIM 模拟分析热环境，进而设计出合理的建筑舒适环境。

图 10.8　项目环境日照分析

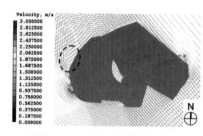

图 10.9　项目风环境分析

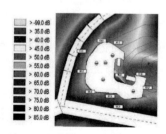

图 10.10　项目环境噪声分析

（2）设计阶段

在设计阶段，利用 BIM 技术可以进行三维协同设计、BIM 管线综合、结构力学分析、设计概预算信息统计等。

1）三维协同设计。基于 BIM 平台，建筑、结构、安装等专业基于同一模型进行工作，实现三维集成协同设计，及早发现各专业设计中的问题，进而优化设计，保证设计成果的一致性，如图 10.11、图 10.12 所示。

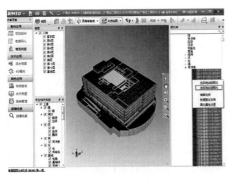

图 10.11　BIM 建筑模型 -1

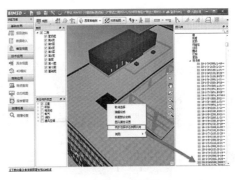

图 10.12　BIM 建筑模型 -2

2）BIM 管线综合。给排水、暖通、电气照明等机电设备专业设计中要重点考虑管线设备的安装顺序和安装空间。基于 BIM 平台，通过碰撞检测功能进行各专业管线碰撞检测，提高设计的质量和效率，如图 10.13 所示。

3）结构力学分析。在结构设计完成之后，基于 BIM 结构模型，进行结构建模和计算、规范校核。

图 10.13　BIM 管线碰撞

4）设计概预算信息统计。基于 BIM 结构模型，生成工程量清单和概算造价，进行结构用料信息的显示和查询。

（3）施工阶段

在施工阶段，利用 BIM 技术可以进行施工方案模拟、进度控制、成本控制、安全管理、设计变更管理、施工过程工程资料记录，形成 BIM 竣工模型。

1）施工方案模拟。在工程的关键控制点、特殊施工环节实施前，运用 BIM 系统三维模型进行虚拟指导施工模拟，展示工艺流程和操作方法，给施工技术人员、管理人员、操作人员进行可视化的三维模型技术交底。

2）施工进度控制。根据资源限制和总工期需求，考虑施工方案、流水段划分、施工工艺，进行 WBS 工程结构分解，编制建设项目和单项工程基于层、段、组合类型的施工进度计划，对接项目 BIM 模型，建立 4D 可视化模型和施工进度计划，如 10.14 所示。

3）施工成本控制。基于 BIM 技术的 5D 施工成本模拟，可以随时查看任意部位进度、资源、成本、资金的情况，进行多角度进度管理模拟以及成本、资源的多角度分析。提供项目进度控制、计量支付、变更控制，如图 10.15 所示。

4）施工安全管理。对项目重点控制的安全部位，如脚手架工程、高架大跨模板支撑系统工程等，利用 BIM 模型进行安全施工模拟、安全操作交底。

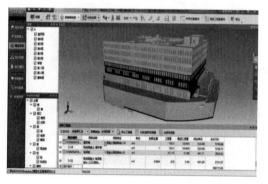

图 10.14　施工进度模拟资金资源计划图

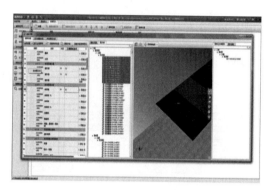

图 10.15　进度管控模拟

5）工程变更管理。基于 BIM 模型，对设计变更部分满足工程量统计分析，满足工程量查询、统计、对比分析应用，如图 10.16 所示。

6）施工过程资料记录，形成 BIM 竣工模型。跟踪、记录施工过程，及时更新 BIM 信息，形成 BIM 竣工模型，如图 10.17 所示。

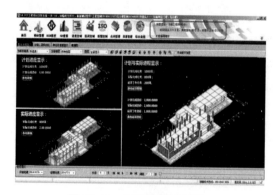

图 10.16　工程量分析模型

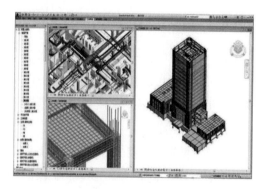

图 10.17　BIM 钢筋工程

（4）运营维护阶段

在工程建设运营维护阶段，现代物业必将建立在 BIM 信息建成的基础之上，利用 BIM 技术主要可以进行可视化的设备维护管理、设备应急管理、物业租赁管理等。

10.2　施工图深化设计

10.2.1　深化设计管理

　　基于 BIM 的施工总平面布置可结合施工组织计划方案，合理规划建筑材料堆放位置、进场时间、单次采购数量、进场顺序以及场地内道路流线方向，并进一步优化临时设施和水电管线的布置，在保证满足施工要求的同时提高临时设施的利用率。基于 BIM 的施工总平面布置可以在项目初始阶段利用积累的历史数据资料，协助施工组织设计人员快速优化施工场地布置，基于 BIM 的深化设计管理流程如图 10.18 所示。

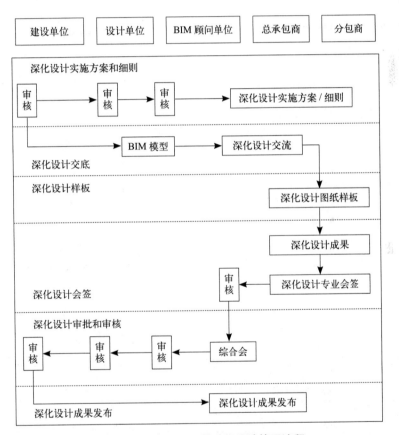

图 10.18　基于 BIM 的深化设计管理流程

10.2.2　钢结构深化设计

　　钢结构是主要建筑结构类型之一，越来越多地应用在民用、工业领域，如大跨度厂房屋架、构筑物烟囱钢内筒、钢平台等。对于旧工业建筑再生利用项目，钢结构深化设计工作也面临困难，钢结构施工需要更有效的技术力量作为支撑去满足实际需要。实践证明，BIM 技术可以实现设计优化等目标，本节就以下某实例进行论述。

（1）BIM 设计优化在管桁架结构中的应用

桁架结构是指由杆件在端部相互连接而组成的结构，管桁架即是指结构中的杆件均为圆管杆件。管桁架中的杆件大部分情况下只受轴线拉力或压力，应力在截面上均匀分布，因而容易发挥材料的作用，这些特点使得管桁架结构用料经济，结构自重小，利用大跨度空间管桁架结构，可以建造出各种体态轻盈的大跨度结构。在旧工业建筑再生利用项目中，涉及屋盖结构体系老化更换的施工项目，有着广泛的应用前景。以某桁架钢屋架工程为例，采用 Tekla Structures 软件说明 BIM 技术在管桁架设计优化中的应用。

（2）采用 Tekla 建立三维模型

钢结构专业施工单位的技术人员采用 Tekla Structures 建立三维模型，并结合专业知识和现行相关规范，建立准确、合理的整体三维模型和节点模型，如图 10.19、图 10.20 所示。

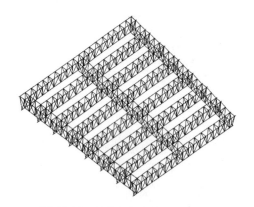
图 10.19　某桁架钢屋架三维模型

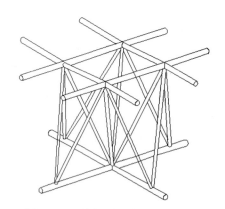
图 10.20　某桁架钢屋架细部节点

（3）放样

桁架支管与弦杆相贯节点如按传统方法放样，由于各构件角度不同、位置不同，工程量极大，正确率难保证。应用 BIM 模拟系统节点，计算机代替人工做大量计算，轻松完成切割放样，实现批量操作，极大地减少技术人员工作量和出错率。

（4）出图

对于大型管桁架，其支管、斜撑数量众多，采用传统 CAD 或手工绘画出图，工作量大，工作繁琐且极难检查。为了更高效、准确地解决这一难题，"减少中间环节"则成为技术人员探索的关键。Tekla Structures 中建立的已经切割完成的模型，可自动生成深化图纸，如图 10.21 所示。

（5）基于 BIM 设计优化模型的工程量计算

传统工程量计算困难的原因是数据量大，构件实际长度计算复杂，各种拆分、汇总种类多。基于 BIM 建立的 Tekla 工程模型配备完善的型材截面数据库，建立模型的同时已经将构件信息保存，可自动生成工程量及各种报表。

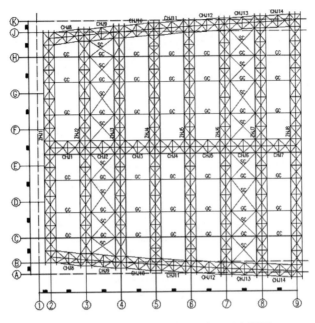

图 10.21　软件自动生成的构件平面布置图

10.2.3　机电深化设计

对于建筑企业来说，机电设备安装工程是最容易造成经济损失的。规模越大的项目，设备管线越多，管线错综复杂，碰撞冲突也就越容易出现，返工的可能性就越大，对工期、经济造成很大损失。随着 BIM 技术的发展，越来越多的机电工程开始利用 BIM 技术解决这些难题。BIM 机电深化设计应用流程如图 10.22 所示。

基于 BIM 的机电深化设计应用点主要包括以下内容：

（1）模型搭建

BIM 模型是设计师对整个设计的一次"预演"，建模的过程同时也是一次全面的"三维校审"过程。BIM 技术人员发挥专业特长，在此过程中可发现大量隐藏在设计中的问题，这点在传统的单专业校审过程中很难做到。经过 BIM 模型的建立，能使隐藏问题无法遁形，提升整体设计质量，并大幅减少后期工作量。针对项目利用 BIM 系列软件根据平面设计图纸建立三维模型流程："各专业 BIM 设计师读图→图纸处理基点归零→建立中心文件及工作集→工作集中建立三维模型"。

（2）机电管线全方位冲突检测

制定施工图纸阶段，利用 BIM 技术建立三维可视化的模型，在碰撞发生处可以实时变换角度进行全方位、多角度的观察，便于讨论修改，这是提高工作效率的一大突破。BIM 使各专业在统一的建筑模型平台上进行修改，各专业的调整实时显现，实时反馈。BlM 技术应用下的任何修改体现在：其一，能最大程度地发挥 BIM 所具备的参数化联动特点；其二，无改图或重新绘图的工作步骤，更改完成后的模型可以根据需要来生成平

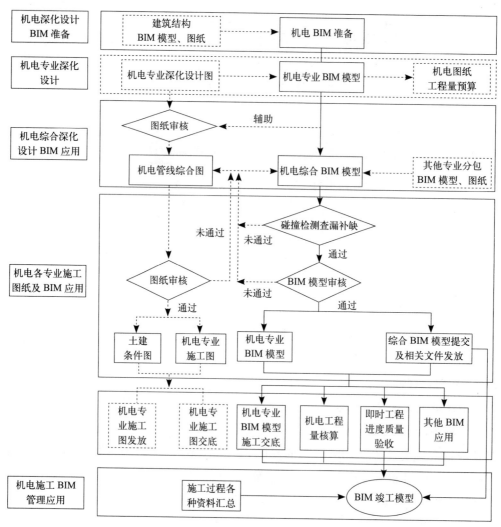

图 10.22　BIM 机电深化设计流程

面图、剖面图以及立面图。为避免各专业管线碰撞问题，提高碰撞检测工作效率，推荐采用图 10.23 的流程进行实施。

以某卷烟厂改造工程中管线与基础模型的碰撞检查为例。该项目待完成机电与建筑结构的冲突检查及修改后，利用 Navisworks 碰撞检测软件完成管线的碰撞检测，并根据碰撞的情况在 Revit 软件中进行一一调整和解决。调整完成之后会对模型进行第二次的检测，如有碰撞则继续进行修改，如此反复，直至最终检测结果为"零"碰撞，如图 10.24、图 10.25 所示。

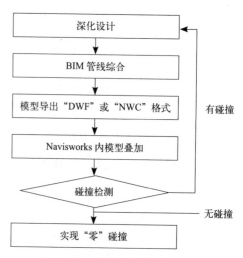

图 10.23　BIM 碰撞检测流程图

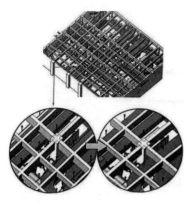

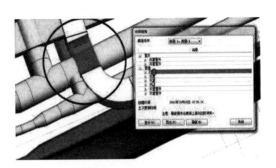

图 10.24　机电综合管线间冲突检查　　　　　图 10.25　调整前后对比图

BIM 技术的应用在碰撞检测中起到了重大作用，其在机电深化碰撞检测中的优越性主要见表 10.4。

碰撞检测工作应用 BIM 技术前后对比　　　　　表 10.4

	工作方式	影响	调整后工作量
传统碰撞检测工作	各专业反复讨论、修改、再讨论，耗时长	调整工作对同步操作要求高，牵一发动全身——工程进度因重复劳动而受拖延，效率低下	重新绘制各部分图纸（平、立、剖面图）
基于 BIM 技术的碰撞检测工作	在模型中直接对接碰撞实时调整	简化异步操作中的协调问题，模型实时调整，统一即时显现	利用模型按需生成图纸，无须进行绘制步骤

（3）空间合理布留

管线综合是一项技术性较强的工作，不仅可利用它来解决碰撞问题，同时也能考虑到系统的合理性和优化问题。当多专业系统综合后，个别系统的设备参数不足以满足运行要求时，可及时作出修正，对于设计中可以优化的地方也可尽量完善。

（4）精确留洞位置

管线综合中经常会遇到需要留洞的问题，如何精确确定留洞的具体位置，传统的深化方式靠的是深化设计人员借助空间想象来绘制出大致留洞位置，容易产生遗漏、偏差等问题。凭借 BIM 技术三维可视化的特点，能够直观地表达出需要留洞的具体位置，不仅不容易遗漏，还能做到精确定位，有效解决深化设计人员出留洞图时的诸多问题。

（5）精确支架预埋留位置

在机电深化设计中，支架预埋布留是极为重要的一部分。在管线情况较为复杂的地方，经常会存在支架摆放困难、无法安装的问题。从施工角度而言，部分支架在土建阶段就需在楼板上预埋钢板，现在普遍采用"盲打式"预埋法，在一个区域的楼板上均布预留。其中存在着如下几个问题：①支架并没有为机电管线量身定造，支架布留无法保证 100%

成功安装；②预埋钢板利用率较低；③对于局部特殊要求的区域可变性较小。针对以上问题，BIM 模型可以模拟出支架的布留方案，在模型中就可以提前模拟出施工现场可能会遇到的问题，对支架具体的布留摆放位置给予准确定位。

10.3 虚拟建造技术

10.3.1 总平面布置

施工总平面布置是按照施工进度计划和施工方案安排，确定建设项目施工期间场地的道路交通组织、材料加工堆放、临时设施安放、临时水电管线走向、附属设施等空间位置关系，所以基于 BIM 的施工总平面布置模型具有集成、统一的信息数据库，除建筑信息的基本数据外，还包括施工机械、围挡等临时设施物理属性、位置坐标和持续时间等信息。通过对场地的漫游，可直观的熟悉施工现场布置，并可选择对具体实体查看其详细信息，对于可能影响施工方案的不合理布置可及时调整。

基于 BIM 的施工总平面布置可结合施工组织计划方案，合理规划建筑材料堆放位置、进场时间、单次采购数量、进场顺序以及场地内道路流线方向，并进一步优化临时设施和水电管线的布置，在保证满足施工要求的同时提高临时设施的利用率。在项目初始阶段利用积累的历史数据资料，协助施工组织设计人员快速优化施工场地布置，为各阶段的施工场地布置方案提供支持，如图 10.26、图 10.27 所示。

图 10.26 施工平面布置

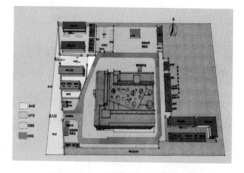

图 10.27 装修施工平面布置

10.3.2 施工方案模拟

施工方案是根据一个施工项目的特点和要求而制定的实施方案。方案模拟指对技术方案进行三维动态化的展示，通过模拟优化进行虚拟建造，可以进行多方案对比，发现有可能存在的技术问题，并把过程信息进行收集展示，向相关责任人进行沟通传递和协同解决，有助于提升施工质量和交流效率，减少返工的发生。通过对施工全过程或关键过程的施工模拟，以验证施工方案的可行性，以便指导施工和制定出最佳的施工方案。

（1）临建场地规划方案模拟

在传统施工现场临建工况布置中使用 CAD 绘图，工作量大、效率低，且不直观、不形象。为合理使用施工场地，避免施工过程中多个工种在同一场地、同一区域相互牵制、互相干扰，施工平面布置应有条理，布置紧凑合理，尽量减少占用施工用地。同时做到场容整齐清洁、道路畅通，符合防火安全及文明施工的要求。特别是再生利用施工项目的特殊性，需要在一定的施工场地内完成工程不同阶段施工任务，因而场地的合理规划布局就显得尤为重要。施工现场的整个空间中的三维活动在 CAD 中很难表现，而采用BIM 对临建场地进行模拟可以很好地解决此问题。

基于已建立的各种施工机械、临时设施等 BIM 模型，利用专业的 BIM 软件可以对施工场地快速地进行布置，合理安排塔吊、库房、加工场地和生活区等的位置，解决现场施工场地划分问题。通过与业主的可视化沟通协调，可快速对施工场地进行优化，选择最优施工线路。基于 BIM 技术进行的施工阶段的临建场地规划，如图 10.28 所示。

（2）外脚手架方案模拟

再生利用项目施工过程中，外脚手架工程是一项重要的分项工程，是施工现场的重要安全保证。外脚手架搭设规范整齐，也将提升项目工程的整体效果，是现场文明施工的重要组成部分。在施工时利用 CAD 软件绘制脚手架的立面效果图，效果非常凌乱，层次关系不清晰，而采用 BIM 技术提前对外脚手架施工方案进行详细策划，可以清晰地反映出架体的逻辑层次关系，使外脚手架搭设有了更好的依据，为项目管理和班组交底提供更好的标准要求，且外脚手架模型也可以为项目提供准确的材料用量，如图 10.29 所示。

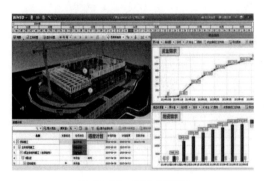

图 10.28　场地模拟图

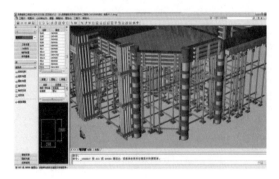

图 10.29　外脚手架模拟图

（3）大型复杂构件吊装模拟

在旧工业建筑再生利用过程中，出现了众多造型奇异、结构复杂的钢结构工程，在此部位进行吊装安装时，会出现众多的技术难题。在原有的施工过程中，技术人员需要进行很多信息收集和技术准备，在实际的操作中也会出现各种状况，返工的情况时有发生。而采用 BIM 技术对此类工程进行策划模拟时，可以集成建筑工程的设计信息，并模拟复杂钢结构的吊装现场环境，提前发现问题，为实际的吊装做足充分的方案准备。

在进行此类大型构件吊装模拟时，一般钢结构都采用 Tekla 软件建模，土建工程采用 Revit 建模，吊装的机械设备采用 3Dmax 模型。拟建工程的钢结构、土建工程建好后，在 Revit 软件中进行构件的碰撞检查，查找设计缺陷。当结构设计没有问题时，把钢结构模型和土建模型通过文件格式的转换，导入 3Dmax 软件中，然后导入相关的机械设备模拟。通过构件关联，明确吊装的先后顺序，进行钢结构吊装的虚拟施工模拟。

（4）模板工程方案模拟

模板脚手架的 BIM 模型搭建严格按照施工规范进行布置，提前对此框架类型结构的支撑体系进行设计。模板规格尺寸按照构件的大小进行定型制作，并考虑框架柱头模板和梁模板之间的交接关系。按照设定工程实例由于井字梁的分割，顶板之间的模板按照木工施工时的实际尺寸进行布置。模板设置完毕后，开始进行方木的设置，方木的规格可以按照现场实际进行布置。

满堂脚手架的立杆底部设置有垫板，立杆的布局依照结构梁的走向进行定位。立杆底部按照纵下横上的次序设置双向扫地杆，扫地杆与立杆进行扣接。立杆的上下层的水平杆的间距不大于 1.8m，并在扫地杆和水平杆处加设水平剪刀撑。在立杆的纵横方向按照一定的间距加设连续竖向剪刀撑。大梁侧模板的加固形式采用竖向短钢管支撑加固，外侧的大梁支设方式采用斜向悬挑钢管支撑，如图 10.30 所示。

 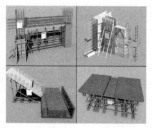 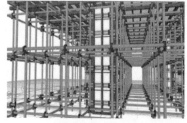

（a）模板脚手架效果图　　　（b）模板脚手架示意图　　　（c）模板脚手架外侧支撑示意图

图 10.30　模板工程方案模拟

在 Revit 软件中得到的建筑模型，体现出了现场实际施工时的模板搭设状态，达到与实际效果相一致的布置，整体效果好。并借助于 BIM 技术的可出图性，可以出任意剖面的施工图纸，并且各构件的逻辑关系尺寸符合实际情况，指导具体的现场施工。

（5）二次砌体方案模拟

在进行二次构件施工方案策划时，采用原有的 CAD 工具也可以完成砌体排布，但可视性效果差。采用 Revit 软件对二次砌体构件进行方案策划时，更能体现出砌体工程现场的空间布局，特别是对有丁字角的墙体交接的部分，更能体现出砌体之间的相互咬合关系，如图 10.31 所示。

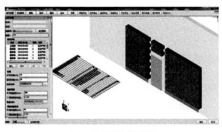
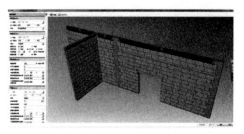

(a) 二次砌体效果图　　　　　　　　　(b) 二次砌体效果图

图 10.31　二次砌体模拟

利用 Revit 搭建好的二次砌体模型，通过构件勾选，很容易提取每道墙的砌块数量，方便施工现场的材料控制和在施工中对工人进行技术交底。Revit 模型还可以出二维 CAD 图纸，现场使用起来更加方便。

（6）装饰装修方案模拟

在对建筑物内部的装饰装修出效果图时，可以采用不同的软件得到相同的结果。例如采用 3Dmax 软件得出的建筑物内部的装修效果图，具有逼真的效果，但是不能反映工程模型的各种信息，并且建模效率不高。在采用 Revit 搭建的土建模型基础上进行装饰装修的深化应用和部分装修细节的展示更具效率，并且也可以体现出装修效果和细部节点展示。另外，可以通过模型信息转换，把 Revit 模型转化到 3Dmax 软件中对模型进行装饰装修的应用。

在采用 Revit 软件对土建模型进行装饰装修的深化应用中，可以对室内房间进行各种布置、粘贴图片、放置家具、设置灯具，以身临其境的效果来体现实际的空间装修效果。并且可以通过不同的角度对室内装修成品进行渲染，得出需要的图片和视频，把室内部分的细部节点进行展示，还可以出相关的施工图纸，方便向工人技术交底和指导现场的实际施工。

（7）复杂关键节点方案模拟

在建筑工程的施工过程中，时常遇到复杂的施工节点，有时要采用辅助的施工措施。在进行方案设计和展示时，采用原有的技术展示有困难，不容易表现和沟通，对非专业的管理人员更难理解。当采用 BIM 技术时，通过一系列复杂节点工艺的展示，可以解决遇到的技术难题。在此类大型复杂节点的模拟中，通常牵涉技术方案的完善，并要对方案的安全性进行验算验证。在采用 Revit 软件对所需的复杂节点进行建模后，可以在 3Dmax 软件中进行模拟动画的生成，并把模型导入 Ansys 软件中进行有限元力学分析，保证辅助施工措施的安全性。

10.3.3　施工工艺模拟

施工工艺是指建筑施工过程中利用各类生产工具对各种原材料、半成品进行加工或处理，最终使之成为成品的方法与过程。工艺模拟是指利用 BIM 技术对工艺过程进行模拟,并提取整个工艺过程中的信息资料,供相关方获取应用。工艺模拟具有通用性、普及性、专一性等特点。

(1) 定型化设施加工工艺模拟

越来越多的施工企业在追求精细化管理,施工现场临建设施的标准化、定型化越来越普及。通过临建定型化设施 BIM 模型的搭建,并对临建设施进行建造模拟,可以更好地向各相关方传递信息,并对临建设施进行材料提取、计算造价。

利用 Revit 软件制作出钢筋、木工加工车间、临建防护、洞口防护等定型化设施模型,指导现场的实际施工。临建定型化设施的配置,需要根据现场临建模型和危险源查找的部位进行施工数量的确定,然后进行加工预控,并按照整体策划的防护位置进行各种防护用品安装,使现场的定型化设施达到预定的效果,并实现工地现场临建设施的可拆卸、可周转,如图 10.32、图 10.33 所示。

图 10.32　货架

图 10.33　钢筋加工

(2) 管线综合安装工艺模拟

建筑的设备安装是重要的分部工程,而 BIM 技术在设备安装中的应用是最有价值的应用之一。利用 BIM 技术对设备安装工程进行模拟施工,可以展示出管线安装的先后次序,为相关方的信息沟通和对项目班组进行安装交底都具有很好的效果。在管线综合安装工艺模拟中,首先利用 Revit 软件对拟建的工程进行安装管线的综合建模,在进行相应的碰撞分析后调整管线的综合排布,达到合理布局,满足施工要求;然后把相关的所有模型都导入 3Dmax 软件中进行管线的先后安装顺序的模拟,并输出视频文件。

某项目标准层管线综合安装的施工工艺模拟展示如图 10.34 所示。首先是确定安装综合槽钢支架,然后安装喷淋干管,加设 U 形卡固定喷淋管线;安装抱箍,进行风管和电缆桥架的安装;之后进行空调水管的安装,并加装保温保护层;风管支管安装定位,最后完成喷淋

图 10.34　安装桥架模拟图

支管及喷头的安装。通过上述工艺视频展示，可体现出安装工程施工中的先后顺序，方便对整体标高的控制和对作业班组人员进行可视化的技术交底。

（3）石材幕墙施工工艺模拟

石材幕墙的施工有许多需要注意的施工事项，采用原有的文字进行交底，工人的接受度不高。对该分项工程进行策划模拟，可以体现出 BIM 技术的可视化特性。在模拟过程中首先是利用 Revit 软件对石材幕墙的各个构件、配件、墙面等物品进行模型建造，所建造模型要与工程实际相一致。把各个模型构件导入 3Dmax 软件中进行构件关联，然后依据施工工艺进行先后次序的施工模拟展示，输出视频成品向相关方进行传递。

（4）卫生间防水施工工艺模拟

卫生间防水施工一般都是施工中的重点部位，要保证卫生间施工不渗水，需要有严格的施工工艺要求。在原来的卫生间防水施工中，由于部分施工人员没有引起足够的重视，还会出现不合格的现象。借助 BIM 技术，可以对卫生间防水工艺进行更加详细的展示，重注施工中的细节处理，对这些处理措施进行更加严格的要求，可以有效提高合格率。卫生间防水施工工艺模拟首先是利用 Revit 软件对卫生间防水工艺所能涉及的建筑部位、材料、工具等进行建模，然后把所建的模型导入 3Dmax 中，按照施工步骤进行工艺的策划展示，最终输出交底视频向相关方进行传递。如图 10.35 ～图 10.37 所示。

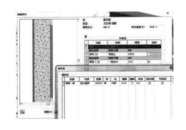

图 10.35　卫生间墙裙

图 10.36　卫生间顶部

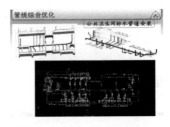

图 10.37　卫生间管线优化

10.4　施工控制技术

10.4.1　施工进度

进度管理是通过管理手段实现项目进度目标的一种管理活动，包括进度计划编制和进度计划控制。基于 BIM 的进度管理是利用计算机辅助手段，通过建筑信息模型为进度管理提供数据支撑，来进行进度管理。

（1）工作流程

进度计划编制阶段是前期施工准备阶段，需要形成能够指导全局施工的施工总进度计划；进度计划控制阶段是进度计划执行过程中，进行计划值与实际值比对，及时纠偏。

基于 BIM 技术的进度编制，其核心工作是将进度计划与 3D 模型进行关联，从而建立 4D 进度模型，并将 4D 进度模型关联人员、材料、机具等资源信息，帮助审阅人员查看任何时间段、任何工作所需的资源，分析进度计划的合理性，完成进度计划审批。

基于 BIM 技术的进度控制是在进度计划执行过程中，通过 BIM 进度管理系统填报现场实际进度，与计划进行比对，分析进度计划完成情况，及时采取措施进行纠偏。

由此确定的基于 BIM 技术的进度管理工作流程如图 10.38 所示。

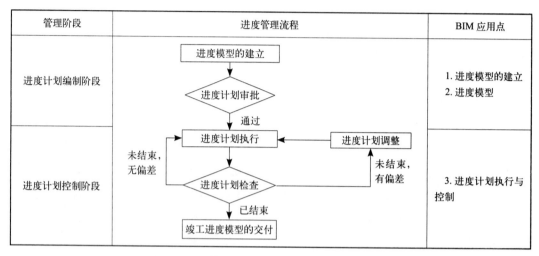

图 10.38　基于 BIM 技术的进度管理工作流程

（2）进度模型的建立

进度模型的建立是基于 BIM 技术的进度管理的基础性工作，进度模型的建立工作流程如图 10.39 所示。

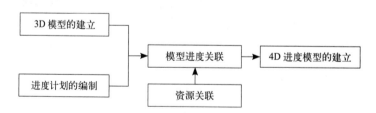

图 10.39　进度模型建立工作流程

（3）进度计划的审批

进度计划审批是传统进度管理中一项必不可少的步骤。基于 BIM 技术的进度管理同样需要进行审批，在进度模型建立以后，进度计划审批更加直观、科学。基于 BIM 技术的进度计划审批的主要手段有进度模拟和资源优化两种。

1）进度模拟

进度模拟是采用动态的 3D 方式查看进度计划。模拟时，软件可以动态显示施工进展情况，形象直观地反映工程的施工计划和实际进度等。进度模拟的方式如表 10.5 所示。

进度模拟方式　　　　　　　　　　　　　　　　　　　　　　　　　　　　表 10.5

模拟方式	模拟方法	优点	缺点
BIM 软件直接模拟	采用 BIM 软件直接模拟	直观，清晰，调阅查看灵活，可查看计划与模型相互关联关系	在没安装 BIM 软件的计算机上无法查看，操作人员要有软件操作技能
动画模拟	BIM 软件生成视频动画进行模拟	直观，快速，可大致了解进度计划安排；在没安装 BIM 软件的计算机上仍可查看	无解说，不够详细，时间节点不清晰，无法查看计划与模型相互关联关系
视频模拟	BIM 软件生成动画，加上解说，制成视频进行模拟	直观，较快，关键节点工期可说明清楚；在没安装 BIM 软件的计算机上仍可查看	细部节点工期不清晰，无法查看计划于模型相互关联关系

2）资源优化

资源优化需要在 4D 进度模型建立的基础上进行，通过进度计划生成各种资源曲线，查看每项资源在各个时间段的需求量，用其来检验进度计划是否合理。基于 BIM 技术的进度计划审批采用会议审批的模式效果较佳，参与人员有项目经理、项目生产经理、项目总工、监理人员以及建设方人员等。通过进度计划审批，应形成进度计划审批表。

3）进度计划执行与控制

进度计划执行与控制包括实际进度填报、进度计划跟踪检查、进度计划分析与调整三部分内容。①实际进度填报。实际进度填报是基于云平台的协同应用，需要建立项目参与各方或全公司的 BIM 云平台，如图 10.40 所示。②进度计划跟踪检查。基于 BIM 技术的进度计划检查能够在延迟发生的最佳时机进行提醒，从而保证预警的时效性。上传实际进度后，BIM 软件可自行进行比对，对提前、正常、滞后的进度采用不同的颜色进

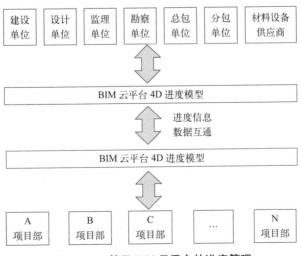

图 10.40　基于 BIM 云平台的进度管理

行区分，使查看人员能一目了然地找到延迟的进度。

4）进度计划分析与调整

进度计划分析是进行调整前的一项重要工作，基于 BIM 技术的进度计划分析是建立在 4D 进度模型数据基础之上的分析，工作流程如图 10.41 所示。

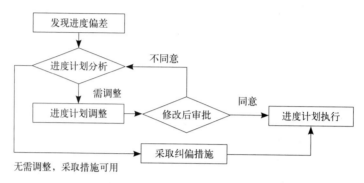

图 10.41　进度计划分析与调整工作流程

5）竣工进度模型的提交

进度计划执行完成后，BIM 软件将进度管理的全过程完整地记录与保存下来，一方面为本工程保存数据，另一方面为项目中进度管理成果总结提供依据。基于 BIM 技术的进度管理竣工后可保存的完整信息包括进度计划编制中进度管理模型包括的元素类型、实际进度信息和进度控制信息。

（4）应用价值

基于 BIM 的施工进度管理，支持管理者实现各工作阶段所需的人员、材料和机械用量的精确计算，从而提高工作时间估计的精确度，保障资源分配的合理化。BIM 技术的应用拓宽了施工进度管理思路，可以有效解决传统施工进度管理方式方法中的一些问题与弊病，在施工进度管理中将发挥巨大的价值。

10.4.2　施工成本

基于 BIM 成本管理的基础是 BIM 建立的可实时更新的五维关联数据模型。结合 BIM 强大的数据管理能力，项目管理人员可随时对成本数据进行统计、拆分和汇总，轻松满足各种成本分析需求。基于 BIM 技术的施工成本管理应用流程与方法如图 10.42 所示。

基于 BIM 技术的施工成本管理可应用于项目的投标阶段、施工阶段和竣工验收阶段，本书着重介绍 BIM 技术在项目施工阶段的应用。

（1）项目目标成本制定

通过 BIM 模型，精准提取工程量，配合合理的工程合同、优化的组织设计和严格的限额领料，可制定出合理的目标成本，配以健全的目标成本管理制度，可最大程度发挥

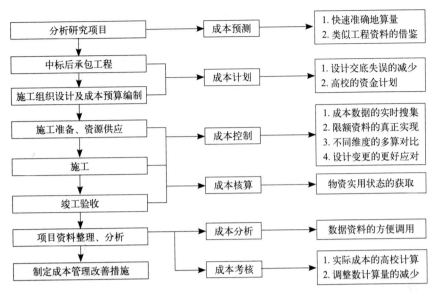

图 10.42　施工企业成本管理中 BIM 应用方法与流程

BIM 在目标成本管理上的优势。

（2）工程变更与索赔管理

工程变更常常会导致工程量变化、施工进度变化等情况发生，进而有可能导致项目的实际造价超出原来的预算造价。利用 BIM 技术，则可直接按照工程师确认后的工程变更凭证，由于 BIM 支持构建几何运算和空间拓扑关系，系统将自动扣减相应工程量，快速汇总工程变更引起的工程造价变化，及时反映工程变更的经济含义。

（3）工程进度款支付

我国现行工程进度款结算有多种方式，如按月结算、竣工后一次结算、分段结算等方式。在传统模式下，工程基础数据掌握在分散的预算员手中，导致工程造价快速拆分难以实现。随着 BIM 技术的推广与应用，尤其在进度款结算方面，一些 BIM 平台软件实现了框图出价、框图出量，更加形象、快速地完成工程量拆分和重新汇总，并形成进度造价文件，为工程进度款结算工作提供技术支持。

（4）分包工程量核算

传统模式下，当承包方按照合同约定的时间向发包方提交已完工程量的报告后，发包方项目管理机构需要花费大量时间和精力去核实承包方所提交的报告，并与合同以及招标文件中的工程量清单核对，查看工程量是否准确，同时还需现场核查已完工程质量是否合格。BIM 技术在工程计量工作中得到应用后，则完全改变了上述工作现象。由于 BIM 技术整合了时间信息，将建筑构件与时间维度相关联，利用 BIM 模型的参数化特点，按照所需条件筛选工程信息，计算机即可自动完成相关构件的工程量统计并汇总形成报表。根据施工进度和现场情况变化，实时动态更新 BIM 模型数据库，利用互联网或者局域网技术实现数据共享，这样造价工程师便可以在自己的授权端口快速、准确地统计某一时段或者某一施工面的工程量信息，快速汇总形成工程计量报告。

（5）资金使用管理

资金管理的实质是控制资金流入流出，此阶段的 BIM 技术主要应用点为：①基于模型对阶段工程进度精确计量计价以确定资金需求，并根据模型支付信息确定当期应收、应付款项金额；②预测短期或中长期资金，减少资金缺口，确保资金运作；③通过 BIM 系统管理各部门项目活动资金预算的申报与分配，财务部门根据工作计划审核各部门资金计划；④通过 BIM 模型实时分析现金收支情况，通过现金流量表掌控资金。

10.4.3 质量安全

质量管理是在质量方面指挥和控制组织协调的活动。基于 BIM 技术，可对施工现场质量管理进行策划，根据项目特点确定质量目标，施工过程中利用 BIM 技术进行多方协调，更快捷便利，提升质量管理的时效性和可追溯性，确保工程项目质量目标得以实现。

安全管理，是指在工程项目的施工过程中，组织安全生产的全部管理活动。基于 BIM 技术，对施工现场重要生产要素的状态进行绘制和控制，有助于实现危险源的辨识和动态管理，有助于加强安全管理策划工作，使施工过程中的不安全行为、不安全状态得到减少和消除，确保工程项目安全目标得以实现。

（1）工作流程

基于 BIM 技术施工现场质量管理主要流程如图 10.43 所示。

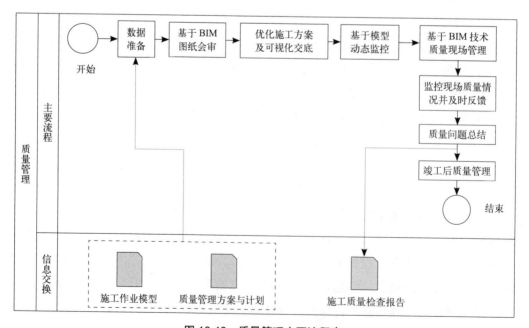

图 10.43　质量管理主要流程表

基于 BIM 技术的施工现场安全管理主要流程如图 10.44 所示：

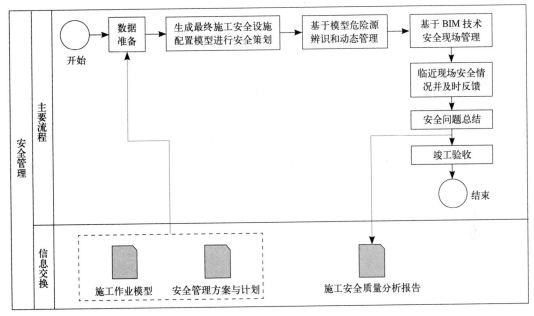

图 10.44　安全管理应用流程

（2）模型准备

模型准备首先需要利用 BIM 软件分专业建立各模型，然后需设定质量、安全管理策划应用等级。BIM 技术在项目质量、安全管理中的应用等级可分为三个等级：一级为基础应用，较为成熟也较易于实现的 BIM 应用；二级为扩展应用，需要多种 BIM 软件相互配合来实现；三级为深度应用和硬件投入，需要较为深入的研究和探索才能够实现。

（3）应用内容

1）基于 BIM 技术的图纸会审

在质量管理工作中，图纸会审是最为常用的一种施工质量预控手段。传统的图纸会审是基于二维平面图，无法实现"一处修改、处处修改"的联动性。为了确保施工成品质量，避免返工等现象，BIM 小组首先使用 BIM 软件建立模型，在模型建立的过程中就可直观发现图纸问题，在各专业模型完成后，把所有专业模型综合，进行碰撞、净高分析等，生成数据报告，各专业根据报告进行会审，共同解决项目出现的问题。

2）优化施工方案及可视化交底

优化施工方案及可视化交底对施工质量和安全管理有着重要的指导意义。现在的项目施工工艺复杂，施工过程中涉及大量的新工艺、新材料，施工步骤、施工工序、施工要点等难度剧增，安全危险源越来越多。在模型完成后，使用 BIM 软件对施工方案进行优化、模拟，尤其是针对质量、安全管理方面（如图 10.45、图 10.46 所示），同时再配合简单的文字描述，降低理解难度。采用 BIM 技术软件交底进行可视化制作，在质量、安全管理方面对作业人员进行指导。

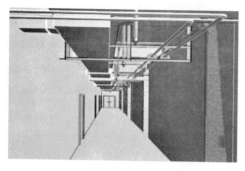

图 10.45　预留洞口示意图 -1

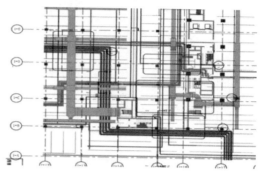

图 10.46　预留洞口示意图 -2

3）安全策划管理 BIM 应用

传统工作模式下，安全管理人员对工程项目不熟悉，无法实现事前策划，往往是现场检查发现危险源后才进行安全防护，容易造成安全策划、安全防护工作的滞后，产生极大的安全隐患。基于 BIM 模型，使用 BIM 软件生成安全配置模型，开工前进行现场安全整体策划，如图 10.47 所示。进行安全防护的区域进行精确定位，同时将安全防护模型绘制到 BIM 模型中，如图 10.48 所示。

图 10.47　BIM 模拟现场安全

图 10.48　BIM 模拟安全防护

4）危险源辨识和动态管理 BIM 应用

危险源辨识是施工现场安全管理的基础性工作，其基本目的是对施工过程中可以引发人员伤害、设备设施损坏的危险源进行辨识。基于 BIM 模型，使用 BIM 软件，安全管理人员可将各施工阶段中的危险源进行动态辨识和动态评价。例如在作业施工中有诸多危险源，其中楼板电梯井落物控制是个危险源，采用 BIM 软件对需要防护的电梯井及洞口进行智能动态辨识，并加设防护设施（如图 10.49、图 10.50 所示），可在施工开始前就实现危险源的全面、准确、提前，能够进一步确保安全管理工作的完备性和可实施性。

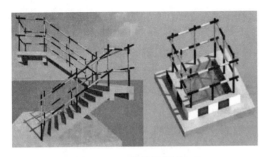

图 10.49　危险源辨识 -1

图 10.50　危险源辨识 -2

5）基于 BIM 的现场质量安全管理

现阶段质量、安全管理还只停留在管理人员现场管理阶段，现场发现问题，形成书面文件，再下达命令整改，时效性差，管理效率低，各专业较多不易管理。针对现场问题，将 BIM 技术应用范围从办公室扩展到施工现场。当质量经理、安全经理及每位管理人员每天对现场所有关键点进行日常安全隐患排查时，以及质量员在每道工序进行验收检查时，使用手机 APP 移动端口与 BIM 平台应用软件互通，发现问题及时上传照片、语音及视频资料，问题的具体位置三维空间显示，一目了然。到办公室后第一时间召集分包班组开碰头会对现场出现的质量问题进行分析，三维平台展示问题所在，马上下达整改，整改后照片视频通过手机 APP 上传进行闭合，追溯性强，效率高，时效性强。

质量验收后利用 BIM 模型同其他硬件系统相结合，如使用三维激光扫描仪，扫描后可以用来保存建筑数据，实现虚拟展示即"数字博物馆"。借助数字博物馆，既可浏览到建筑的全貌，也可对隐蔽后管线进行三维测量，检测复杂形状的管路形位误差。

6）基于 BIM 的竣工验收后运营管理

传统工程竣工验收后运营管理上存在不少问题，例如工程移交业主后现场出现质量问题，查询数据时只停留在图纸与文字层面，信息量巨大，查询问题时花费大量的人力和精力，效率很低，更不宜保存。基于 BIM 技术进行运维管理，对施工过程中涉及的海量施工信息进行存储和管理，作为施工现场质量校核的依据，在查询方面非常快捷便利。

（4）应用价值

质量、安全管理一直是项目管理的核心环节。基于 BIM 模型，通过模拟减少设计失误，降低质量风险。基于 BIM 技术 5D 平台管理，数据支撑，可视化效果策划交底，时时了解施工过程和结果，实现人机互动，减少施工过程中事故的发生，确保了工程质量，更增强管理人员对质量、安全施工过程的控制能力。

参考文献

[1] 李慧民. 土木工程安全管理教程 [M]. 北京：冶金工业出版社，2013.

[2] 李慧民. 土木工程安全检测与鉴定 [M]. 北京：冶金工业出版社，2014.

[3] 李慧民. 土木工程安全生产与事故案例分析 [M]. 北京：冶金工业出版社，2015.

[4] 孟海，李慧民. 土木工程安全检测、鉴定、加固修复案例分析 [M]. 北京：冶金工业出版社，2016.

[5] 李慧民. BIM 技术应用基础教程 [M]. 北京：冶金工业出版社，2017.

[6] 中华人民共和国住房和城乡建设部. JGJ 147—2016 建筑拆除工程安全技术规范 [S]. 北京：中国建筑工业出版社，2017.

[7] 中华人民共和国住房和城乡建设部. JGJ 123—2012 既有建筑地基基础加固技术规范 [S]. 北京：中国建筑工业出版社，2013.

[8] 中华人民共和国住房和城乡建设部. JGJ 79—2012 建筑地基处理技术规范 [S]. 北京：中国建筑工业出版社，2013.

[9] 北京交通大学. CECS 225—2007 建筑物移位纠倾增层改造技术规范 [S]. 北京：中国计划出版社，2008.

[10] 中华人民共和国住房和城乡建设部. GB 50550—2010 建筑结构加固工程施工质量验收规范 [S]. 北京：中国建筑工业出版社，2010.

[11] 赵双禄. 建筑物拆除实用技术 [M]. 北京：中国建筑工业出版社，2015.

[12] 滕延京. 既有建筑地基基础改造加固技术 [M]. 北京：中国建筑工业出版社，2012.

[13] 王云江. 建筑结构加固实用技术 [M]. 北京：中国建材工业出版社，2016.

[14] 唐业清. 建筑物移位纠倾与增层改造 [M]. 北京：中国建筑工业出版社，2008.

[15] 李建峰. 建筑工程施工 [M]. 北京：中国建筑工业出版社，2016.

[16] 俞国凤. 土木工程施工工艺 [M]. 上海：同济大学出版社，2007.

[17] 马保松. 非开挖管道修复更新技术 [M]. 北京：人民交通出版社，2014.

[18] 胡远彪，王贵和，马孝春. 非开挖施工技术 [M]. 北京：中国建筑工业出版社，2014.

[19] 索军利. 电梯设备施工技术手册 [M]. 北京：中国建筑工业出版社，2011.

[20] 张志勇. 消防设备施工技术手册 [M]. 北京：中国建筑工业出版社，2012.

[21] 陈浩. 旧工业建筑适应性再利用中外围护体系研究 [D]. 四川：西南交通大学，2009.

[22] 张恩宇. 采暖地区既有居住建筑的节能改造 [D]. 昆明理工大学，2006.

[23] 丁衍然. 废旧建筑材料再利用与建筑的拆解 [J]. 建筑结构，2016，46（9）：100-104.

[24] 建筑研究所. 绿建筑解说与评估手册 [M]. 台北：内政部建筑研究所，2009.

[25] 丁烈云. BIM 应用·施工 [M]. 上海：同济大学出版社，2015.